计算机组装与维修(第 2 版)

吴小惠　张　莉　陈晶瑾　主　编

清华大学出版社

北　京

内 容 简 介

本书是为了适应面向工作过程的情景化教学模式需要而编写的,是最新的"微型计算机组装与维修"课程的配套教材。全书分为 9 个项目,分别是认识和选购计算机、拆装计算机、安装和调试计算机操作系统、组建计算机网络、常用工具软件的安装和使用、计算机安全防范、计算机软件故障的分析与处理、计算机硬件故障的检修、数据的安全存储和数据恢复。

本书以任务实践为出发点,详细介绍了基本操作方法,重视对知识点的阐述,突出"做",定位"准",体现"新",过程"全",具有特色和创新点。

本书内容结构合理,编排设计新颖,可作为高职高专院校任务式教学模式的教学指导用书,也可以作为其他相关读者的自学用书。

图书在版编目(CIP)数据

计算机组装与维修/吴小惠,张莉,陈晶瑾主编. —2 版. —北京:清华大学出版社,2021.1 (2024.9重印)
ISBN 978-7-302-56567-3

Ⅰ.①计… Ⅱ.①吴… ②张… ③陈… Ⅲ.①电子计算机—组装—高等学校—教材 ②电子计算机—维修—高等学校—教材 Ⅳ.①TP30

中国版本图书馆 CIP 数据核字(2020)第 187221 号

责任编辑:桑任松
封面设计:杨玉兰
责任校对:周剑云
责任印制:丛怀宇
出版发行:清华大学出版社
    网　　　址:https://www.tup.com.cn, https://www.wqxuetang.com
    地　　　址:北京清华大学学研大厦 A 座　　　邮　　编:100084
    社 总 机:010-83470000　　　邮　　购:010-62786544
    投稿与读者服务:010-62776969, c-service@tup.tsinghua.edu.cn
    质量反馈:010-62772015, zhiliang@tup.tsinghua.edu.cn
    课件下载:https://www.tup.com.cn, 010-62791865
印 装 者:三河市龙大印装有限公司
经　　销:全国新华书店
开　　本:185mm×260mm　　印　张:16.25　　字　数:396 千字
版　　次:2015 年 8 月第 1 版　2021 年 3 月第 2 版　印　次:2024 年 9 月第 4 次印刷
定　　价:48.00 元

产品编号:089307 -01

前　言

计算机硬件和软件的发展日新月异，计算机的选购、组装、用机、护机，已经成为普通 IT 人员必备的技能。计算机组装与维修技术已成为计算机专业领域的必修基础课程。

计算机组装与维修的内容涉及面广，组装方面需要丰富的软硬件知识，不仅包含对硬件设备的安装，还包括对软件、网络环境的安装；维护方面主要涉及使用工具软件的维护、软件错误处理、硬件故障处理等。

实际上，计算机软硬件故障的出现与否，跟平时的维护情况密切相关。因此，本书将用一定篇幅展开操作系统管理和维护方面的任务实践，并新增数据恢复入门的相关内容，为计算机使用者提供更好的帮助。

本书具有以下特色。

(1) 每个项目的内容被分解为若干"任务"，通过"任务实践"，讲解实际操作步骤，把抽象的理论知识具体、直观地呈现出来。

(2) 强调实践技能，对于计算机的认识、拆装、选购、使用、维护、维修等多方面精心设置了可操作的任务。可以先由教师示范操作，学生同步实践，而实训部分由学生独立完成规定的任务，实现由教师引导到学生独立操作的目标。

(3) 精心组织教学内容，合理设置教学单元，科学安排教学环节。全书通过 9 个项目的教学推进，将实现学生计算机知识从无到有、从空到满、从护到修的转变，体现了"教""学""做""评"一体化的模式。

(4) 内容求新。硬件尽量以近年的参数配置为例，软件基于 Windows 7 操作系统讲解，增选了数据恢复入门知识，贴近当下软硬件维护的主流技术。

本书由福建船政交通职业学院吴小惠、湖南应用技术学院信息工程学院张莉、重庆航天职业技术学院陈晶瑾主编。具体编写分工如下：项目一、项目二由张莉编写，项目三、项目四由陈晶瑾编写，项目五至项目九由吴小惠编写。此外，参与本书资料整理和部分编写的老师还有重庆电子工程职业学院王玲、四川水利职业技术学院邹菊红。

在完善本书的过程中，得到了清华大学出版社多位编辑老师的大力帮助和支持，在此表示诚挚的谢意。

由于编者水平有限，教材中难免会有疏漏及不妥之处，敬请专家和读者批评指正。

感谢您使用本书！

编　者

目录

项目一

认识和选购计算机

1. 项目导入

在计算机市场上，面对大量的电脑配件，我们应该如何组装台式计算机呢？此时，我们主要应考虑的，就是这台机器将要满足我们怎样的使用需求：是要用于家庭娱乐及文档处理，还是要用于图形图像处理等设计用途，或者是用于软件开发、玩网络游戏等。确定了电脑的用途之后，在预算范围内，即可开始进行针对性的选购和组装了。

2. 项目分析

要选购一台合适的计算机，所涉及的知识点包括各主要配件，而硬件系统主要由主机和外部设备组成，细化为各个配件，主要包括 CPU、主板、内存、存储器、电源，以及鼠标、键盘、显示器等输入输出设备。我们必须了解硬件基础知识、性能指标、主要参数、使用注意事项和选购方法等。

3. 能力目标

(1) 学会鉴别计算机主要部件质量的方法。
(2) 注重各配件的主流规格及树立品牌意识。
(3) 注重市场调查，了解硬件的最新发展趋势。
(4) 能根据具体的应用，合理配置和选购计算机。

4. 知识目标

(1) 了解计算机系统的组成。
(2) 理解计算机的工作原理。
(3) 掌握计算机系统的组成及功能。
(4) 掌握主机中配件的有关性能参数和选购基本原则。

任务 1　认识和了解计算机部件

知识储备

1.1　计算机基础

1. 计算机系统由哪些方面组成

微型计算机(Microcomputer)，也称为微机、电脑、个人计算机(Personal Computer，PC)，是电子计算机发展到第四代的产物，它的出现具有划时代意义，使得我们每个普通人每天都能方便地使用，成为大众学习、工作的得力帮手和好工具。

目前，计算机硬件系统基本上采用的还是计算机的经典结构——冯·诺依曼结构，即由运算器、控制器、存储器、输入设备和输出设备组成。

计算机软件是由指挥计算机自动运行的程序系统、相关的数据及文档构成的。软件是管理和使用计算机的技术，起着充分发挥硬件功能的作用，可分为系统软件和应用软件。

计算机系统的组成如图 1-1 所示。

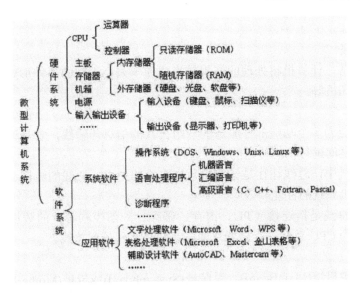

图 1-1 计算机系统的组成

2. 硬件部分有哪些主要部件

1) 运算器

运算器又称为算术逻辑单元(Arithmetic Logic Unit，ALU)，它是对数据进行加工处理的部件，包括算术运算(加、减、乘、除等)和逻辑运算(与、或、非、异或、比较等)。

2) 控制器

控制器负责从存储器中取出指令，并对指令进行译码。根据指令的要求，按时间顺序，负责向其他各部件发出控制信号，保证步调一致地完成各种操作，控制器主要由指令寄存器、译码器、程序计数器、操作控制器等组成。

硬件系统的核心是中央处理器，包括运算器和控制器，这是采用大规模集成电路工艺制成的芯片，称为处理器芯片。

3) 存储器

存储器是计算机存储数据的部件。包括原始数据、经过初步加工的中间数据以及最后处理完成的信息都放在存储器里。分为内存储器和外存储器两种。

(1) 内存储器。内存储器是由半导体器件组成的。从使用功能上分，有随机存储器(Random Access Memory，RAM)，又称读写存储器，还有只读存储器(Read Only Memory，ROM)。

(2) 外存储器。外存储器主要有磁盘存储器、磁带存储器和光盘存储器等。

内存最突出的特点是存取速度快、容量小、价格贵；外存储器的特点是容量大、价格低、存取较慢。内存用于存放立即要用的数据和程序；外存用于存放暂不用的程序和数据。外存储器属于输入输出设备，只能与内存储器交换信息，不能被计算机系统的其他部件直接访问。

4) 输入设备

输入设备是计算机输入信息的人机接口设备，负责将输入信息(包括数据和指令)转换成计算机能识别的二进制代码，送入存储器保存。常见的输入设备有键盘、鼠标、扫描仪、语音读取器等。

5) 输出设备

通过输出设备，计算机将处理的结果转换成便于人们识别的各种形式。常见的输出设备有显示器和打印机等。

6) 总线

总线就是指能为多个功能部件服务的一组公共的信息传输线，它是计算机中系统与系统之间或各部件之间进行信息传送的公共通路。

在现代计算机中，总线往往是计算机数据交换的中心，总线的结构、技术和性能等都直接影响着计算机系统的性能和效率。

在微机中，总线是指连接 CPU、内存、缓存、外部控制芯片的数据通道。按层次结构，可把总线分为 CPU 总线、存储器总线、系统总线和外部总线。

7) 主板

主板，又称主机板(MainBoard)、系统板(Systemboard)或母板(MotherBoard)，是连接各部件的平台，主板上有很多插座，通过总线将它们连接起来，硬件系统的各部件只要插入其中，便可形成一台完整的微机硬件系统。主板是一台微机的主体部分，用于完成计算机系统管理和直辖各部件的工作，是微机的"总司令部"。

1.2 主板

1. 主板上有什么

1) CPU 插座

CPU 插座是用于连接 CPU 的接口。CPU 接口类型各有不同，其插座的插孔数、体积、形状都有变化，所以不能互相插接。因此，选择 CPU 时，必须选择带有与之对应接口类型插座的主板。

目前，主流 CPU 从生产厂家来看，主要是 Intel 和 AMD 两家公司，因此，接口类型可以分为两种：基于 Intel 平台的接口和基于 AMD 平台的接口。

(1) 基于 Intel 平台的 CPU 接口

① LGA 478 接口

LGA 478 接口具有 478 个插孔，适用于早期的 Pentium 4 处理器，具有较好的硬件搭配和升级能力。

② LGA 775 接口

LGA 775 接口具有 775 个插孔，适用于 LGA 封装的 Pentium 4、Celeron D、Pentium D、Pentium Extreme Edition、Core 2 Duo 和 Core 2 Extreme 处理器。

LGA 775 已经取代 LGA 478，成为 Intel 平台的主流 CPU 接口。图 1-2 为华硕 P5K Premium/WiFi-AP 主板，其 CPU 接口类型即为 LGA 775 接口。

③ LGA 1366 接口

LGA 1366 接口具有 1366 个插孔，是 Intel 继 LGA 775 后推出的 CPU 接口，比 LGA 775 接口的面积大了 20%。它是 Core i7 处理器(Nehalem 系列)的插座，读取速度比 LGA 775 高。

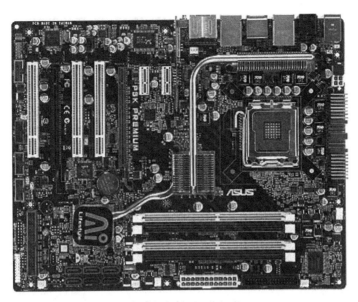

图 1-2 华硕 P5K Premium/WiFi-AP 主板

④ LGA 1156 接口

LGA 1156 接口具有 1156 个插孔，是 Intel 公司继 LGA 1366 后推出的 CPU 接口。它是 Intel Core i3、Core i5 和 Core i7 处理器(Nehalem 系列)的插座，读取速度比 LGA 775 高。此 CPU 接口已被 LGA 1155 所取代，两者互不相容，因此 CPU 无法互用。

⑤ LGA 1155 接口

LGA 1155 接口具有 1155 个插孔，是 Intel 公司于 2011 年继 LGA 1156 后推出的搭配 Sandy Bridge 微架构的新款 Core i3、Core i5 及 Core i7 处理器所用的 CPU 接口，此插槽已取代 LGA 1156，但两者并不相容，因此，新旧款 CPU 无法互通使用。

⑥ LGA 2011 接口

LGA 2011 接口具有 2011 个插孔，是 Intel 公司于 2011 年 11 月推出的搭配 Sandy Bridge-E 平台的 Core i7 处理器所用的 CPU 接口，此插槽用于取代 LGA 1366，成为 Intel 平台的高端 CPU 接口。

⑦ LGA 1150 接口

LGA 1150 接口具有 1150 个插孔，是 Intel 公司于 2013 年推出的接口，供基于 Haswell 微架构的处理器使用，图 1-3 为 LGA 1150 接口的外观。

LGA 1150 的插座上有 1150 个突出的金属接触位，处理器上则与之对应，有 1150 个金属触点。散热器安装位置则与 LGA 1155、LGA 1156 的一样，安装脚位的尺寸都是 75mm×75mm，因此，适用于 LGA 1156 / LGA 1155 的散热器可以安装在 LGA 1150 的插座上。与 LGA 1156 过渡至 LGA 1155 一样，LGA 1150 和 LGA 1155 互不兼容。

(2) 基于 AMD 平台的 CPU 接口

① Socket 754 接口

Socket 754 接口具有 754 个插孔，是 AMD 公司于 2003 年 9 月发布的 64 位桌面平台接口标准，主要适用于 Athlon 64 的低端型号和 Sempron 的高端型号。

图 1-3　LGA 1150 接口

② Socket 939 接口

Socket 939 接口具有 939 个插孔，是 AMD 公司于 2004 年 6 月发布的 64 位桌面平台接口标准。主要适用于 Athlon 64、Athlon 64 X2 和 Athlon 64 FX。

③ Socket AM2 接口

Socket AM2 接口具有 940 个插孔，是 AMD 公司于 2006 年 5 月发布的 64 位桌面平台接口标准。主要适用于 Sempron、Athlon 64、Athlon 64 X2 以及 Athlon 64 FX 等，它是目前 AMD 全系列桌面 CPU 所对应的接口标准。Socket AM2 用于逐渐取代原有的 Socket 754 和 Socket 939，从而实现 AMD 桌面平台接口标准的统一。

④ Socket AM2+接口

Socket AM2+接口是 AMD 公司于 2007 年推出的接口标准，插孔数跟 Socket AM2 完全一样，可用于多款 AMD 处理器，包括 Athlon 64、Athlon 64 X2，以及 Phenom 系列。

Socket AM2+完全兼容 Socket AM2，用于 Socket AM3 的处理器也能用于 Socket AM2+的主板，但是，Socket AM2+的处理器不可用于 Socket AM3 的主板。一个处理器接口通常是由支持更新的内存类型来界定的，AM2 就是因为要支持 DDR2 内存的主板才诞生的。然而，AM2+接口不支持 DDR3，AM3 接口才全面支持 DDR3。因此，AM2+只能作为一种过渡性接口而存在。

⑤ Socket AM3 接口

Socket AM3 接口是 AMD 公司于 2009 年 2 月推出的接口标准，具有 940 个插孔，但只有其中 938 个是激活的，可用于多款 AMD 处理器，包括 Sempron II、Athlon II，以及 Phenom II 系列。Socket AM3 用于取代 Socket AM2+，是 AMD 全系列桌面 CPU 所对应的新接口标准。

⑥ Socket AM3+接口

Socket AM3+接口是 AMD 公司于 2011 年 10 月推出的接口标准，具有 942 个插孔，但只有其中 940 个是激活的，可用于 AMD FX 系列的处理器，AM3+接口向下兼容 AM3。

⑦ Socket FM1 接口

Socket FM1 是 AMD 公司最新的 APU 处理器所用的接口，具有 905 个插孔。

⑧ Socket FM2 接口

Socket FM2 接口见图 1-4，是 AMD 桌面平台的 CPU 插座，适用于代号 Trinity 及 Richland 的第二代加速处理器，具体型号是 A10/A8/A6/A4/Athlon 处理器。

图 1-4 Socket FM2 接口

⑨ Socket FM2+接口

Socket FM2+是 Socket FM2 的后续者，能够向前兼容 Socket FM2 的处理器。

2) 内存插槽

当前流行的内存类型有 SDRAM、DDR、RDRAM 这 3 种，相应的内存接口也有 3 种：SDRAM 内存插槽、DDR 内存插槽和 RDRAM 内存插槽。图 1-5 为技嘉一款主板上的 DDR 内存插槽。

图 1-5 DDR 内存插槽

需要说明的是，不同的内存插槽，它们的引脚、电压、性能和功能都是不太相同的，不同的内存在不同的内存插槽上不能互换使用。对于 168 线的 SDRAM 内存和 184 线的 DDR SDRAM 内存，其主要外观区别在于，SDRAM 内存的金手指上有两个缺口，而 DDR SDRAM 内存只有一个，相应的插槽也自然不一样。

一般情况下，一块主板只支持一种内存类型，但有些主板具有两种内存插槽，可以支持两种内存类型，但这并不意味着两种内存可以同时混用。因为其电气规范和工作电压是不同的，混用会引起内存损坏和主板损坏的问题，所以，也只能使用其中的一种。

3) 总线扩展槽

所谓总线，就是连接 CPU 与内存、缓存、外部控制芯片之间的数据通道。控制芯片和扩展槽之间还有数据通道，叫作扩展总线，或者局部总线。

目前使用的总线扩展槽主要有 PCI、AGP 和 PCI-E，早期的主板上还有 ISA 扩展槽，目前已基本淘汰，这里就不做介绍了。

(1) PCI 插槽

PCI 插槽是一种常见的局部总线扩展槽，也是主板上数量最多的插槽，其颜色多为乳白色。它首先由 Intel 公司推出，其位宽为 32 位或 64 位，工作频率为 33MHz，最大数据传输率为 133MB/s(32 位)和 266MB/s(64 位)，可用于插装 PCI 声卡、PCI 网卡及 PCI 显卡等。PCI 插槽的外形如图 1-6 所示。

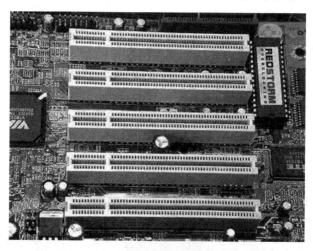

图 1-6　PCI 插槽

(2) AGP 插槽

AGP(Accelerated Graphics Port)即加速图形端口，是在 PCI 总线基础上发展起来的，是 Intel 公司早期为配合 Pentium II 处理器的开发提出来的标准规范，主要针对图形显示方面进行了优化，专门用于图形显示卡，可以有效地解决板载显卡显示内存不足的问题，在其上可安装 AGP 工作模式的各种显卡。

AGP 标准经过了若干年的发展，从最初的 AGP 1.0、AGP 2.0 发展到现在的 AGP 3.0，如果按倍速来区分，则主要经历了 AGP 1X、AGP 2X、AGP 4X、AGP PRO。

AGP 插槽颜色多为深棕色，位于北桥芯片和 PCI 插槽之间。

现在的显卡多为 AGP 显卡，AGP 插槽能够保证显卡数据传输的带宽，而且传输速率最高可达到 2133MB/s(AGP 8X)。AGP 8X 的传输速率可达到 2.1GB/s，是 AGP 4X 传输速率的两倍。AGP 插槽的外形如图 1-7 所示。

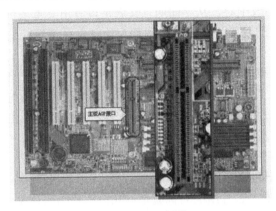

图 1-7　AGP 插槽

(3) PCI-E 插槽

PCI-E 插槽全称是 PCI-Express，是最新的总线和接口标准，原来的名称为 3GIO，是由 Intel 提出的，意思是它代表着下一代 I/O 接口标准。交由 PCI-SIG(PCI 特殊兴趣组织)认证发布后，改名为 PCI-Express。这个新标准将全面取代现行的 PCI 和 AGP，最终实现总线标准的统一。它的主要优势就是数据传输速率高，目前最高可达到 10GB/s 以上，而且还有相当大的发展潜力。

PCI Express 有多种规格，从 PCI Express 1X 到 PCI Express 16X，能满足现在和将来一定时间内出现的低速设备和高速设备的需求。能支持 PCI Express 的主要是 Intel 的 i915 和 i925 系列芯片组。当然，要实现全面取代 PCI 和 AGP，还需要一个相当长的过程，就像当初 PCI 取代 ISA 一样，都会有个过渡的过程。PCI-E 插槽的外形如图 1-8 所示。

图 1-8　PCI-E 插槽

4)　主板芯片组

芯片组(Chipset)是主板的核心组成部分，如果说中央处理器(CPU)是整个计算机系统的心脏，那么芯片组就是整个身体的躯干。在计算机界称设计芯片组的厂家为 Core Logic，Core 的中文意义是核心或中心，从字面的意义就足以看出其重要性。对于主板而言，芯片组几乎决定了这块主板的功能，进而影响到整个计算机系统性能的发挥，芯片组是主板的灵魂，其性能的优劣，决定了主板性能的好坏与级别的高低。目前 CPU 的型号与种类繁多、功能特点不一，如果芯片组不能与 CPU 良好地协同工作，将严重地影响计算机的整体性能，甚至不能正常工作。在计算机系统中，芯片组是保证系统正常工作的重要控制模块，有单片、两片、多片之分。典型的两片主板芯片组，按照在主板上排列位置的不同，分为北桥和南桥两部分。

(1)　北桥芯片

北桥芯片(North Bridge)是主板芯片组中起主导作用的最重要的组成部分，也称为主桥(Host Bridge)。一般来说，芯片组的名称就是以北桥芯片的名称来命名的，例如 Intel 845E 芯片组的北桥芯片是 82845E，875P 芯片组的北桥芯片是 82875P 等。图 1-9 为 AMD 970 北桥芯片。

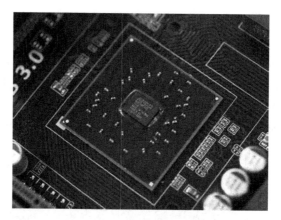

图 1-9　AMD 970 北桥芯片

北桥芯片负责与 CPU 的联系并控制内存、AGP、PCI 数据在北桥内部传输，提供对 CPU 的类型和主频、系统的前端总线频率、内存的类型和最大容量、ISA/PCI/AGP 插槽、ECC 纠错等的支持，整合型芯片组的北桥芯片还集成了显示核心。

北桥芯片就是主板上离 CPU 最近的芯片，这主要是考虑到北桥芯片与处理器之间的通信最密切，为了提高通信性能而缩短传输距离。因为北桥芯片的数据处理量非常大，发热量也越来越大，所以现在的北桥芯片通常都覆盖着散热片，用来加强北桥芯片的散热，有些主板的北桥芯片还会配合风扇进行散热。因为北桥芯片的主要功能是控制内存，而内存标准与处理器一样，变化比较频繁，所以不同芯片组中，北桥芯片肯定是不同的。

(2)　南桥芯片

南桥芯片主要用来与 I/O 设备及 ISA 设备相连，并负责管理中断及 DMA 通道，让设备工作得更顺畅，它提供对 KBC(键盘控制器)、RTC(实时时钟控制器)、USB(通用串行总线)、Ultra DMA/33(66)EIDE 数据传输方式和 ACPI(高级能源管理)等的支持。南桥芯片位于靠近 PCI 槽的位置。图 1-10 为 AMD SB750 南桥芯片。

图 1-10 AMD SB750 南桥芯片

5) 硬盘接口

现在主板上的硬盘接口几乎完全被一种叫 Serial ATA(即串行 ATA)的插槽所取代，它是一种完全不同于并行 ATA 的新型硬盘接口类型，用来支持 SATA 接口的硬盘。SATA 根据其传输率，又分为 SATA 1.0、SATA 2.0、SATA 3.0。其中 SATA 1.0 定义的传输率为 150MB/s，SATA 2.0 定义的传输率为 300MB/s，SATA 3.0 定义的传输率为 600MB/s。值得注意的是，这三种接口的外形是一样的，并具有向下兼容的特性，比如 SATA 3.0 兼容 SATA 2.0。图 1-11 为 SATA 硬盘接口。

图 1-11 SATA 硬盘接口

6) BIOS 芯片组

BIOS(Basic Input/Output System)基本输入输出系统是一块装入了启动和自检程序的 EPROM 或 EEPROM 集成块。实际上，它是被固化在计算机 ROM(只读存储器)芯片上的一组程序，为计算机提供最低级的、最直接的硬件控制与支持。对 PC 来说，BIOS 包含了控制键盘、显示屏幕、磁盘驱动器、串行通信设备及其他功能代码。它还有内部的诊断程序和一些实用程序，比如每次启动计算机时，都要调用 BIOS 的自检程序检查主要部件，以确保它们正常工作。

早期的 BIOS 多为可重写 EPROM 芯片，上面的标签起着保护 BIOS 内容的作用，因为紫外线照射会使 EPROM 内容丢失，所以不能随便将其撕下。现在的 ROM BIOS 多采用 Flash ROM(快速擦写只读存储器，即"闪存")，通过刷新程序，可以通过软件对 Flash ROM 进行重写，方便地实现 BIOS 升级。图 1-12 和图 1-13 分别是双列直插式封装技术 (Dual Inline-pin Package，DIP)封装的 BIOS 和 PLCC32 封装的 BIOS。

图 1-12　DIP 封装的 BIOS

图 1-13　PLCC32 封装的 BIOS

7)　CMOS 电池

主板上通常有一块纽扣电池，这块电池就是 CMOS(Complementary Metal Oxide Semiconductor，互补金属氧化物半导体)电池，如图 1-14 所示。它的作用是用于保持 CMOS 的设置不丢失。当电池电力不足的时候，CMOS 里面的设置会自动还原回出厂设置。例如，若发现原来设置好的系统时间不对，就有可能是因为 CMOS 电池没电造成的。这时，只需更换 CMOS 电池即可。

图 1-14　CMOS 电池

有时，我们需要主动清除 CMOS 中的信息，比如忘记了开机密码而无法启动系统。为此，主板上通常在 CMOS 电池旁边会有一排三针跳线开关，用来清除 CMOS 信息。一般的方法是先关闭电源，把 CMOS 跳线按主板说明书指示的方法短接一会儿，然后重新开机，即可让 CMOS 信息还原回出厂设置。

8)　I/O 接口

主板作为计算机的重要部件之一，提供各种插槽与其他硬件设备进行连接，承载着整个平台的运行。随着用户需求的不断增长，如今主板上的插槽也逐渐增多，特别是主板后部的 I/O 接口也变得越来越多。除了常规的 I/O 接口外，整合主板的视频输出接口也从 VGA 增加到 VGA+DVI+HDMI 的组合，如图 1-15 所示。

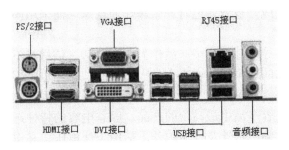

图 1-15　I/O 接口

其中，VGA 接口是一种使用模拟信号的计算机显示标准。绝大多数显卡都带有此种接口，是显卡上应用最为广泛的接口类型。DVI 接口分为两种：一种是 DVI-D 接口，只能接收数字信号；另外一种则是 DVI-I 接口，可同时兼容模拟和数字信号。考虑到兼容性问题，目前在多数主板上一般只会采用 DVI-I 接口，这样，可以通过转换头连接到普通的 VGA 接口。DVI 接口多见于 21.5 寸以上的显示器，小尺寸显示器不常见。HDMI 可以同时传送音频和影音信号。由于音频和视频信号采用同一条电缆，因此适合用户组建 HTPC 平台，用于连接大尺寸的液晶电视。

9)　电源接口

图 1-16 为常见主板的 24 针电源接口。蓝海 350D 电源采用了主动式 PFC，待机功耗低，主板电源接口采用的是 20pin+4pin 的分离设计，适应性更强，如图 1-17 所示。

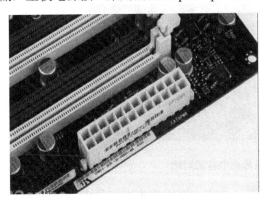

图 1-16　主板电源接口

图 1-17　20pin+4pin 分离设计的电源接口

2. 固态电容和液态电容有什么区别

主板上最容易出问题的地方就是电容爆裂，而固态电容不容易爆裂。用户在搭配计算机配置的时候，应考虑到主板电容方面的问题，了解一下固态电容与液态电容的区别以及如何区分。

固态电容全称为固态铝质电解电容，它与普通电容(即液态铝质电解电容)的最大差别，在于采用了不同的介电材料，液态铝电容的介电材料为电解液。采用液态电容的主板，一方面在长时间使用中，会由于过热导致电解液受热膨胀，使电容失去作用，甚至由于超过沸点导致电容膨胀爆裂；另一方面，主板在长期不通电的情形下，电解液容易与氧化铝形成化学反应，造成开机或通电时产生爆炸的现象。而采用固态电容的主板就完全没有这方面的隐患和危险。

由于固态电容采用导电性高分子产品作为介电材料，该材料不会与氧化铝产生作用，通电后不至于发生爆炸的现象，又由于它是固态产品，自然也就不存在由于受热膨胀导致爆裂的问题了。固态电容具备环保、低阻抗、高低温稳定、耐高纹波电流及高信赖度等优越特性，是目前电解电容产品中最高阶的产品。固态电容的特性远优于液态铝电容，耐温达 260℃，且导电性、频率特性及寿命均佳，适用于低电压、高电流的应用，主要应用于数字产品，如薄型 DVD、投影机及工业计算机等。

固态电容拥有更长的使用寿命。在 105℃的时候，它和电解电容的寿命同样为 2000 小时，在温度降低后，它们的寿命会增加，但是固态电容寿命增加的幅度更大，一般情况下，电容的工作温度在 70℃或更低，这个时候，固态电容的寿命可能会达到 23 年，几乎是电解电容的 6 倍多！但是，即使不考虑其他元件的寿命，以现在的发展速度而言，一块主板正常使用 4～5 年完全可以退役了。所以，单从使用寿命角度考虑，液态电解电容也是可以满足用户需求的，大可不必盲目追求固态电容。

固态电容与液态电容又要如何区分呢？

(1) 固态电容与液态电容的区分有一个非常简单的方法，就是看电容顶部是否有"K"或"十"以及"T"等字形的压痕槽。如果有，就说明是液态的电解电容了；如果没有，那就是固态电容，如图 1-18 所示。

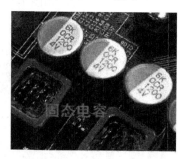

图 1-18　固态电容与液态电容的对比

(2) 通常来说，电解电容采用塑料包皮包裹住电容，而固态电容则是由铝壳包裹的，当然也有一些个别的例子。例如著名的三洋 OSCON 固态电容采用紫色的塑料包皮。而目前一些低端主板和显卡上出现的铝壳电容同样是采用电解液，但它们却采用了铝壳包裹，让人误以为是固态电容，这里就需要观察电容顶部是否有类似"十"字或"K"字的防爆纹了。有防爆纹的则不应该是固态电容。但是仍有小部分品牌的固态电容出于安全考虑采用了防爆纹。如果实在不能确定，可以去参考其主板参数。

3. 如何正确清洗主板

计算机主板使用久了，会出现很多灰尘，这些灰尘容易导致出现电路干扰的现象，影响计算机的使用性能，严重时，会导致计算机无法进入系统。如果计算机主板因为灰尘太多导致出现故障，就需要给主板清洗一下。用户可以自己动手清洗主板，讲究一点的话，就使用专用的洗板水，否则就用不导电的二次蒸馏水，以确保清洗水中不带静电离子。注意，最好不要用矿泉水(含太多离子杂质)，也不要用自来水，自来水经常呈弱酸或弱碱性，容易腐蚀电路板。

假如没有把握完全烘干，清洗前，最好拔下板卡上的电池、集成块等。总之，拔下能拔下的所有配件。在清洗的过程中，要使用比较软的刷子，并注意不要碰坏零件和焊点、电容等。

一般来说，CPU 插槽、AGP 槽、PCI 槽、南桥和北桥芯片底下、每个集成电路 IC 芯片的底下、内存槽旁边的金属触点附近，还有 BIOS 芯片底下，都是不容易清理和烘干的地方。洗刷的时候，还可以使用超声波清洗仪(眼镜店一般都有)来清洗很难洗刷或者看不见的污垢，但是同时，这也可能对元件造成损伤。

烘干前，可以通过在主板上刷酒精以加快水分蒸发。烘干主板可以使用家用的电吹风，也可以拿到修车店用高压气泵吹干。烘干机最好用风流量比较大的，这样可以把不容易烘干处的水强制吹出来。烘干的时候一定要彻底，不然会导致局部短路，造成重大损坏。另外，主板烘干后要晾一段时间，最好使用烘灯(或家用台灯)烤 24 小时，以保证加电时不会有水蒸气存在。

按照这个原则，电脑主机里的 CPU、板卡、内存甚至硬盘的电路板都可以拿出来清洗。必须注意的是，如果确认不是由于灰尘太多造成故障的，或者不是到了万不得已的时候，最好不要单纯为了好看而清洗配件，毕竟这样做的风险相当大，要是清洗不当，造成硬件损坏，就得不偿失了。

1.3 CPU

1. CPU 的主要技术指标

1) 频率

频率包括主频、外频、前端总线 FSB 频率和倍频。

(1) 主频。主频是 CPU 内核运行时的时钟频率，即 CPU 的时钟频率(CPU Clock Speed)。通常，主频越高，CPU 的速度就越快。

(2) 外频。外频又称外部时钟频率，这个指标与计算机系统总线的速度一致。外频越高，CPU 的运算速度越快。外频是制约系统性能的重要指标，100MHz 外频之下的 Celeron 800MHz 比 66MHz 外频之下的 Celeron 800MHz 运行速度更快。CPU 的外频主要有 133MHz、200MHz、266MHz 和 333MHz 几种。

(3) 前端总线 FSB(Front Side Bus)频率。前端总线是 CPU 和北桥芯片之间的通道，负责 CPU 与北桥芯片之间的数据传输，其频率高低直接影响 CPU 访问内存的速度。如果主板不支持 CPU 所需要的前端总线频率，系统就无法工作。就是说，需要主板和 CPU 都支持某个前端总线频率，系统才能工作。

(4) 倍频。计算机在实际运行过程中的速度不但由 CPU 的频率决定，而且还受到主板和内存速度的影响，并受到制造工艺和芯片组特性等的限制。由于内存和主板等硬件的速度大大低于 CPU 的运行速度，因此，为了能够与内存、主板等保持一致，CPU 只好降低自己的速度。倍频指 CPU 的时钟频率和系统总线频率(外频)间相差的倍数，倍频越高，时钟频率就越高。在 286(Intel 80286 芯片)时代，还没有倍频的概念，CPU 的时钟频率与系统总线一样。随着计算机技术的发展，内存、主板和硬盘等硬件设备逐渐跟不上 CPU 速度的发展，而 CPU 的速度理论上可以通过倍频提升，CPU 时钟频率=外频×倍频。

2)　高速缓存

高速缓存是一种速度比内存更快的存储设备，其功能是减少 CPU 因等待低速设备所导致的延迟，进而改善系统性能。它一般集成于 CPU 芯片内部，用于暂时存储 CPU 运算时的部分指令和数据。高速缓存分为 L1 Cache(一级高速缓存)、L2 Cache(二级高速缓存)和 L3 Cache(三级高速缓存)。

3)　CPU 指令集

CPU 指令集就是 CPU 中用来计算和控制计算机系统的一套指令的集合。在 CPU 新技术发展中，最引人瞩目的就是指令集的不断推陈出新。每一种新型的 CPU 在设计时就规定了一系列与其他硬件电路相配合的指令系统。而指令集的先进与否，也关系到 CPU 的性能发挥，它也是 CPU 性能体现的一个重要标志。为增强计算机在多媒体、3D 图像等方面的应用能力，而产生了 MMX、3DNow!、SSE3、SSE4、SSE5 等新指令集。

4)　CPU 的工作电压

CPU 的工作电压是指 CPU 正常工作所需的电压。提高工作电压，可以加强 CPU 内部信号，增加 CPU 的稳定性，但会导致 CPU 的发热问题，CPU 发热将改变 CPU 的化学介质，降低 CPU 的寿命。早期 CPU 工作电压为 5V，随着 CPU 制造工艺的提高，近年来各种 CPU 的工作电压有逐步下降的趋势，目前台式机用 CPU 的电压通常在 2V 以内，最常见的是 1.3～1.5V。CPU 内核工作电压越低，则表示 CPU 制造工艺越先进，也表示 CPU 运行时耗电越少、发热小。

5)　总线宽度

总线宽度包括地址总线宽度和数据总线宽度。

(1)　地址总线宽度。地址总线宽度决定了 CPU 可以访问的物理地址空间，对于 486 以上的微机系统，地址总线的宽度为 32 位，最多可以直接访问 4096MB 的物理空间。目前，主流 CPU 的地址总线宽度为 64 位，理论上可以直接访问 2^{64} 字节的物理空间。

(2)　数据总线宽度。数据总线宽度决定了 CPU 与二级高速缓存、内存以及输入/输出设备之间的一次数据传输的宽度，386、486 为 32 位，Pentium 以上的 CPU 数据总线宽度为 2×32 位=64 位，一般称为准 64 位。目前，主流 CPU 的数据总线宽度为 64 位。

6)　生产工艺

通常，可以在 CPU 性能列表上看到"生产工艺"一项，其中有 45nm 或 32nm 等，这些数值表示了集成电路中导线的宽度。生产工艺的数据越小，表明 CPU 的生产技术越先进，CPU 的功耗和发热也就越小，集成的晶体管也就越多，CPU 的时钟频率也就能做得越高。早期的 486 和 Pentium 等 CPU 的制造工艺水平比较低，为 350nm 或 600nm。后来的 Celeron、Celeron II、Pentium II 和 Pentium III 则为 250m 或 180nm，Pentium 4 为 130nm，Pentium D 为 90nm，Core 2 Duo 为 65nm 或 45nm，Core i 系列为 45nm 或 32nm。

7) CPU 的封装

一般来说，处理器主要由两部分构成：硅质核心和将其核心与其他处理器部件连接的封装。所谓封装，是指安装半导体集成电路芯片用的外壳，通过芯片上的接点用导线连接到封装外壳的引脚上，这些引脚又通过印制电路板上的插槽与其他器件相连接，起着安装、固定、密封、保护芯片及增强电热性能等方面的作用，而且是沟通芯片内部与外部电路的桥梁，其复杂程度在很大程度上决定了处理器的结构特性。

QFP 封装即塑料方型扁平式封装技术(Plastic Quad Flat Package)的简称，该技术实现的CPU 芯片引脚之间距离很小，引脚很细，一般大规模或超大规模集成电路采用这种封装形式，其引脚数一般都在 100 以上。该技术封装 CPU 时操作方便，可靠性高；而且其封装外形尺寸较小，寄生参数减小，适合高频应用；该技术主要适用于 SMT(Surface Maint Technology)表面安装技术在 PCB(Printed Circuit Board，印刷电路板)上安装布线。

PLGA 是 Plastic Land Grid Array 的缩写，简称 LGA，即塑料焊盘栅格阵列封装。它用金属触点式封装取代了以往的针状引脚，因此采用 LGA 封装的处理器在安装方式上也与以往的产品不同，它并不能利用引脚固定 CPU，而是需要一个安装扣架，让 CPU 可以正确地压在 Socket 露出来的弹性触须上。Intel 公司的 LGA 775 和 LGA 1366 等酷睿系列的CPU 就是这种封装形式。

mPGA 即微型 PGA 封装，是一种先进的封装形式。曾经只有 AMD 公司的 Athlon 64和 Intel 公司的 Xeon(至强)系列 CPU 等少数产品采用，而且多是些高端产品，现在已在AMD 产品内广泛应用。

8) 超线程技术

超线程(Hyper-threading)技术是 Intel 公司的创新技术。在一颗实体处理器中放入两个逻辑处理单元，让多线程软件可在系统平台上平行处理多项任务，并提升处理器执行资源的使用率。使用这项技术，处理器的资源利用率平均可提升 40%，大大增加了处理器的可用性。

需要注意的是，含有超线程技术的处理器需要软件支持，才能比较理想地发挥该项技术的优势。一般来说，只要是能够支持多处理器的软件，均可支持超线程技术，但是实际上这样的软件并不多，而且偏向于图形、视频处理等专业软件方面，游戏软件极少有支持的。因为超线程技术只是对多任务处理有优势，因此，当运行单线程应用软件时，超线程技术将会降低系统性能，尤其在多线程操作系统运行单线程软件时，将容易出现此问题。在打开超线程支持后，如果一个单处理器以双处理器模式工作，那么，处理器内部缓存就会被划分成几个区域，互相共享内部资源。对于不支持多处理器工作的软件，在这种模式下运行时，出错的概率要比单处理器上高很多。

9) 64bit 技术

64bit 技术，即 64 位技术，是相对于 32bit 而言的，64bit 就是说处理器一次可以运行64bit 数据。64bit 处理器主要有两大优点：一是可以进行更大范围的整数运算；二是可以支持更大的内存。此外，要实现真正意义上的 64bit 计算，光有 64bit 的处理器还不行，还需有 64bit 的操作系统以及 64bit 的应用软件才行。目前，Intel 公司和 AMD 公司都发布了多个系列、多种规格的 64bit 处理器。在适合个人使用的操作系统方面，Windows 7/8 都发布了 64bit 版本。目前，主流 CPU 使用的 64bit 技术主要有 AMD 公司的 AMD 64bit 技术和 Intel 公司的 EM64T 技术及 IA-64 技术。

10) 双核心技术

双核心处理器是在一个处理器上拥有两个功能相同的处理器核心，就是将两个物理处理器核心整合到一个内核中。事实上，双核心架构并不是新技术，它早就已经应用在服务器上了，只是现在才逐渐走向普通用户。双核心处理器技术的引入是提高处理器性能的有效方法。因为处理器实际性能是处理器在每个时钟周期内所能处理指令数的总量，因此，增加一个内核，处理器每个时钟周期内可执行的单元数将增加一倍。必须强调的是，如果想让系统达到最大性能，必须充分利用两个内核中的所有可执行单元，即让所有执行单元都有活可干。

双核心处理器标志着计算机技术的一次重大飞跃。双核心处理器，较之单核心处理器能带来更好的性能和生产力优势，因而，已经成为一种广泛普及的计算机模式。随着市场需求的进一步提升，出现了三核心、四核心、六核心和八核心这种多核心处理器，它们合理地提高了系统的性能。多核心处理器还将在推动 PC 安全性和虚拟技术方面起到关键作用。现有的操作系统都能够受益于多核心处理器技术。必须注意的是，双核心技术不同于先前介绍的超线程技术。

11) 内存控制器

内存控制器是集成在 CPU 内部的、控制内存与 CPU 之间数据交换的一项重要技术。内存控制器决定了计算机系统所能使用的最大内存容量、内存 BANK 数、内存类型和速度、内存颗粒数据深度和数据宽度等重要参数，也就是说，内存控制器决定了计算机系统的内存性能，从而也对计算机系统的整体性能产生较大的影响。

传统计算机系统的内存控制器位于主板芯片组的北桥芯片内部，CPU 要与内存进行数据交换，需要经过"CPU→北桥→内存→北桥→CPU"这 5 个步骤，在此模式下，数据经由多级传输，延迟比较大，从而影响计算机系统的整体性能。AMD 公司首先在其 K8 系列 CPU 内部整合了内存控制器，CPU 和内存之间的数据交换简化为"CPU→内存→CPU"这 3 个步骤，这种模式具有更小的数据延迟，有助于提高计算机系统的整体性能。

12) 虚拟化技术

虚拟化(Virtualization)是一个广义的术语，在计算机方面通常是指计算机元件在虚拟的基础上而不是在真实的基础上运行。虚拟化技术可以扩大硬件的容量，简化软件的重新配置过程。CPU 的虚拟化技术可以将单个 CPU 模拟为多个 CPU，允许一个平台同时运行多个操作系统，并且应用程序可以在相互独立的空间内运行，而互不影响，从而显著提高计算机的工作效率。

虚拟化技术与多任务以及超线程技术完全不同。多任务是指在一个操作系统中多个程序同时并行运行，而在虚拟化技术中，则可以同时运行多个操作系统，而且每一个操作系统中都有多个程序运行，每一个操作系统都运行在一个虚拟的 CPU 或者是虚拟主机上；而超线程技术只是单 CPU 模拟双 CPU 来平衡程序运行性能，这两个模拟出来的 CPU 是不能分离的，只能协同工作，而虚拟化技术是一种硬件方案，支持虚拟技术的 CPU 用带有特别优化的指令集来控制虚拟过程，通过这些指令集，很容易提高系统性能，比软件的虚拟实现方式提高性能的程度更大。

13) HT 总线技术

Hyper Transport 简称 HT，是 AMD 公司于 2001 年 7 月正式推出的针对 K8 平台专门设计的高速串行总线。在基础原理上，HT 与目前的 PCI Express 非常相似，都是采用点对点的全双工传输线路，引入抗干扰能力强的 LVDS 信号技术，命令信号、地址信号和数据信号共享一个数据路径，支持 DDR 双沿触发技术等，但两者在用途上截然不同，PCI Express 作为计算机的系统总线，而 HT 则被设计为两个处理器核心间的连接，此外，连接对象还可以是处理器与处理器、处理器与芯片组、芯片组的南北桥等，属于计算机系统的内部总线范畴。HT 技术从规格上讲，已经历了 HT 1.0、HT 2.0、HT 3.0、HT 3.1 四代。

14) QPI 总线技术

Intel 的 QuickPath Interconnect 技术缩写为 QPI，译为快速通道互联。QPI 总线技术是在处理器中集成内存控制器的体系架构，主要用于处理器之间和系统组件之间的互联通信(诸如 I/O)。它抛弃了沿用多年的 FSB，CPU 可直接通过内存控制器访问内存资源，而不是以前繁杂的"FSB→北桥→内存控制器"模式。并且，与 AMD 在主流的多核处理器上采用的 4HT3(4 根传输线路，两根用于数据发送，两根用于数据接收)连接方式不同，Intel 采用了 4+1 QPI 互联方式(4 针对处理器，1 针对 I/O 设计)，这样，多处理器的每个处理器都能直接与物理内存相连，每个处理器之间也能彼此互联，来充分利用不同的内存，可以让多处理器的等待时间变短(访问延迟可以下降 50%以上)。

15) DMI 总线技术

目前，绝大部分处理器都将内存控制器做到了 CPU 内部，让 CPU 通过 QPI 总线直接与内存通信，不再通过北桥芯片，有效地加快了计算机的处理速度。后来 Intel 发现，CPU 通过北桥与显卡连接也会影响性能，于是，将 PCI-E 控制器也整合进了 CPU 内部，这样一来，相当于整个北桥芯片都集成到了 CPU 内部，主板上只剩下南桥，这时，CPU 直接与南桥相连的总线就叫作 DMI(Direct Media Inderface，直接媒体接口)。

QPI 总线高达 25.6GB/s 的带宽已经远远超越了 FSB 的频率限制。但 DMI 总线却只有 2GB/s 的带宽。这是因为 QPI 总线用于 CPU 内部通信，数据量非常大。而南桥芯片与 CPU 间不需要交换太多的数据，因此，连接总线采用 DMI 已足够了。所以，看似带宽降低的 DMI 总线，实质上是彻底释放了北桥压力，换来的是更高的性能。

16) Intel 睿频加速技术

Intel 在 Nehalem 架构的处理器中开始采用一种能够自动提高 CPU 时钟频率的"正规超频"技术，Intel 将这项技术命名为 Intel Turbo Boost Technology，中文名称为 Intel 睿频加速技术。睿频加速技术是 Intel Core i7/i5 处理器的独有特性，这项技术可以理解为自动超频。当开启睿频加速之后，CPU 会根据当前的任务量自动调整 CPU 主频，从而可在重任务时发挥最大的性能，而轻任务时又可以发挥最大的节能优势。

Intel 官方对此项技术的解释是，当启动一个运行程序后，处理器会自动加速到合适的频率，而原来的运行速度会提升 10%～20%，以保证程序流畅运行；应对复杂应用时，处理器可自动提高运行主频以提速，轻松进行对性能要求更高的多任务的处理；当进行工作任务切换时，如果只有内存和硬盘在进行主要的工作，处理器会立刻处于节电状态。这样，既保证了能源的有效利用，又使程序运行速度大幅提升。通过智能化地加快处理器速度，从而可根据应用需求最大限度地提升性能，为高负载任务提升主频达 20%，以获得最佳性能，即最大限度地有效提升性能，以符合高工作负载的应用需求，通过给人工智能、物理模拟和渲染需求分配多条线程处理，可以给用户带来更流畅、更逼真的游戏体验。

2. 如何看懂 Intel 酷睿系列 CPU 的型号

Intel 酷睿系列 CPU 采用了全新的命名规则。早期的 Core 2 Duo 系列见图 1-19，命名规则由一个前缀字母加 4 位数字组成，形式是"Core 2 Duo 字母 xxxx"，例如 Core 2 Duo E6600 等。

前缀字母在编号里代表处理器 TDP(Thermal Design Power，散热设计功耗)的范围，目前共有 E、T、L 和 U 等 4 种类型。其中 E 代表处理器的 TDP 将超过 50W，主要针对桌面处理器；T 代表处理器的 TDP 介于 25W～49W 之间，大部分主流的移动处理器均为 T 系列；L 代表处理器的 TDP 介于 15W～24W 之间，也就是低电压版本；U 代表处理器的 TDP 低于 14W，也就是超低电压版本。

在前缀字母后面的 4 位数字里，左起第一位数字代表产品的系列，其中用奇数来代表移动处理器，例如 5 和 7 等。在前缀字母相同的情况下，数字越大，就表示产品系列的规格越高。例如，T7x00 系列的规格就要高于 T5x00 系列；用偶数来代表桌面处理器，例如 4、6 和 8 等，在前缀字母相同的情况下，数字越大，也同样表示产品系列的规格越高。例如，E6x00 系列的规格就要高于 E4x00 系列。后面的 3 位数字则表示具体的产品型号，数字越大，就代表规格越高。例如，E6700 规格就要高于 E6600，T7600 规格也同样要高于 T7400。

Intel 酷睿 i 系列到目前为止，已经推出到第四代 CPU，见图 1-20，采用的多是数字加字母后缀的形式命名，且每一代的命名规则都会有些细微的差异。以第二代 Core i7 2600 为例，Core 是处理器品牌，i7 是定位标识，2600 中的 2 表示第二代(第一代没有这一位数字)，600 是该处理器的型号。至于型号后面的字母，会有 4 种情况：不带字母、K、S、T。不带字母的是标准版，也是最常见的版本；K 是不锁倍频版；S 是节能版，默认频率比标准版稍低，但睿频幅度与标准版一样；T 是超低功耗版，默认频率与睿频幅度更低，主要目的就是节能。

图 1-19　Core 2 Duo 系列 CPU

图 1-20　Core i7 系列 CPU

1.4　内存

1. 内存的主要性能指标有哪些

1) 容量

每个时期，内存条的容量都分为多种规格，早期 168 线 SDRAM 内存条常见的内存容量有 32MB～512MB，甚至 1GB，单条 DDR 和 DDR2/3 内存条常见的内存容量为 128MB、256MB、512MB、1GB、2GB 和 4GB 等几种。

主板上通常都至少提供两个内存插槽，因此，如果同时在计算机中安装多条内存，计算机中内存的总容量是所有内存容量之和。

2) 内存电压

内存能稳定工作时的电压叫内存电压。必须对内存不间断地进行供电，才能保证其正常工作。SDRAM 内存一般使用 3.3V 电压，RDRAM 和 DDR 均采用 2.5V 工作电压，DDR2 采用 1.8V 工作电压，DDR3 采用 1.5V 工作电压。

3) 内存速度

内存主频与 CPU 主频一样，习惯上被用来表示内存的速度，它代表着该内存所能达到的最高工作频率。内存主频是以 MHz 为单位来计量的。内存主频越高，在一定程度上代表着内存所能达到的速度越快。内存主频决定着该内存最高的正常工作频率。目前，市面上较为主流的是 1333MHz 和 1600MHz 的 DDR3 内存。

4) 时钟周期

内存时钟周期代表着内存运行的最大工作频率，一般在内存上标识为"-X"。X 越小，说明内存芯片所能运行的频率就越高，通常与内存的运行频率成反比。对于一条 DDR2 来说，它芯片上的标识-5 代表它可运行的最高时钟周期为 5ns，内存标准工作频率为(1/5)×1000=200MHz，即可以在 200MHz 的外频下正常工作。

5) 存取时间

代表读取数据所延迟的时间。不同于系统时钟频率，二者之间有着本质的区别。

6) 数据宽度和带宽

内存的数据宽度是指内存同时传输数据的位数，以 bit 为单位。内存带宽指内存的数据传输速率。

内存的数据带宽与内存的总线频率和带宽的计算公式为：内存的数据带宽=(总线频率×带宽位数)/8。其中，总线频率是指 DDR 333 和 DDR 400 中的数字。在选购时，要注意内存的总线频率，应与 CPU 的前端总线频率相匹配。

7) 内存的"线"数

内存的"线"数是指内存条与主板插接时的接触点数，这些接触点就是"金手指"。目前，SDRAM 内存条采用 168 线，DDR 内存条采用 184 线，RDRAM 内存条采用 184 线，DDR2/3 采用 240 线。

8) SPD(Serial Presence Detect，模组存在的串行检测)

SPD 是 8 针 SOIC 封装的 EEPROM 芯片，容量为 256 字节，型号多为 24LC01B，位置一般处在内存条正面的右侧，里面主要保存了该内存条的相关资料，如容量、厂商、工作速度、电压与行/列地址、带宽及是否具备 ECC 校验等。

9) 奇偶校验、非奇偶校验

根据内存中是否存在奇偶校验位，又可将 DRAM 分为非奇偶校验内存和奇偶校验内存。非奇偶校验内存的每 1 字节只有 8 位，而奇偶校验内存在每 1 字节(8 位)外又额外增加了一位作为错误检测之用。

10) ECC(Error Checking and Correcting，错误检查和纠正)

ECC 也是在原来的数据位上再外加若干位来实现的。对于 8 位数据，则需 1 位用于奇偶检验，5 位用于 ECC，这额外的 5 位是用来重建数据的。

2. 什么是 DDR 内存

内存是计算机中很重要的部件之一，内存的性能有高有低。相比主板和处理器那些主要计算机部件，内存算是比较简单的计算机配件产品，价格也相对便宜。

严格地说，DDR 应该叫 DDRSDRAM，习惯称为 DDR，是 Double Data Rate SDRAM 的缩写，即双倍速率同步动态随机存储器的意思。DDR 内存是在 SDRAM 内存基础上发展而来的，仍然沿用 SDRAM 生产体系，对于内存厂商而言，对制造普通 SDRAM 的设备稍加改进，即可实现 DDR 内存的生产，可有效地降低成本。DDR 内存发展至今，已经历了 DDR1、DDR2 和 DDR3 版本。实物及外形区别如图 1-21 和图 1-22 所示。

图 1-21　从左至右分别是 DDR1、DDR2 和 DDR3

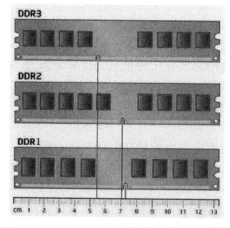

图 1-22　DDR1、DDR2 和 DDR3 的外形区别

为了区分 DDR2 及之后的版本，而习惯将最早的 DDR 存储技术称为 DDR1。

(1) DDR1 主要有以下几种规格。

● DDR-200：DDR-SDRAM 记忆芯片在 100MHz 下运行。

● DDR-266：DDR-SDRAM 记忆芯片在 133MHz 下运行。

● DDR-333：DDR-SDRAM 记忆芯片在 166MHz 下运行。

● DDR-400：DDR-SDRAM 记忆芯片在 200MHz 下运行(JEDEC 制定的 DDR 最高规格)。

● DDR-500：DDR-SDRAM 记忆芯片在 250MHz 下运行(非 JEDEC 制定的 DDR 规格)。

● DDR-600：DDR-SDRAM 记忆芯片在 300MHz 下运行(非 JEDEC 制定的 DDR 规格)。

● DDR-700：DDR-SDRAM 记忆芯片在 350MHz 下运行(非 JEDEC 制定的 DDR 规格)。

JEDEC 是 Joint Electron Device Engineering Council 的缩写，即电子设备工程联合委员会。

(2) DDR2(Double Data Rate 2)也叫 DDRII SDRAM，是由 JEDEC 进行开发的新生代内存技术标准，它与上一代 DDR 内存技术标准最大的不同，就是虽然同是采用了在时钟的上升/下降沿同时进行数据传输的基本方式，但 DDR2 内存却拥有两倍于上一代 DDR 内存预读取能力(即 4bit 数据读预取)。

因此，DDR2 内存每个时钟能够以 4 倍外部总线的速度读/写数据，并且能够以内部控制总线 4 倍的速度运行。

此外，DDR2 标准规定所有 DDR2 内存均采用 FBGA 封装形式，而不同于目前广泛应用的 TSOP/TSOP-II 封装形式。FBGA 封装可以提供更为良好的电气性能与散热性，为 DDR2 内存的稳定工作与未来频率的发展提供了坚实的基础。

(3) DDR3 是针对 Intel 新型芯片的一代内存技术，频率在 800MHz 以上，与 DDR2 相比，优势如下。

① 功耗和发热量较小：吸取了 DDR2 的教训，在控制成本的基础上减小了能耗和发热量，使得 DDR3 更易于被用户和厂家接受。

② 工作频率更高：由于能耗降低，DDR3 可实现更高的工作频率，在一定程度上弥补了延迟时间较长的缺点，同时还可作为显卡的卖点之一，这在搭配 DDR3 显存的显卡上已有所表现。

③ 降低显卡整体成本：DDR2 显存颗粒规格多为 16MB×32bit，搭配为中高端显卡常用的 128MB 显存，便需 8 颗。而 DDR3 显存颗粒规格多为 32MB×32bit，单颗颗粒容量较大，4 颗即可构成 128MB 显存。如此一来，显卡 PCB 面积可减小，成本得以有效控制。此外，颗粒数减少后，显存功耗也能进一步降低。

④ 通用性好：相对于 DDR1 变更到 DDR2，DDR3 对 DDR2 的兼容性更好。由于针脚、封装等关键特性不变，搭配 DDR2 的显示核心和公版设计的显卡稍加修改，便能采用 DDR3 显存，这对厂商降低成本大有好处。

值得一提的是，更高一代的 DDR 内存 DDR4 也已经面世。

3. 如何识别真假内存

涂改、打磨这些字眼,之所以为我们所熟悉,很大程度与内存产品有关。以往的散装内存大部分都是涂改、打磨条。不过,随着越来越多盒装品牌进入国内市场,部分主流品牌对旗下的产品进行严格监管,出现涂改的内存已经越来越少。

如今我们要防范的东西,绝大多数出现在内存货源和以次充好这些情况上。虽然目前的涂改情况已经逐渐收敛,但不代表市场就没有涂改产品出现,以 HY 为例,如图 1-23 所示,在散装内存中,这样的情况依然出现。

图 1-23　真假 HY 内存

有部分商家更是将原本是 DDR333 的芯片打磨成 DDR400 来销售,而有部分商家也推出一些只适用于非 Intel 芯片的特别版内存。真假内存的分辨如图 1-24 和图 1-25 所示。

图 1-24　假金士顿 1GB DDR2 667

图 1-25　真金士顿 1GB DDR2 667

至于在盒装内存方面,也有可能存在问题。例如,有的商家就通过一些渠道弄些异地行货来在市场销售,而这些盒装内存表面上是正品,但实际上,它们的保修情况远远没有达到真正行货的要求。除了保修方面要注意之外,盒装内存中的芯片颗粒也需要我们留意。由于如今的盒装内存厂商很喜欢转换芯片颗粒,所以在升级内存的时候,最好选择一些与原有内存芯片颗粒一致的产品。如果实在找不到原有内存芯片颗粒,也尽量购买兼容性突出的芯片颗粒。建议购买经过多人试验的三星、HY 芯片颗粒。

1.5 硬盘

1. 硬盘的主要技术参数有哪些

1) 容量(Volume)

容量的单位为兆字节(MB)或千兆字节(GB)。目前的主流硬盘容量为 500GB～2TB。影响硬盘容量的因素有单碟容量和碟片数量。可以看到，计算机中显示出来的容量往往比硬盘容量的标称要小，这是由于不同的单位转换关系造成的。在计算机中，1GB=1024MB，而硬盘厂家通常是按照 1GB=1000MB 进行换算的。

2) 单碟容量(Storage Per Disk)

由于硬盘都是由一个或几个盘片组成的，所以，单碟容量就是指包括正反两面在内的每个盘片的总容量。

3) 硬盘的转速(Rotational Speed)

硬盘的转速也就是硬盘电机主轴的转速，转速是决定硬盘内部传输率的关键因素之一，它的快慢，在很大程度上影响了硬盘的速度，同时，转速的快慢也是区分硬盘档次的重要标志之一。硬盘的主轴马达带动盘片高速旋转，产生浮力，使磁头飘浮在盘片上方。

要将所要存取资料的扇区带到磁头下方，转速越快，则等待时间也就越短。目前市场上常见的硬盘转速一般为 5400rpm、7200rpm，甚至有 10000rpm 的。

4) 平均寻道时间(Average Seek Time)

平均寻道时间是指硬盘在盘面上移动读写头至指定磁道寻找相应目标数据所用的时间，它描述硬盘读取数据的能力，单位为毫秒。当单碟片容量增大时，磁头的寻道动作和移动距离减少，从而使平均寻道时间减少，加快硬盘速度。目前，市场上主流硬盘的平均寻道时间一般在 7ms 以下。

5) 平均潜伏期(Average Latency)

平均潜伏期也叫平均等待时间，是指当磁头移动到数据所在的磁道以后，等待指定的数据扇区转动到磁头下方的时间，单位为毫秒(ms)。平均潜伏期时间是越小越好，潜伏期短代表硬盘在读取数据时的等待时间更短，转速越快的硬盘具有越低的平均潜伏期，而与单碟容量关系不大。一般来说，5400rpm 硬盘的平均潜伏期为 5.6ms，而 7200rpm 硬盘的平均潜伏期为 4.2ms。

6) 平均访问时间(Average Access Time)

平均访问时间是指磁头从起始位置到达目标磁道位置，并且从目标磁道上找到指定的数据扇区所需的时间，单位为毫秒(ms)。平均访问时间体现了硬盘的读写速度，它包括了硬盘的平均寻道时间和平均潜伏期，即：平均访问时间=平均寻道时间+平均潜伏期。

7) 数据传输率(Data Transfer Rate)

数据传输率可分为外部传输率(External Transfer Rate)和内部传输率(Internal Transfer Rate)。以目前 IDE 硬盘的发展现状来看，理论上采用 ATA-66 传输协议的硬盘外部传输率已经达到 66.6MB/s，然而，在采用 ATA-100 的传输率以后，传输率又可达 100MB/s。

8) 数据缓冲存储器(Cache Buffer)

缓存是硬盘与外部总线交换数据的场所。硬盘读数据的过程是将磁信号转化为电信号后，通过缓存一次次地填充与清空，再填充、再清空，一步步地按照 PCI 总线的周期送出的过程。可见，缓存的作用是相当重要的。在接口技术已经发展到一个相对成熟的阶段时，缓存的大小和速度是直接关系到硬盘传输速度的重要因素。

图 1-26 是西部数据硬盘"WD 1TB 7200 转 32MB"，其硬盘容量为 1TB，缓存为 32MB，接口类型为 Serial ATA，转速为 7200rpm。

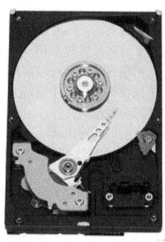

图 1-26　WD 1TB 7200 转 32MB 硬盘

2. 串口硬盘和并口硬盘有什么区别

串口硬盘和并口硬盘最主要的区别，在于它们所使用的数据接口不一样。串口硬盘使用的是 SATA 接口，而并口硬盘使用的是 PATA 接口，如图 1-27 所示。早期的硬盘接口大部分都是并口的，如今新推出的主板很多只支持串口接口硬盘。因此，在搭配计算机配置的时候，就应该注意，硬盘接口是否能被主板支持。

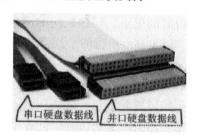

图 1-27　串口与并口硬盘数据线对比

并行 ATA(PATA)其实是 IDE 设备的接口标准，采用的是一根 4 芯的电源线和一根 80 芯的数据线与主板相连接，把数据并列传输和成列(串)传输，传输速率由于受到并行传输的限制，传输率较低。早期大部分硬盘、光驱、软驱等使用的就是此接口，所以并口硬盘又称 IDE 硬盘。

串行 ATA(SATA)全称是 Serial ATA，它是一种新的接口标准。与并行 ATA 的主要不同，就在于它的传输方式。它与并行传输不同，只有两对数据线，采用点对点传输，以比并行传输更高的速度将数据分组传输。现在的 SATA 3.0 接口传输速率为 750MB/s，而且随着技术的发展，这个值将会继续增长。

并行 ATA 接口使用的是 16 位的双向总线，在 1 个数据传输周期内可以传输 4 个字节的数据；而串行 ATA 使用的是 8 位总线，每个时钟周期能传送 1 个字节。这两种传输方式除了在每个时钟周期内传输速度不一样之外，在传输的模式上也有根本的区别，串行 ATA 数据是一个接着一个数据包进行传输的，而并行 ATA 则是一次同时传送数个数据包，虽然表面上一个周期内并行 ATA 传送的数据更多，但串行 ATA 的时钟频率要比并行的时钟频率高很多，在单位时间内，串行 ATA 进行数据传输的周期数目更多。所以串行 ATA 的传输率高于并行 ATA 的传输率，并且未来还有更大的提升空间。

3. 固态硬盘与普通硬盘有什么区别

随着 SSD 固态硬盘价格的下降，以后组装计算机使用 SSD 固态硬盘将会成为主流(固态硬盘实物如图 1-28 所示)。目前，SSD 固态硬盘的容量偏小，并且价格比起普通的机械硬盘来没有优势，性价比差距较大。随着 SSD 固态硬盘技术的不断提高，相信会走入一些高端计算机配置中。那么，固态硬盘与普通硬盘的区别都有哪些呢？

图 1-28 固态硬盘及其内部结构

1) 固态硬盘和普通硬盘目前在价格上的区别

SSD 固态硬盘非常昂贵，特别是大容量的，是普通硬盘的好几倍，所以目前一般用户只买小容量的固态硬盘，仅用来安装系统，这样能大大地提升计算机系统的运行速度，预算成本方面也能控制在可承受的范围内。

图 1-29 是目前主流 SSD 固态硬盘 512GB 和主流普通硬盘 500GB 的价格对比。

¥499.00

英特尔 (Intel) 512GB SSD固态硬盘 M.2
接口(NVMe协议) 660P系列 2280板型 采

¥159.00

西部数据 (WD) 蓝盘台式机 500G 7200
转 机械硬盘 台式电脑硬盘 3.5寸500G

图 1-29 固态硬盘与普通硬盘的价格对比

2) 固态硬盘和普通硬盘在性能上的区别

固态硬盘最大的优势就是几乎没有寻道时间，固态硬盘在操作系统中就是一个普通的盘符，用户完全可以把它作为普通存储介质来使用。由于全部采用 Flash 存储介质，它内部没有机械结构，因此没有数据查找时间、延迟时间和寻道时间。众所周知，普通硬盘的机械特性严重限制了数据读取和写入的速度，计算机运行速度最大的瓶颈恰恰就是在硬盘上，所以固态硬盘的诞生，恰好能消除这一瓶颈。固态硬盘的性能特点主要表现在以下几个方面。

(1) 读写速度很快，由于采用闪存作为存储介质，读取速度相对于机械硬盘更快。固态硬盘不用磁头，寻道时间几乎为 0(普通硬盘里面通过磁头进行读盘，对于不是存放在一起的文件，在读的时候就需要寻道)。固态硬盘持续读写速度超过了 500MB/s，远大于普通硬盘的 100MB/s。

(2) 由于内部没有磁头，也没有磁盘，所以固态硬盘更加抗振动，无噪音且工作温度范围大。固态硬盘没有机械马达和风扇，工作时噪音值为 0 分贝。内部不存在任何机械活动部件，不会发生机械故障，也不怕碰撞、冲击、振动。

(3) 有寿命限制。现在的固态硬盘都有固定的读写次数，这也是许多人诟病其寿命短的原因所在，但是其读写次数相对于普通硬盘的使用寿命而言，影响不是很大。

3) 固态硬盘和普通硬盘在使用上的区别

在使用上，二者的区别很大，普通硬盘不管是安装什么系统，XP 或者 Win7 系统都是一样地可用。而固态硬盘特别是对于 XP 系统，支持不友好，使用 XP 系统会缩短使用寿命，XP 系统没有对固态硬盘进行优化，对固态硬盘读写不擅长的小文件，不仅速度会慢，而且还会无谓地消耗硬盘的寿命，最关键的是，XP 下硬盘的 TRIM(垃圾回收功能)不能开启，固态硬盘的性能会很快衰减。另外，安装 XP 系统的话，固态硬盘一定需要做好4KB 对齐，这样性能才会有所提升。

在安装使用上，固态硬盘建议使用 Win7 版本以上的系统，并且必须开启AHCI(Advanced Host Controller Interface，高级主机控制器接口)，4KB 要对齐。可以下载

AS SSD Benchmark(固态硬盘测试软件)来测试一下，能显示 AHCI 是否开启、4KB 是否对齐，如图 1-30 所示。

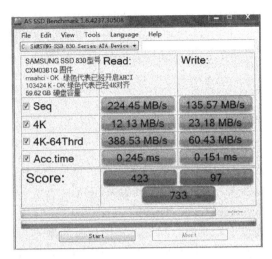

图 1-30　AS SSD Benchmark 测试

4. 什么是 SRT 技术

SRT(Smart Response Technology，固态硬盘缓存技术)的原理，是要将 SSD 固态硬盘和 HDD 机械硬盘结合为"混合硬盘"，将固态硬盘作为机械硬盘的缓存使用。由于固态硬盘盘符将从系统中消失，用户不需要再关注哪一个分区是高速固态硬盘，就可以随时享受闪存加速带来的效果。

SRT 技术的使用方法非常简单，只要将 SATA 控制器设置为 RAID(Redundant Arrays of Independent Disks，独立冗余磁盘阵列)模式(不支持 AHCI 或 IDE 模式)，在 HDD 机械硬盘上照常安装 Windows 操作系统即可。完成后安装 RST 10.5 驱动，选择一块空闲的固态硬盘(任意厂商的产品均可)，即可选择其中最大 64GB 的空间作为缓存。作为缓存的这部分空间将从系统中"消失"，而如果固态硬盘容量大于 64GB，剩余空间依然可以划分为独立分区使用。Intel 公司表示，限制 SRT 缓存容量最大 64GB 的原因是，根据其内部测试，更大容量的缓存已经没有太大的加速效果。用户如果直接将更多应用程序手动存储在固态硬盘上，提速效果自然更好。

SRT 技术有两种工作模式：Enhanced(增强模式)和 Maximize(极限模式)。

在 Enhanced 模式下，数据必须在缓存和硬盘上都写入完成，才会进入下一步。而在 Maximize 模式下，数据可以直接先写入缓存，即可向下进行(当然最终仍会写回硬盘，但不是立即进行)。

Enhanced 模式最为安全，但由于每次写入都要等待机械硬盘完成，HDD 写入性能仍然将成为系统存储瓶颈。其优势在于，会随时断开固态硬盘，或是 SSD 出现故障，系统仍将照常使用，只是失去了加速效果而已。需要注意的是，由于缓存替代硬盘完成数据读取，帮机械硬盘卸载了读取任务，专心进行写入，因此，Enhanced 模式下，系统的磁盘写入性能仍将获得提升。

在 Maximize 模式下，系统的读写性能都将获得明显提升。但其中存在的风险是，会存在一段时间，用户写入的数据仍存储在 SSD 缓存内，没有写回硬盘。如果此时出现断电，则写回工作将被中断。更坏的情况是，此时 SSD 缓存故障，则会出现数据丢失的严重问题。而如果用户缓存的是操作系统盘，固态硬盘故障情况下系统将无法启动。值得一提的是，用户如果需要移动一块工作在 Maximized 模式下的加速硬盘，要么同时移动 SSD 缓存和 HDD 硬盘，要么就需要在 RST 驱动中首先禁用 SSD 缓存。

1.6　光驱

1. 光驱的主要性能指标

1)　数据传输率

数据传输率是指光驱在 1s 内所能读写的数据量，单位为 KB/s 或 MB/s。它是衡量光驱性能的最基本指标。该值越大，光驱的数据传输率越高。

2)　平均访问时间(Average Access Time)

平均访问时间又称为"平均寻道时间"，是指光驱的激光头从原来的位置移动到指定的数据扇区，并把该扇区上的第一块数据读入高速缓存所花费的时间(一般为 80～90ms)。

3)　CPU 占用时间(CPU Loading)

CPU 占用时间是指光驱在保持一定的转速和数据传输率时占用 CPU 的时间。这是衡量光驱性能的一个重要指标，光驱的 CPU 占用时间越少，系统整体性能的发挥就越好。

4)　缓存容量

缓存主要用于存放临时从光盘中读出的数据，然后发送给计算机系统进行处理。这样就可以确保计算机系统能够一直接收到稳定的数据流量。缓存容量越大，读取数据的性能就越高。

5)　接口类型

市场上的光驱接口类型主要有 SATA、IDE、SCSI 和 USB。

6)　纠错能力

光驱纠错能力是指光盘驱动器对一些质量不好的光盘的数据读取能力。目前，各个品牌的产品都差不多，建议购买品牌产品，这样，在售后服务上是有保障的。

7)　区域代码

区域代码是 DVD 光驱的特有专利，在 DVD 光驱的面板上或说明书上一般都有明显的标记或说明。选购时，要注意购买标有中国区域代码的产品。

8)　刻录方式

刻录方式分为 4 种：整盘、轨道、多段、增量包。

整盘刻录无法再添加数据。轨道刻录每次刻录一个轨道，CD-R 最多支持刻写 99 条轨道，但要浪费几十兆的容量。多段刻录与轨道刻录一样，也可以随时向 CD-R 中追加数据，每添加一次数据，浪费数兆容量。增量包的数据记录方式与硬盘类似，允许在一条轨道中多次添加小块数据，避免了数据备份量少的浪费，可以避免发生缓存欠载现象。

9)　旋转方式

旋转方式是指激光头在光盘表面横向移动读取轨道数据时，光驱主轴电机带动光盘旋转的 3 种方式。

- CLV(Constant Line Velocity)：恒定线速度方式。
- CAV(Constant Angular Velocity)：恒定角速度方式。
- P-CAV(Partial Constant Angular Velocity)：局部恒定角速度方式。

2. 光驱的内部结构是怎样的

光驱内部结构由激光头组件、主轴马达、光盘托架和启动机构组成，如图 1-31 所示。

图 1-31　光驱实物及其内部结构

(1) 激光头组件：包括光电管、聚焦透镜等。
(2) 主轴马达：驱动光盘高速运转时，提供快速的数据定位功能。
(3) 光盘托架：在打开和关闭状态下的光盘承载体。
(4) 启动机构：控制光盘托架的进出和主轴马达的启动。

3. 光驱是怎样工作的

光盘驱动器(光驱)是一种结合光学技术、机械技术及电子技术于一体的产品。在光学和电子结合方面，激光光源来自于一个激光二极管，它可以产生波长为 0.54～0.68μm 的光束，经过处理后，光束更集中，且能精确控制，光束首先打在光盘上，再由光盘反射回来，经过光检测器捕获信号。光盘上有两种状态，即凹点和空白，它们的反射信号相反，很容易经过光检测器识别。检测器所得到的信息只是光盘上凹凸点的排列方式，驱动器中有专门的部件对其转换并进行校验，然后我们才能得到实际数据。光盘在光驱中高速地转动，激光头在伺服电机的控制下前后移动，读取数据。

1) 无光盘状态

在无光盘状态下，光驱加电后，激光头组件启动，此时，光驱面板指示灯将闪亮，同时，激光头组件移动到主轴马达附近，并由内向外顺着导轨步进移动，最后又回到主轴马达附近，激光头的聚焦将向上移动三次，搜索光盘，同时主轴马达也顺时针启动三次，然后，激光头组件复位，主轴马达停止运行，面板指示灯熄灭。

2) 有光盘状态

在光驱中有光盘的状态下，激光头聚焦，重复搜索动作，当找到光盘后，主轴马达将加速旋转，此时若读取光盘，面板指示灯将不停地闪烁，步进电机带动激光头组件移动到光盘数据处，聚焦透镜将数据反射到接收光电管，微机即可读取光盘数据。若停止读取光盘，面板指示灯会熄灭。

1.7　显卡和显示器

1. 显卡的主要性能指标

显示卡简称显卡，如图 1-32 所示。显卡是显示器与主机通信的控制电路和接口电路，其主要作用是根据 CPU 提供的指令和数据，对程序运行过程中的结果进行相应的处理，并转换成显示器能接受的图形显示信号后，送给显示器，最后由显示器形成人眼所能识别的图像，在屏幕上显示出来。因此，显卡的性能好坏，直接决定着计算机的显示效果。

图 1-32　影驰 GTS 400 显卡

显卡的主要性能指标包括以下几项。

(1) GPU(Graphic Processing Unit，图形处理器)：这是 nVIDIA 公司在发布 GeForce 256 图形处理芯片时首先提出的概念。GPU 使显卡减少了对 CPU 的依赖，并处理部分原本是 CPU 的工作，尤其是在 3D 图形处理时。GPU 所采用的核心技术有硬件 T&L(几何转换和光照处理)、立方环境材质贴图和顶点混合、纹理压缩和凹凸映射贴图、双重纹理四像素 256 位渲染引擎等，而硬件 T&L 技术可以说是 GPU 的标志。GPU 主要由 nVIDIA 与 ATI 两家厂商生产。

(2) 刷新频率：指图像在屏幕上的更新速率，即每秒钟图像在屏幕上出现的次数，也称帧数，单位为 Hz。刷新频率越高，屏幕上的图形越稳定。

(3) 分辨率：指显卡在显示器屏幕上所能描绘的像素数目，用"横向像素点数×纵向像素点数"来表示，典型值有 640×480、800×600、1024×768、1280×1024、1600×1200 等。分辨率越高，图像像素越多，则图形越细腻。

(4) 色彩位数(色深)：指在一定分辨率下每一个像素能够表现出的色彩数量，一般用颜色的数量或存储每一像素信息所使用的编码位数来表示，24 位称为真彩色。增加色深，会使显卡处理的数据剧增，刷新频率降低。

(5) 显存容量：一般分为 128MB、256MB、512MB、640MB、1GB 等。显存容量越大，所能支持显示的最大分辨率越高，颜色数越多。目前，主流的显存容量为 256MB 和 512MB。

(6) 显存位宽：指在一个时钟周期内所能传送数据的位数。位数越大，所能传输的数据量越大。一般，显存的位宽分为 64 位、128 位和 256 位。目前，256 位是市场的主流显存位宽。

2. 显卡的分类

(1) 按显卡独立性分类：分为主板集成显示芯片的集成显卡和独立显卡。独立显卡是指将显示芯片、显存及其相关电路单独做在一块电路板上，自成一体，而作为一块独立的板卡存在，它需占用主板的扩展插槽(ISA、PCI、AGP 或 PCI-E)。集成显卡是将显示芯片、显存及其相关电路都做在主板上，与主板融为一体。

(2) 按显卡的接口分类：MDA(单色显卡)、CGA、EGA、VGA/SVGA。

(3) 按图形功能分类：根据图形，分为纯二维(2D)显卡、纯三维(3D)显卡、二维加三维(2D+3D)显卡。

(4) 按显卡与主板的接口分类：与主板连接的接口经历了 ISA、EISA、VESA、PCI、AGP，以及 PCI-Express。

(5) 按显示芯片分类：主流芯片厂家有 3 家，即 nVIDIA、ATI 和 Matrox。

3. 什么是双卡技术

何谓双卡技术？其实，这是一种同时搭载两款同类型显卡的特殊系统。这样做的目标往往是为了大幅提高整台电脑的图像处理能力，在运行 3D 游戏的时候，可以得到更佳的运行效果。SLI(Scan Line Interlace，扫描线交错)和 CrossFire 分别是 nVIDIA 和 ATI 两家的双卡或多卡互连工作组模式。其本质是差不多的，只是叫法不同。

SLI 技术是 3dfx 公司应用于 Voodoo 上的技术，它通过把两块 Voodoo 卡用 SLI 线物理地连接起来，工作的时候，一块 Voodoo 卡负责渲染屏幕奇数行扫描，另一块负责渲染偶数行扫描，从而将两块显卡"连接"在一起，获得"双倍"的性能。

CrossFire，中文名"交叉火力"，简称"交火"，是 ATI 的一款多重 GPU 技术，可让多张显卡同时在一部电脑上并排使用，增加运算效能，与 nVIDIA 的 SLI 技术竞争。CrossFire 技术于 2005 年 6 月 1 日在中国台北国际电脑展正式发布，比 SLI 迟一年。从首度公开截至 2009 年，CrossFire 经过了一次修订(双卡虽然理论上图像处理能力提高了一倍，但实际性能只能提高 40%)。

4. 什么是双显卡切换技术

双显卡切换技术虽然由来已久，但由于成本及技术本身存在一定的缺陷，一直没能在笔记本电脑领域得到很好的普及。不过，作为解决笔记本电脑续航与性能问题的撒手锏之一，加上 Intel 酷睿 i 系列处理器开始集成显示核心，造成独显笔记本的资源浪费矛盾激化，促使双显卡技术进一步发展。ATI 及 nVIDIA 出品的双显卡技术，相较上代产品，在安全、稳定性方面均有较大幅度的提升。不过，在应用细节的表现形式上，两家各有千秋。

1) ATI 双显卡切换

ATI 双显卡技术，这里指的可不是 CrossFire("交火"技术)，而是独立显卡和集成显卡之间的切换技术，不过，ATI 的官方网站并没有对该技术做过多的阐述。运用 ATI 双显卡的代表产品有联想的 Y460、宏碁的 4745G 以及华硕的 A42 系列等，可以说是市面上流通得最早的一批游戏型产品。

该技术的特点是支持热切换，不需要关机，即可完成集成显卡和独立显卡的切换过程；支持一键硬切换功能，可以通过硬件和软件两种形式来实现，操作时比较清晰和一目了然，可控制性强。不过，该技术并不智能，用户在使用时，需要自己来决定使用何种性能的显卡。此外，并不是真正意义上的无缝热切换，应用该技术切换显卡时，需要将所有的应用程序全部关闭，否则容易出现黑屏现象。ATI 双显卡切换界面如图 1-33 所示。

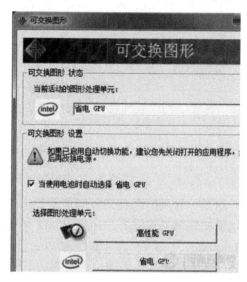

图 1-33 ATI 双显卡切换界面

2) nVIDIA Optimus 智能切换技术

nVIDIA Optimus 智能切换技术(如图 1-34 所示)包括 ThinkPad 等，基本上所有品牌都推出了支持该技术的产品。Optimus 技术的两大特点是：第一，无须手动干预显卡的切换，完全根据实际程序运行状况自动进行；第二，切换过程无缝实现，无须退出程序，无须重启计算机。这些亮点，恰恰是 ATI 的缺陷所在。从技术层面上看，nVIDIA Optimus 技术似乎优于 ATI。

图 1-34 nVIDIA Optimus 智能切换技术

在实际的应用层面上，Optimus 并不完美，经常会给用户造成不必要的麻烦，具体体现在以下方面。

(1) Optimus 不支持"手动"切换，意味着用户失去了部分主动权，使用何种性能的显卡全部交由程序来自行判断。

(2) 不够智能，任何程序都有失误的时候，当用户安装的游戏或应用软件比较新颖，没能收录到显卡驱动时，则有可能出现"该独显的时候驱动集显"或"该集显的时候驱动独显"这样的程序选择显卡出错现象。

(3) Optimus 的智能需要不断地更新驱动程序，并且配以手动调整来完成。

目前新推出的笔记本电脑只要是有独立显卡的，基本都是双显卡切换的。不同的是 nVIDIA 和 ATI 的显卡由于驱动程序不同，因此，切换方式不一样，如果需要自定义地设定某些程序运行的时候启动独立显卡，某些时候为了保证电池的续航时间和较低的发热量只是使用核心显卡，可以在控制面板里面设置，不能使用默认设置。

综上所述，ATI 及 nVIDIA 显卡所支持的双显卡切换技术各有利弊，用户选购时，需要权衡一下自己的应用点。目前还没有一个厂商能生产出完全满足用户任何需求的产品。ATI 适合应用程序环境比较单一或者是比较了解硬件及软件功能的用户，而 Optimus 更适合便携及商用领域。

5. 液晶显示器的主要性能指标

1) 可视角度

一般而言，LCD 的可视角度都是左右对称的，上下不一定，常常是上下角度小于左右角度。可视角当然是越大越好，首先必须了解可视角的定义。当我们说可视角是左右 80 度时，表示站在始于屏幕法线 80 度的位置时，仍可清晰地看见屏幕图像，但每个人的视力不同，因此，我们以对比度为准。在最大可视角时所量到的对比越大越好。一般而言，业界有 CR3 10 及 CR3 5 两种标准(CR 即对比度)。

2) 亮度、对比度

TFT 液晶显示器的可接受亮度为 $150cd/m^2$ 以上，目前国内能见到的 TFT 液晶显示器亮度都在 $200cd/m^2$ 左右，对比度则普遍达到了 300∶1 以上。

3) 响应时间

响应时间越小越好，它反映了液晶显示器各像素点对输入信号反应的速度，即 pixel 由暗转亮或由亮转暗的速度。响应时间越小，则使用者在看运动画面时，就越不会出现尾影拖曳的感觉。一般会将反应速率分为两个部分：Rising 和 Falling；而表示时，以两者之和为准。现在主流显示器的显示时间已经从 25ms 降到了 16ms～12ms，部分高端显示器更是达到了超快的 8ms，当然价格也就不菲了。

4) 色素

几乎所有 15 英寸 LCD 都只能显示高彩(256k)，因此，许多厂商使用了所谓的 FRC (Frame Rate Control，帧频控制)技术以仿真的方式来表现出全彩的画面。当然，此全彩画面必须依赖显卡的显存，并非使用者的显卡可支持 1600 万色全彩就能使 LCD 显示出全彩。

5) 尺寸

平板显示器的尺寸是以屏幕对角线来决定的，15.1 英寸 LCD 等于 17 英寸 CRT 显示器。

6) 坏像素

LCD 屏幕上有成千上万个晶体管，很难保证 100%完好，而且损坏的像素无法修好，通常 3~5 个坏像素都是合理的。

针对液晶板质量的高低，业界一般用 A、B、C 来区分等级。A 级比 B 级的档次要高，C 级档次最低。

7) 液晶板类型

目前，市面上液晶板的类型主要有 TN 型、STN 型、DSTN 型、TFT 型。

6. 如何识别液晶坏点、亮点

随着液晶价格的不断下滑，液晶产品已经成为人们装机时的首选对象。由于液晶产品与 CRT 产品有着本质上的区别，所以我们在购买液晶的时候，就遇到一些不太明确的状况。例如，商家就经常对消费者说，液晶在开箱之后，如果出现 3 个以上亮点、坏点才可以更换，假若只有一个亮点、坏点，是不属于包换范围之内的。

液晶面板是通过一个整板切割而成的，液晶每个像素都是由红、绿、蓝 3 个像素单元组成，可以抽象地把液晶面板看作是一个显示画面的电视墙。不过，每个电视只能显示一个完整像素，而每个像素单元都对应有自己的驱动管。由于分辨率方面的问题，所以液晶面板在生产过程中无可避免地会出现损坏的驱动管，而当驱动管出现损坏时，则相应的像素就会缺少一个色彩单元。这样，液晶在显示的时候，就出现了亮点或者暗点，而这些点就是人们平时所说的液晶坏点、亮点。简单地说，亮点仅仅是液晶面板缺少一个色彩的点，而该点是不会对其他点造成影响的，而坏点(见图 1-35)就是比亮点更加严重的点，它不但会令液晶缺少一个色彩的点，而且会对其他点进行影响，坏点的扩散特点会导致其他正常的点成为亮点或者坏点。

图 1-35　液晶显示器的坏点

7. 什么是 4K 显示器

随着 4K 液晶电视的流行，如今很多显示器厂商也开始推出一些 4K 超清液晶显示器，屏幕显示技术已经从早前的 720P、1080P、2K 向最新的 4K 分辨率前进。不过，4K 显示器对计算机硬件也有较高的要求，对显卡接口以及显卡图形性能都有一定的要求。那么，4K 显示器究竟是什么呢？

4K 显示器最核心的关键词就是 4K，简单地说，就是分辨率达到 4K 的显示器，通常是指分辨率达到 4K 的液晶显示器，如图 1-36 所示。

图 1-36　4K 液晶显示器

4K 是一种分辨率，即 4096×2160 像素的分辨率，相比熟知的 720P、1080P 显示器，4K 的分辨更高。如今 4K 分辨率已经在很多大屏液晶电视上得到普及，如小米电视 2 就是一款 4K 超清液晶电视。

4K 显示器具备超精细画面，相比 1080P(1920×1080 像素)显示器，屏幕画质要更为精细、清晰。4K 级别的分辨率可提供 880 多万个像素，实现了电影级的画质。当然，超高清的代价也是不菲的，每一帧的数据量都达到了 50MB，因此，无论解码播放还是编辑，都需要顶级配置的机器。

值得一提的是，4K 的标准应该是 4096×2160，但在这个基础上，又衍生出多种比例，如 4096×3112、3656×2664 等，桌面 4K 显示器用的是 3840×2160，主要是为了配合 16∶9 的图像比例，与当前用户接受的主流显示比例一致。也就是说，目前 4K 液晶显示分辨率通常达到最高的 4096×2160 像素，而 4K 电脑显示器分辨率则为 3840×2160 像素。

由于 4K 显示器对画质要求非常高，因此，4K 显示器对主板或者显卡以及视频接口有较高的要求。并不是所有的设备都可以支持 4K 输出。目前能支持 4K 分辨率的显示器的接口仅有 Displayport 和 HDMI(HDMI 1.4 或更高标准)两大接口，如果硬件仅配有 VGA 和 DVI 接口，那就上不了 4K 分辨率。

总之，4K 显示器的最大卖点就是超高屏幕分辨率，提供了极致高清的屏幕画质体验，在观看 4K 视频或者在玩高画质游戏的时候，可以带来极致清晰的视觉体验。不过，由于 4K 显示器分辨率过高，导致显示器字体显示很小，日常浏览网页或者办公体验并不佳，目前 4K 屏幕还主要是在超大液晶电视上流行，对于普通计算机用户来说，4K 显示器要成为主流，或许还有一段较长的路要走。

任务实践

选购组装计算机

1. 选购前要做哪些准备工作

1)　明确自身需求和经济能力

无论是选购品牌机还是兼容机，首先需要确定计算机的用途。

(1) 办公：一般配置的计算机即可，因为过高的配置有许多功能用户都用不上，这时，应该遵循"够用就好"的原则。

(2) 游戏：用于玩游戏的计算机，应选购独立的显卡和声卡，这样才能保证玩 3D 等大型游戏时画面清晰、声音逼真，做到身临其境，真正体会到游戏所带来的乐趣。

(3) 专业制图：用于专业制图时，3ds Max、AutoCAD 等制图软件对显卡的要求较高，因此，显卡必须独立，才能保证顺畅地打开和使用该类软件。

(4) 视频制作：用于视频制作时，应该选购 CPU 频率较高、内存大、硬盘容量大、带有刻录机和 IEEE1394 数字接口的计算机。

2) 必备的计算机基本知识

(1) 了解计算机的主要性能指标。

(2) 了解当前市场动态。

(3) 了解品牌机和兼容机的区别。

(4) 掌握选购的原则。

2. CPU 的选购

目前，市面上生产通用 CPU 的厂商主要有 Intel 公司和 AMD 公司两家。用户在选择 CPU 的时候，不要盲目追求新一代的最初产品，要根据自身需求及现有的经济情况，选择合理参数和型号的高性价比的 CPU，同时，还要考虑与主板、内存等配件的兼容性。

目前，市场上零售的 CPU 主要有盒装和散装之分。从技术角度而言，散装和盒装 CPU 并没有本质的区别，至少在质量上不存在优劣的问题。对于 CPU 厂商而言，其产品按照供应方式，可以分为两类：一类供应给品牌机厂商，另一类供应给零售市场。面向零售市场的产品大部分为盒装产品，而散装产品则部分来源于品牌机厂商外泄以及代理商的销售策略。

从理论上说，盒装和散装产品在性能、稳定性以及可超频潜力方面不存在任何差距，但是，质保期存在一定的差异。一般而言，盒装 CPU 的保修期要长一些(通常为 3 年)，而且附带有一只质量较好的散热风扇。

原厂盒装比散装 CPU 价格高，同频的盒装和散装 CPU 差价大约几十元，所以，一些不法商贩就将不是从正常渠道进入国内的散装 CPU 重新封装，当作原厂盒装 CPU 卖。假盒装 CPU，里面装的则是伪劣的散热器和散装 CPU，其实就是 OEM 的散片，这些散片被一些商家自行包装，然后配上一个质量非常一般的假散热器。在选购 CPU 时，可通过以下方法进行鉴别。

1) 识别 Intel 公司 CPU 的方法

对于 Intel 公司的盒装 CPU，识别方法如下。

(1) 盒装产品提供 3 年质保。

(2) 真盒装 CPU 说明书封套上的字体细致，图像清晰，说明书正面有激光防伪标志，并可拨打 800 免费电话进行查询；假货字体粗糙，无激光防伪标志，纸张偏大、图像模糊。

正品盒装 CPU 表面上的序列号，与包装盒上的系列号应该是相同的，而且与散热风扇的序列号也应该是相对应的，可以通过拨打免费 800 电话进行验证。

2) 识别 AMD 公司 CPU 的方法

(1) 看封口贴的防伪标签，真盒的标签颜色比较暗，可以很容易看到镭射图案全图，而且用手摸上去有凹凸的感觉。

(2) 真盒的封条有点绿色，并且颜色过渡比较自然，另外，用手摸防伪标签旁边，会有磨砂的感觉。

(3) 真盒的条形码做工细腻，序列号完全与盒内 CPU 上的序列号吻合。

(4) 正品盒内 CPU 表面上的序列号、产地与包装盒表面印制的序列号、产地一致，并且风扇也享受 3 年的保修。所以在购买时，如果发现质保标签和处理器表面的 SN 校验码不相同，就可以拒绝购买。

3) 利用软件检测

在购买 CPU 时，可以使用相关的软件，比如 WCPUID、Intel CPU ID Utility 或 AMD CPUinfo 软件来检测 CPU 的型号、系列、缓存、频率等指标，以此来判断 CPU 的新旧，是否被超频以及包装盒上的参数跟实际参数是否相符等。

3. 主板的选购

选购主板首先应根据所选的 CPU 来决定购买采用何种芯片组的主板，在购买主板前，需要查看相关的资料，找出与 CPU 相搭配的芯片组，除此之外，还需要考虑以下几个方面。

- 根据需要选购。
- 注重主板的质量和服务。
- 注重性价比。
- 注重扩展性。
- 注重主板的做工和用料。

计算机主板的好坏直接影响机器的整体性能，因此，主板的选购尤为重要。许多杂牌厂商为了降低成本，在主板的用料和做工方面大打折扣，以假充真，以次充优，使得同型号的主板性能质量相差很大。下面仅就主板质量的鉴别，介绍几种方法。

1) 观察外表，掂其分量

(1) 看主板的厚度，二者比较，厚者为宜。

(2) 观察主板电路板的层数及布线系统是否合理。把主板拿起，隔主板对着光源看，若能观察到另一面的布线元件，则说明该主板为双层板，否则，就是四层板或多层板。选购时应该选后者。

(3) 布线是否合理流畅，也将影响整块主板的电气性能，这主要靠第一眼的感觉，当然，这种感觉是建立在对一般主板布线相当了解的基础之上的。

(4) 仔细观察主板各芯片的生产日期和型号、品牌标识。一般来说，各芯片的生产日期不宜超过 3 个月，否则，将影响主板的整体性能。芯片上的标识要清晰可辨，无划痕等明显印迹。

2) 主板电池

电池是为保持 CMOS 数据和时钟的运转而设的。"掉电"就是指电池没电了，不能保持 CMOS 的数据，关机后时钟也不走了。选购时，观察主板电池是否生锈、漏液。若生锈，可更换电池；若漏液，则有可能腐蚀整块主板而导致主板报废，这样的主板当然不能选了。

3) 扩展槽插卡

先仔细观察槽孔弹簧片的位置和形状，再把板卡插入槽中后拔出，观察现在槽孔内的弹簧片位置和形状是否与原来相同。若有较大偏差，则说明该插槽的弹簧片弹性不好，当然，该主板的质量也不会好到哪儿去。

4) 摇跳线

仔细观察各组跳线是否虚焊。开机后，轻微摇动跳线，看机器是否出错，若有出错信息，则说明跳线松动，性能不稳定，此主板必不在选购之列。注意，摇的时候用力不要过大、过猛，否则容易摇坏跳线，好板子也会被摇成坏板子。

5) 软件测速

利用 SPEED 系列或别的测速软件，对主板进行全面的检测，不同主板间的横向比较会给出一个准确的结论。如果不愿意自己测试的话，权威性报纸、杂志的评测报告也是很好的参考。

4. 内存的选购

1) 了解内存的技术指标

内存的时钟周期、存取时间和 CAS(Column Address Strobe，列地址脉冲)延迟时间，是衡量内存性能比较直接的重要参数。它们都可以在主板 BIOS 中设置。

(1) 时钟周期：代表内存可以运行的最大工作频率，数值越小，说明内存所能运行的频率就越高。时钟周期与内存的工作频率是成反比的。

(2) 存取时间：仅代表访问数据所需要的时间。其单位以纳秒(ns)表示，存取时间越短，则该内存条的性能越好。

(3) CAS 延迟时间：内存性能的一个重要指标，是内存列地址脉冲的反应时间。CAS 反应时间基本上都是 3，也有部分是 2 的。

(4) 奇偶校验(ECC)：内存工作时，极有可能在频繁的传输数据过程中出现错误。ECC 就是一种数据检验机制。ECC 不仅能够判断数据的正确性，还能纠正大多数错误。

2) 注意主板支持

现在市面上 100%的主板生产大厂都已经出产了不止一种的主板，支持使用 DDR 内存，虽然 DDR 与 SDRAM 在物理线数上存在着很大的分别，两者理论上是不能共存的，可是，有一些厂商为了能够提高产品在市场上的存在价值和为了让产品的竞争力提高，也生产了 DDR 与 SDRAM 都能够使用的主板。这些主板总共拥有 4 条内存插槽，两条专供 DDR 内存使用，两条专供 SDRAM 内存使用，通过主板上的跳线来更换所属方式。虽然不能将 DDR 与 SDRAM 混合使用，可也给用户提供了两种内存购买的选择。所以，在购买内存的时候，先得分清使用的主板支持哪一种格式的内存条，或向主板提供商询问。

3) 慧眼识真假

购货过程中，随身准备一个放大镜是必需的，看到的内存应是管脚和焊点很少，整条内存应整洁、清爽，通过 cpu-z 进行测试，里面应有内存信息，检查 PCB 上的 CE 标志是否完整、电阻和电容是否缺失。

5. 硬盘的选购

硬盘时间长了会出现各种各样的问题，如需更换硬盘，首先用户得知道自己硬盘的接口是什么类型的，如果不好判断，可以带着旧硬盘或主板买对应接口的硬盘。那么，在选购硬盘的时候，需要注意哪些问题呢？

1) 查看辨别

购买 SATA 接口的硬盘时，可能一些不法商家或个人将旧一代的产品冒充为新一代产品。此时，可以查看接口是否有跳线，有的话，一般来说是新一代硬盘。在此提醒读者，最好到正规的实体店或网上 B2C 商城购买。

2) 选择大缓存容量

在传输文件时，大文件总比多个小文件传输速率高。应尽量购买大容量缓存硬盘，缓存越大，效率越高，性能就越强，处理小文件的能力自然就更强。但也要关注硬盘的性价比，不要盲目选择特大容量缓存硬盘。用户可以通过硬盘型号，在网上搜索硬盘的缓存大小及其他信息，B2C 商城一般会标注硬盘缓存大小。

3) 选择单碟容量大的硬盘

这主要是针对普通的机械硬盘来讲的，单碟容量大的硬盘可以大大提高硬盘的读写速度，考虑合适的性价比，应该尽量选择单碟容量大的硬盘。

4) 选择合适的时机

电脑配件的价格总是不定期上涨或下调，在合适的时机选择一款性价比高的硬盘，可以节省不少费用。例如，IDE 接口硬盘最终可能面临停产，最新硬盘不要急于购买，还要看看市场的考验，新硬盘可能价格偏高，故障、缺陷等不可避免。

5) 查看商品评论

在购买所需要的硬盘时，最好事先在网上查看消费者对此款硬盘的评估如何。应大致了解硬盘是否存在噪音、损坏等缺陷和故障，然后再决定是否购买。

6) 硬盘保修

最后来说一下硬盘保修。一款产品的好坏，最直接的体现可能是售后及保修，或许一款产品最主要的价值就在保修上。所以最好购买 3~5 年保修期的硬盘产品，对于硬盘这种商品，绝对不能购买水货。需要注意的是，厂商只负责保修硬盘，对硬盘内丢失的数据不承担责任。在使用过程中，应该定期备份重要的数据。

6. 光驱的选购

1) CD、DVD 只读光驱的选购

(1) 速率不是全部。除速率外，缓存大小和平均寻道时间对光驱的总体性能也有着举足轻重的影响。因此，在价格差别不大的情况下，应尽量选择高速缓存较大的产品。

(2) 稳定性。在当今速度与纠错(指新出厂产品的纠错力)差距并不大的情况下，稳定性的表现显得尤为可贵。选购光驱时，不可只图新品，应尽量购买推向市场时间较长，口碑一直不错的产品，这样的光驱往往稳定性较好。

(3) 接口。IDE 和 SATA 接口是主流，应尽量选用。

(4) 静音。光驱噪声是计算机工作室的噪声源之一。光盘的盘片总处于高速旋转中，这就不可避免地会产生很大的震动，另一方面，目前市面上的光盘盘片质量参差不齐，质量差的盘片在高速旋转过程中也会带来震动。而震动会影响激光头的聚焦，从而影响读取数据的正确性。

(5) 品牌。目前国内 DVD 光驱市场知名的品牌有：索尼(SONY)、先锋(PIONEE)、三星(Samsung)、明基(BenQ)、TPOS、华硕(ASUS)、LG、飞利浦(Philips)、惠普(HP)、台电(TELECT)等。

2) 刻录机的选购

(1) 工作稳定性和发热量。由于用刻录机刻盘耗时相对较长，要求刻录机有较高的稳定性。另外，还要考虑刻录机的发热量。如果刻录机在短时间发热量过大，容易缩短激光头的使用寿命，使正在刻录中的光盘受热变形，造成刻录失败，甚至盘片炸裂。

(2) 缓存容量。缓存容量的大小是选购刻录机的一个重要指标。因此，价格差别并不明显，建议优先选择缓存容量大的产品。

(3) 刻录速度。刻录速率越高，刻录时间越短。同时要考虑刻录机支持的盘片。

(4) 品牌。目前国内刻录机市场知名的品牌有：先锋(PIONEE)、索尼(SONY)、三星(Samsung)、明基(BenQ)、华硕(ASUS)、浦科特(PLEXTOR)、飞利浦(Philips)、惠普(HP)、台电(TELECT)、建兴/LITEON 等。

7. 显卡的选购

显卡的性能直接影响到人们的视觉感受，选择一款适合的显卡，对计算机用户来说尤为重要，特别是对显卡要求特别高的用户，比如专业的图形设计人员、游戏发烧友等，一个好的显卡可以让程序运行得更加完美。

下面就对显卡的选购进行简单的介绍，以供参考。

1) 确定自己的需求

在购买显卡时，用户一定要明白自己究竟有什么需求，不同的用途可按不同的档次进行选择，以免造成浪费。对一般用户，要满足普通家庭的打字、上网、游戏、多媒体等需求，主流显卡都能满足，而对于专业的图形设计人员或游戏发烧友来说，相对高档次的显卡才能发挥出高性能的效果。

2) 合理地选择品牌

显卡是目前计算机中最为复杂的部件之一。市场上的显卡厂家、产品型号令人目不暇接，往往不同品牌的产品，即使产品规格、型号、图形显示芯片以及功能完全相同，但它们的价格也都各不相同。在选购时，应尽量选择知名品牌的产品。

3) 认清显卡的显存

显存是显卡上的关键部件，决定了显卡所能够具备的基本功能。因此，显存的品质会直接关系到显卡的最终性能表现。显存位宽越大，显存的带宽也就越大。目前市场上的显存位宽一般分为 64 位和 128 位，也有高档次的 256 位。用户选购显卡时，一定要认真查询显卡标准配置，以确定显存基本规格和鉴定显存的位宽。

8. 显示器的选购

显示器通常也被称为监视器。显示器是计算机的输出设备，它可以分为 CRT、LCD、LED 等多种，CRT 已基本被淘汰，目前市面上比较流行 LCD 和 LED 显示器。在选购显示器时，要注意以下几点建议。

(1) 选择高对比度。对比度是直接体现该液晶显示器能否表现丰富色阶的参数，对比度越高，还原的画面层次感就越好。

(2) 选择高亮度。液晶显示器亮度一般以 cd/m^2 为单位，亮度越高，显示器对周围环境的抗干扰能力就越强，显示效果就更明亮。

(3) 拒绝屏幕坏点。一般坏点不超过 3 个的显示屏算合格出厂，因此，在选购液晶显示器的时候，一定要注意挑选没有坏点的产品。如果看不出什么白点、黑点、坏点，就只能选择品质比较有保证的大品牌了。

(4) 选择快速的响应时间。响应时间指的是液晶显示器对于输入信号的反应速度，也就是液晶由暗转亮或者是由亮转暗的反应时间。响应时间越小越好，如果超过 40 毫秒，就会出现运动图像的迟滞现象。

(5) 选择较大的可视角度。可视角度大小决定了用户可视范围的大小以及最佳观赏角度。如果太小，用户稍微偏离屏幕正面，画面就会失色。一般用户可以用 120 度的可视角度来作为选择标准。

(6) 选择较低的点距。点距指屏幕上相邻两个同色像素单元之间的距离，即两个红色(或绿、蓝)像素单元之间的距离，点距越小，分辨率越高。

9. 机箱的选购

机箱的选购应注意以下几点。

(1) 好的机箱，抗震防磁的性能一定是非常好的。要有好的抗震性能，机箱的外壳一定是比较重的，否则怎能根基稳固？一般厚重机箱防磁的性能也是比较好的。要求比较高的话，可以选购有屏蔽层的。

(2) 此外，还可以用手指弹弹机箱的外壳。如果能听到清脆的敲击声，证明该机箱的钢板比较薄而脆，如果听到的是比较沉闷厚重的声音，那该机箱的选料一定不错，好的钢板一般镀有一层很薄的锌(光亮的部分)。机箱框架部分采用的钢材一般是硬度比较高的优质材料折成角钢形状或条形，我们可以将拆掉外壳的机箱框架使劲用手摇一摇。好机箱应该比较稳定，而劣质机箱轻，容易晃动。

(3) 注意机箱外层和内部支架边缘切口是否圆滑，一个好机箱不会出现机箱毛边、锐口、毛刺等现象，不伤手。

(4) 风道设计，好的机箱散热必须好，这个问题不是多开几个出风口就可以解决的。知道品牌机为什么散热那么好吗？因为其风道都是精心设计了的！由常识可知，良好的风道设计应该是自下而上，底部进风，中部或上部出风的，这样既可以让风在里面循环，带走所有热量，又不容易吸进灰尘。

10. 电源的选购

选购电源的注意事项有以下几点。

1) 电源功率

选购电源时，首先查看产品的功率，一般在电源铭牌上常见到的有峰值(最大)功率和额定功率两种标称参数。其中，峰值功率是指当电压、电流在不断提高，直到电源保护起作用时的总输出功率,但它并不能作为选择电源的依据,用于有效衡量电源的参数是额定功率;额定功率是指电源在稳定、持续工作时的最大负载,额定功率代表了一台电源真正的负载能力,虽然电源都有一定的冗余,比如额定功率 300W 的电源,在 310W 的时候还能稳定正常工作,但尽量不要超过额定功率使用,否则可能导致电源或其他电脑部件因为过流而烧毁。

2) 电源接口

供电接口设计是 2.0 与 1.3 版电源不同的地方之一,为了满足大功率供电需求,ATX12V 2.0 主供电接口在 1.3 版的 20Pin 设计上进行了增强,而采用的是 24Pin 接口,但是,为了照顾旧平台用户,市面上大部分 2.0 电源主供电接口都采用"分离式"设计或附送一条 24Pin→20Pin 的转换接头,这样设计非常体贴。另外,主板副供电一般使用的都是 4Pin 接口,但某些高端主板上已经采用了 8Pin 接口,选购时也必须注意。

2.0 版电源上一般都带有多个 IDE 设备供电接口(硬盘、光驱、AGP 显卡辅助供电等)和 2~4 个 SATA 硬盘供电接口,现在,SATA 规格已经成为硬盘主流;很多电源上依然保留了软驱供电接口,另外,部分电源产品还配置有 6Pin 显卡辅助供电接口,以方便用户在使用高端 PCI-E 显示时进行辅助供电。

3) 电源的转换效率

电源转换效率就是输出功率除以输入功率的百分比,它是电源一项非常重要的指标。由于电源在工作时有部分电量转换成热量损耗掉了,因此,电源必须尽量减少热量(也即电量)的损耗。旧版 1.3 的电源要求满载下最小转换效率为 70%,而 2.0 版更是将推荐转换效率提高到 80%。随着技术的进步,现在电源厂商都把研发精力转移到提高电源的转换效率上来,而不是提高电源瓦数。

4) 电源散热设计及噪音

基于散热效果和成本因素,一般市售电源产品都采用风冷散热设计,其中,前排式和大风车散热形式最为常见,而直吹式形式是世纪之星电源产品的专利设计,其电源内部散热性能良好,工作噪音较低,且成本较低,但是在 350W 以上的高端电源上散热效果欠佳。风冷散热设计必然会产生一定的噪音,PC 电源的主要噪音来源于风扇,散热效果越佳,噪音就会越大,但是,静音环境也是很多用户所重视的地方,所以,为了在散热效能和静音之间得到平衡,一般较好的电源都带有智能温控电路,主要是通过热敏电阻实现的,当电源开始工作时,风扇供电电压为 7V,当电源内温度升高后,热敏电阻阻值减小,电压逐渐增加,风扇转速也提高。这样就可以使机壳内的温度保持一个较低水平。这样,在负载很轻的情况下,能够实现静音效果;负载很大时,又能保证良好的散热。

5) 电源品牌

现在市场上产品品牌众多,以性价比而言,长城、航嘉、全汉(FSP)更值得推荐。当然,酷冷至尊 CoolerMaster、TT、台达、英志保得利、康舒也不错。其他还有世纪之星、金河田、九州风神等品牌。

11. 鼠标的选购

在选购鼠标时,主要应注意以下几个方面。

1) 针对用户的使用目的选购

经常进行网上"冲浪"或是进行电子书籍阅读和写作的用户，选择有滚轮功能的鼠标就比较适合。而经常使用如 CAD 设计、三维图像处理等软件的人，则最好选择专业光电鼠标或多键、带滚轮、可定义宏命令的鼠标，这种高级鼠标可以带来操作的高效率。如果工作台上东西比较多，可以选择无线鼠标。现在的无线鼠标价格日趋便宜，一般家庭用户对于品牌、解析度方面的要求不是太高，能满足日常的需要即可。

2) 鼠标分辨率的大小

鼠标的分辨率(Dots Per Inch，DPI)是指鼠标内的解码装置所能辨认每英寸长度内的点数。分辨率高，表示光标在显示器屏幕上移动定位较准且移动速度较快。分辨率是衡量鼠标移动精确度的标准。机械式鼠标的 DPI 一般有 100、200、300 等几种；光学式鼠标则超过了 400DPI。对于鼠标而言，分辨率越高，其精确度就越高。

3) 鼠标手感的舒适度

如果经常使用电脑，鼠标手感的好坏就显得至关重要了。如果鼠标有设计缺陷，那么，长时间使用鼠标时，就会感到手指僵硬、难以自由舒伸，手腕关节经常有疲劳感，长此以往，将对手部关节和肌肉有一定损伤。一款好的鼠标应该是按人体工程学原理设计的外形，握时感觉舒适、体贴，按键轻松而有弹性。要衡量一款鼠标手感的好坏，试用是最好的办法：手握时应感觉轻松、舒适且与手掌面贴合，按键轻松而有弹性，移动流畅。

12. 键盘的选购

在选购键盘时，主要应注意以下几个方面。

1) 手感

选择一款键盘时，首先要用双手在键盘上敲打几下。由于各人的喜好不一样，有的用户喜欢弹性小一点的，有的用户则喜欢弹性大一点的。只有在键盘上操练几下，才会知道自己的满意度。另外，应当知道，键盘在新买的时候弹性要大于多次使用后的弹性。

2) 按键数目

目前，市面上最多的还是标准 108 键键盘，高档点的键盘会增加很多多媒体功能键，设计一整排在键盘的上方。另外，对 Enter 键和空格键最好选设计得大气些的为好，毕竟这是日常使用最多的按键。

3) 键帽

键帽第一看字迹，激光雕刻的字迹耐磨，印刷的字迹易脱落。将键盘放到眼前平视，会发现印刷的按键字符有凹凸感，而激光雕刻的键符则比较平整。

4) 键盘接口

目前，键盘接口主要有 PS/2 接口和 USB 接口。PS/2 接口避免了键盘占用串行口，而且还可以避免与声卡、网卡等设备发生中断请求号(IRQ)和中断地址的冲突。但是，PS/2接口不支持即插即用。USB 接口键盘最大的特点就是可以支持即插即用，但是，价格上要高于 PS/2 接口的键盘。

任务2 认识和了解笔记本电脑

知识储备

2.1 笔记本电脑、上网本和超级本的区别

笔记本是个总称，是个大的类别，除了普通的笔记本电脑外，它还包括超级本和上网本。这三者都属于笔记本电脑，或者说后两者是笔记本电脑的衍生品。实物如图1-37所示。

图1-37 从左至右分别是普通笔记本电脑、上网本、超级本

普通笔记本电脑在这三者中体积最大，续航能力最弱，当然，性能也是最强的，屏幕为10～17英寸，甚至更大，但一般指的是13～15英寸的，没有超薄设计，硬件搭配灵活，但普遍比超级本和上网本性能高，重量在2.5kg左右。现在主流的笔记本几乎可以做到所有台式计算机的功能，有取代台式机的趋势。

上网本就是低端的笔记本，尺寸一般是10.1～11.5英寸左右，突出便携。上网本处理器的功耗偏低。笔记本处理器功耗普遍是35W，而上网本的功耗一般只有18W，主频一般都是1.6～1.8GHz范围内。上述三者中，上网本最小，在9～12英寸之间，续航能力最强。但三者中，上网本性能最弱，CPU性能最低，由于体型问题，硬盘、光驱和主板都有所限制，只能做简单上网、视频之用，显卡也比较低端，但优点是轻便小巧、节能，用于上网冲浪、影音播放等一般目的还是可以的，但运行大型3D游戏、编程、制图等会比较吃力，目前已经被市场淘汰。

超级本就是超级薄、超级轻、超级低功耗的笔记本，尺寸现在都定义为13.3英寸，采用的是与笔记本一样的处理器，没有独立显卡。从性能来讲，超级本处于三者的中间地带，超级本只有一支笔那么厚，主要特点是超轻、超薄、便于携带，使用固态硬盘SSD，唤醒速度超快，待机休眠续航时间够长，正常使用的话，差不多能用7个小时左右，几乎为一个工作日，这是普通笔记本做不到的。由于采用了新的SSD固态硬盘，节省了大量的空间，使电脑厚度和存储性都得到了改善。

但超级本的缺点是：性能欠佳(CPU、显卡性能弱)、功能不全(接口少，光驱也没有)。因为超低功耗，采用的处理器都是低电压版或者超低电压版，所以性能相对于采用正常版处理器的普通笔记本要低点，也可以说是牺牲了性能，从而降低了功耗。

2.2　笔记本电脑显卡升级

　　首先，我们要知道，笔记本显卡有两种安装方式，最常见的安装方式是通过 BGA 封装，是直接焊接到笔记本电脑主板上的，如图 1-38 所示，所以，很多时候笔记本显卡坏了，也可以说是笔记本主板坏了。通过这种安装方式的显卡升级空间非常有限，除了安装方式非常烦琐和复杂外，要有很强技术的维修人员才能完成，并且由于笔记本机体空间小，升级后定会影响机器散热性能，很难确定升级完成后机器是否会稳定。因此，这种显卡升级就被很多人放弃了。

图 1-38　焊接在主板上的显卡芯片

　　另外一种显卡安装方式，就是采用的插卡式，即所谓 MXM 接口。插卡式的显卡，也就是说，可以像台式机显卡一样，是能够单独从主机里拔下来的。这种显卡看上去像是很好升级，安装也方便，但是，其实也是很难升级的，因为有很多因素限制它无法升级。比如很多显卡接口定义不一样，如华硕计算机的显卡与宏基显卡接口就不一样。其次，显卡板上芯片的布局位置也不一样，这样就会导致散热器很难固定和安装。还有，就是显卡的BIOS 程序也不一样，即便有一片显卡可以非常好地安装上去，接口也一样，但还是不一定可以正常使用。

　　另一个不能随便升级显卡的原因，是很多显卡板上不带 BIOS，如图 1-39 所示。以华硕为例，华硕笔记本的显卡很多是 MXM 模块，但不同型号不能互相更换，因为华硕的MXM 模块上没有显卡 BIOS。所以当用户更换了一张显卡后，主板因为没有对应的显卡BIOS，无法识别新的显卡。这种情况下，可以通过修改主板 BIOS 来识别显卡。但这要求对主板和显卡的配置非常熟悉，非专业级用户很难做到。

　　最后，还有一些 MXM 模块上面自带有显卡 BIOS，比如宏基的机器。这种 MXM 模块就可以通用于很多机器了。当然了，通用范围仍然只限于同品牌的机器。

　　总结：自带显卡 BIOS 的 MXM 模块，是目前唯一一种用户能自己更换的显卡。因此说，笔记本显卡有的机器的确可以升级，但是仅限极少数，并且升级显卡后，效果不一定很明显。另外，升级风险也很大，比如升级后出现机器不兼容、显卡发热量大、计算机死机等现象。所以，不建议用户自行升级笔记本显卡。

图 1-39　框内为预留给显卡 BIOS 芯片的焊盘

2.3　笔记本电脑的保养

笔记本电脑就像家里面的贵重电器一样，需要日常的精心保养，才能使它的使用时间更长。"水、撞、热、尘"是笔记本电脑的杀手，那么，在日常使用中该如何保养呢？

1)　注重使用环境

笔记本电脑在使用环境上切忌过热、过潮。若单是开着机，温度是不会太高的，但若长期在湿气重和温度高的环境下操作，便有可能因内部某些电子零件过热而导致不正常。夏天天气炎热，所以应该尽量避免在户外使用笔记本，最好是在室内使用，而一些发热量较高的笔记本在夏天使用时，最好是在有空调的环境中。存放笔记本电脑的地方也应该尽量避免潮湿和炎热。另外，在大城市里，空气中有许多的灰尘，而尘埃积聚可能会令笔记本电脑内的线路不通。所以，最好避免在多尘的地方使用，而且应当定期用干布擦外壳，这可令笔记本更加耐用和保持美观。

2)　妥善移动及携带

笔记本当然会遇到外出携带的问题，所以给笔记本买一个合适的笔记本包是少不了的，因为在乘坐交通工具或者外出的时候，很有可能会发生一些意想不到的碰撞，为了减少碰撞对笔记本造成的损害，一定要尽可能地选择一些保护措施较好的笔记本包，在选择的时候，不仅要考虑到笔记本的类型，是全外挂的还是全内置的，还要考虑到其他配件的

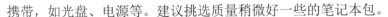

携带，如光盘、电源等。建议挑选质量稍微好一些的笔记本包。

笔记本在随身携带时，不要将钢笔、外置驱动器或其他尖硬的东西与笔记本电脑放在同一格子里，尤其是不要让它们碰到显示屏那一侧。在携带笔记本出门前，应将光驱中的光盘取出来。否则，在发生坠地或磕碰时，盘片与磁头或激光头碰撞，会损坏盘中的数据或驱动器。不要接触带磁性的物品，因为它们极易消去计算机硬盘上的信息。

3) 使用过程中的保护

在使用笔记本的时候，特别要注意对显示屏的保护，因为它是笔记本中最脆弱的部分，笔记本的 LCD 比台式计算机的显示屏更脆弱，最好不要用手指触摸，以免被指甲刮花或者是沾上油渍。另外，必须使用屏幕保护程序，因为若 LCD 的画面长时间保持不变的话，屏幕的液晶体显示点便很容易损坏，这点对于现在使用 TFT 显示屏的笔记本电脑尤其重要。在键盘操作上，也要注意不要太过大力地敲击，使用触摸屏或者指点杆时也要注意这点，不要在手不干净时就使用触摸屏，或者指点杆、键盘等，以免造成污染。同时，最好不要在进食的时候使用笔记本电脑，一来会影响自身的健康，二来容易对笔记本电脑造成损害。

4) 注重清洁

在使用过一段时间后，有必要对笔记本电脑进行一次清洁行动。在清洁笔记本电脑时，千万要小心，因为液体算得上是笔记本电脑的头号杀手了。所以，一定要在清洁前要确保关机，清洁 LCD 时，最好用蘸了清水的不会掉绒的软布轻轻擦拭，或者购买专用的笔记本电脑清洁剂。在清洁键盘时，应先用真空吸尘器加上带最小、最软刷子的吸嘴，将各键缝隙间的灰尘吸净，再用稍稍蘸湿的软布擦拭键帽，擦完一个以后，马上用一块干布抹干，也可用风筒吹干，但切勿用热风。

2.4 笔记本电池的保养

现阶段主流笔记本都采用锂离子电池。由于锂离子电池的充放次数相对较短，只有300～500 次。所以，在保养以及使用上也需要注意一些问题。

(1) 新购入笔记本的电池应该将电池充满 8 小时，然后完全用尽，如此重复 3 次，以便电池达到最佳使用状态。虽然笔记本的电池模块已经在出厂的时候经过了激活，但是，为了使电池进入最佳状态，用户必须将电池进行一定程度的充放电，才能将电池的全部容量唤醒。在这里，对新电池进行完全的充放电就是出于这个目的。

(2) 在使用笔记本的时候，如果长时间不使用电池，可将电池从机器上取下，放在干燥阴凉处保存。由于笔记本电池的充电次数是有限的，大约为 500 次左右，且锂离子电池在不使用的情况下也会损失电能，所以，将电池取下来保存可以避免电池反复充电。

(3) 注意定期充放电。由于笔记本电脑使用的锂离子电池存在一定的记忆效应，长时间不使用，会使锂离子失去活性，需要重新激活。因此，如果长时间(3 个星期或更长)不使用笔记本电脑，或发现电池充放电时间变短，应使电池完全放电后再充电，一般每个月至少充放电 1 次。

任务实践

选购笔记本电脑

1. 看需求

近年来,越来越多的尖端科技被迅速引入到移动计算领域,因此,笔记本"越轻就越高级,配置越全就越方便"的观念影响了许多消费者。更有一些用户选购笔记本时,把关注点完全集中在了产品是否采用了这些高尖端技术上。

其实,这正是用户选购笔记本的一个误区。因为,随着市场细分趋势的发展,同时也为了体现产品的多样性和个性化,许多知名厂商把自己的产品线进行了详细的划分。以ThinkPad 为例,就是按照用户的不同需求,提供了 5 大系列的产品,而每个产品系列都具有各自最突出的特点和优势,比如,旗舰产品 T 系列在高端性能上领先业界,R 系列的性价比突出,SL 系列富有时尚气息且多媒体功能丰富,X 系列的超便携功能强大。在此基础上,ThinkPad 又进一步细化了产品配置,能够给用户提供 100 多个型号的笔记本产品,面对这么多型号的笔记本,不要一味地追求高配置,舒适性和稳定性才是笔记本的内涵。去选购笔记本之前,先想好自身的需求和工作环境——是经常携带,还是"两点一线",是只用来办公打字,还是想玩游戏,是注重多媒体性能,还是更加看重数据的安全和稳定。明确了自己的需求之后,就会更加清楚自己应该关注哪些特性的产品,做到既不奢侈浪费,也不会在使用中感到机器力不从心。

2. 看品牌

购买笔记本电脑时,最好不要只求便宜或规格高。品牌保证在购买笔记本电脑时是有意义的,因为一般品牌形象好的公司,通常会在技术及维修服务上有较大的投入,并反映在产品的价格上。此外,品牌公司在软件以及整体应用的搭配、说明文件、配件等方面也会较为用心。

3. 看配置

影响速度的配置主要有 CPU、内存、显卡。

1) CPU

CPU 主要有 Intel 和 AMD 这两个品牌。笔记本电脑中,主要用 Intel 的 CPU,AMD的 CPU 优势在于集成显卡,但运算能力比 Intel 要差一些。至于 CPU 的型号,除非要经常进行一些大规模运算,不然,以 Intel 的 CPU 来说,目前其酷睿 i3 系列就已经够用了,正常使用时,CPU 占用率超过 50%的情况都不多。

2) 内存

目前,笔记本内存有 2GB 或 4GB 的,配置高点的达到 8GB。事实上,目前 8GB 内存基本还用不上,有些浪费。另外,Win7 64 位系统才支持 4GB 内存,而 64 位系统会有一些兼容性不好的问题。现在内存基本上都是 DDR3 版本,DDR2 已经逐渐淘汰了。在不玩特大型游戏的情况下,2GB 内存基本够用,不运行虚拟机、大游戏这类软件的话,内存占用率稳定在 1GB 左右。

3) 显卡

选购笔记本的用户经常会纠结是选集成显卡还是独立显卡的问题。这里要说的是，随着技术的成熟，集成显卡的性能已经有了质的提升，完全能胜任常规工作。独立显卡也是分很多档次的，低端的性能也就比集成显卡高一点，高端的虽然性能不错，但是价格要比相同性能的台式机版本高很多倍。另外，配置高端独立显卡的笔记本往往都是 17 英寸以上的尺寸，便携性也就相对地变差了。

4. 看散热

散热是非常容易被忽略，却又是很重要的因素，因为笔记本集成度高，散热程度的好坏直接影响到计算机的稳定性，如果 CPU 散热不好，导致温度过高，很容易造成计算机死机，而且会缩短 CPU 的使用寿命。

评测笔记本散热好坏的很有效方法，就是让笔记本同时多运行一些程序，提高 CPU 的使用率，然后一段时间就能够听到 CPU 风扇的嗡嗡声。如果嗡嗡声特别大，就说明这款笔记本散热效果不太好。

5. 看服务

除了质量上的保证，售后服务对于笔记本来说也是至关重要的。众所周知，笔记本产品和其他电器一样，是不能够自行拆开进行维修的，所以用户在选购笔记本时，一定要注意了解产品售后服务的具体内容是什么，保修期是多长，维修点是否普及，是否还有额外的附加维修项目等问题。一般来说，正规厂商大多提供 1 年的免费更换部件，或 3 年的有限售后服务，但需要注意：有的厂商提供的保修不一致，如笔记本保修 3 年，但笔记本上的光驱保修 1 年，光驱坏了还要花钱去修。而像正规的知名品牌，整机所有部件保修期一致，某些国际品牌还提供了全球联保服务，这样，留学、出国旅游就方便多了。

项目实训　配置和选购计算机

1. 实训背景

某朋友欲配置一台组装台式计算机，用于家庭娱乐及文档处理，满足极速上网的需求。他在逛电脑商场时，面对大量的电脑配件，不明白这些配件各自的作用和相关的知识，希望你能给他做一下简单的讲解，并帮助他选购一台合适的组装台式计算机。

2. 实训内容和要求

(1) 认识 CPU、主板、内存条等主机各部件，理解 CPU、内存、主板的功能特点及性能指标。

(2) 掌握 CPU、主板、内存条等主机部件的市场信息、选购知识等。

(3) 明确使用者购买计算机的需求，并根据计算机性能的优劣、价格的高低、商家服务质量的好坏等具体问题制定计算机的配置和选购方案。

3. 实训步骤

(1) 明确使用者购买计算机的需求及预算。

(2) 依据对本市电脑市场的初步了解，拟出市场调查计划。

(3) 实施市场调查计划，并认真进行记录。

(4) 制定计算机配置方案。

(5) 明确配置单中各配件的选购方法和注意事项，并实施选购。

4. 实训素材

在如表 1-1 和表 1-2 所示的两种配置单中，分别给出了不同配置方案相关配件的信息及参考价格信息。

表 1-1 参考配置单(一)

配　置	品牌型号	单　价
CPU	Intel 酷睿 i3 2100	¥745
主板	映泰 TH61U3+6.X	¥499
内存	威刚 4GB DDR3 1333(万紫千红)	¥145
硬盘	希捷 1TB SATA2 32M 7200.12	¥355
机箱	动力火车 绝尘侠×3	¥80
电源	长城静音大师 BTX-400SD	¥215
LCD 显示器	AOC 919Sw+	¥675
DVD 刻录机	索尼 DDU-1681S	¥105
键鼠套装	新贵 倾城之恋 200KM-102	¥59
总价：		¥2878

表 1-2 参考配置单(二)

配　置	品牌型号	单　价
CPU	AMD 速龙 II X2 270(散)	¥360
主板	七彩虹战斧 C.A870 V15	¥399
内存	威刚 4GB DDR3 1333(万紫千红)	¥135
硬盘	希捷 500GB 7200.12 16M(串口/散) ST3500418AS	¥255
显卡	蓝宝 HD5670 512M GDDR5 至尊版	¥499
机箱	帝堡 A20	¥78
电源	先马超影 400 感恩版(ATX-330-9)	¥168
散热器	思民北极熊(CH-80A-01)	¥20
显示器	优派 VA2231w-LED	¥880
键鼠套装	罗技 MK200 键鼠套装	¥90
光驱	LG 18 速 DVD-ROM DH18	¥105
总价：		¥2989

学习工作单

1. 画出计算机硬件结构框图。

2. 下图为一块主板，给每个位置标注名称。

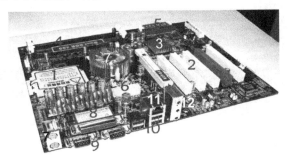

(1)_____　　(2)_____

(3)_____　　(4)_____

(5)_____　　(6)_____

(7)_____　　(8)_____

(9)_____　　(10)_____

(11)_____　　(12)_____

3. 主板的核心和灵魂是_____。它一般由_____和_____组成。

4. 针对不同用户的不同需求、不同应用范围，主板被设计成不同的类型，分为：

_____、_____、_____。

5. 选购主板时，你会考虑哪些因素？

_____

_____。

6. 目前市面上 CPU 的两大品牌是：_____和_____。

7. 说出下列参数的意义。

主频：_____。

外频：_____。

倍频：_____。

前端总线频率：_____。

8. 酷睿 i3、i5、i7 的 CPU 分别都有几个核心、几个线程：_____

_____。

9. 选购 CPU 时，你会考虑哪些因素？

_____

。

10. 列举几个目前市面上主流的内存品牌:

_____。

11. 计算机的内存是由_____、_____和_____三个部分构成的。

12. 在下面图片中的框内填写内存类型,及它们配套的插槽。

插槽

插槽

13. DDR1、DDR2 和 DDR3 有何区别?

_____
_____
_____
_____。

14. 选购内存时,你会考虑哪些因素?

_____
_____。

15. 列举几个目前市面上主流的硬盘品牌:

_____。

16. 硬盘容量的计算公式为_____。

17. 列举影响硬盘速度的参数:_____。

18. 固态硬盘有哪些优缺点?

_____
_____
_____
_____
_____。

19. 选购硬盘时,你会考虑哪些因素?

_____
_____。

20. 列举几个目前市面上主流的显卡品牌:

_____。

21. 显卡主要由_____、_____、_____、_____,及主板间的接口几部分组成。

22. 下图接口分别为 1_____ 2_____ 3_____。

23. 选购显卡时，你会考虑哪些因素？

_____
_____。

24. 列举几个目前市面上主流的显示器品牌：

_____。

25. 解释以下性能指标。

点距： _____。

分辨率： _____。

扫描频率： _____。

带宽： _____。

26. 显示器日常使用应注意哪些事项？

_____
_____
_____。

27. 选购显示器时，你会考虑哪些因素？

_____
_____。

28. 列举几个目前市面上主流的计算机电源品牌：

_____
_____。

29. 选购计算机电源时，你会考虑哪些因素？

_____
_____
_____。

30. 如何保养笔记本电脑？

_____
_____
_____
_____。

31. 选购笔记本电脑时，你会考虑哪些因素？

_____

_____

_____

_____

_____ 。

32. 写出计算机配置的几个重要配件，并说明你对这些配件选择的见解。

_____

_____

_____

_____

_____

_____

_____ 。

33. 分别给出一种上网型计算机和办公用计算机的配置，并说明配置的理由。

_____

_____

_____

_____

_____

_____ 。

项目二

拆装计算机

1. 项目导入

对于刚选购到的计算机配件，需要动手将各部件组装起来，开机调试后，使之成为一台活的机器；机器在使用一段时间后，如果需要对计算机各配件进行保养、升级或故障检修，也必须对计算机进行拆卸和组装。本项目主要通过一些装机图片，向读者介绍组装计算机的全部过程。

2. 项目分析

一台计算机分主机和外设两大部分，组装时，主机部分是难度较大的，也是重点部分，它是由 CPU、主板、内存条、显卡、硬盘、光驱、声卡和网卡等构成的，在安装时，根据拆装的基本流程，把这些硬件与主板连接在一起，并安装到机箱的内部。而各种外设的安装就相对简单些。

3. 能力目标

(1) 了解计算机组装的工艺要求和组装步骤。
(2) 懂得计算机各配件的拆装方法和注意事项。
(3) 能对计算机进行加电测试。
(4) 掌握组装一台完整计算机的技能。
(5) 学会笔记本电脑的简单拆装。

4. 知识目标

(1) 了解各种硬件部件的相关参数及性能知识。
(2) 熟悉计算机组装的注意事项。
(3) 掌握计算机组装的基本流程。
(4) 掌握常用装机工具和准备工作的简单处理。

任务 1　组装台式计算机的准备工作

知识储备

1.1　准备好计算机配件和工具

准备好计算机配件，除机箱电源外，需要的常见配件主要有主板、CPU、内存条、显卡、声卡、网卡(有的显卡及声卡已集成在主板上)、硬盘、光驱等。最好有相关配件的说明书，特别是主板说明书。另外，还需要准备组装计算机用到的工具，如螺丝刀、尖嘴钳、镊子、散热膏，以及用来整理线缆的捆扎带等。

1.2　组装计算机时的注意事项

首先要保证人身安全(了解安全电压和安全电流)，其次要避免损坏硬件设备，具体的注意事项大致如下。

(1) 组装之前，要先放掉身上的静电，配件要轻拿轻放。

(2) 各电源线接头不要插反，CPU 的金三角不要插反。

(3) 硬盘和机箱应用粗纹螺丝固定，而软驱、光驱和板卡用细纹螺丝固定。

(4) 连接软驱的数据线：要注意有交叉的一端应连接软驱。

(5) 主板在拿出机箱后，应在其下垫上软物；安装时，在固定孔下放绝缘垫片。

(6) 在安装板卡时，不要过分用力，以免破坏主板电路。

(7) 在安装 CPU 的风扇时，使用螺丝刀不要用力过猛，以免碰坏主板电路。

(8) 在固定主板时，一定要对准螺丝孔，不要在主板与机箱之间多安装螺丝。

(9) 机箱前面板连线时要认真阅读主板说明书，保证各种开关、指示灯正确。

1.3　正确设置计算机的跳线

计算机跳线，就是指在计算机的电路板上有一些开关，这些开关接通在不同位置，可以实现不同的功能。一般来说，这些开关做得比较简单，由几根竖立的导电针脚配合一个可以短接某两根针脚的一个"跳线冒"组成，使用的时候，把这个"跳线冒"取下，跳到另外一边短接，就可以打开或关闭一个功能，因此，习惯叫它跳线。计算机中的跳线主要有主板跳线和 IDE 设备跳线两类。

(1) 主板本身的跳线，一般包括 CPU 设置跳线、CMOS 清除跳线、BIOS 禁止写跳线等。其中，以 CPU 设置跳线最为复杂。在老式主板中，必须在主板上设置 CPU 的内核电压、外频、倍频跳线。方法就是根据主板说明书和 CPU 频率，设置上述对应跳线。新的主板为用户考虑得更周全，几乎全部使用类似的软跳线，即由软件来设置，只剩下主板上的 CMOS 跳线开关还使用硬跳线，它多是三针的跳线。通常，短接 1、2，表示正常使用主板 CMOS，而短接 2、3，则表示清除 CMOS 内容。

主板上还有一排与机箱面板相连的连接线，通常也叫它跳线。主要包括电源开关、复位键、电源指示灯、硬盘指示灯、扬声器和面板前置 USB 接口等。连接方法就是把机箱面板上的连接线与主板上的插针同标识对应相连，主板上的插针标识可对照主板说明书。

(2) IDE 设备跳线，主要是指 IDE 硬盘上的跳线，SATA 硬盘没有跳线功能。IDE 硬盘一般都分为三种跳线设置，分别是 Master、Slave、Cable Select。Master(主)表示主盘，是一个 IDE 通道上第一个被系统检测的设备，一个主板通常有两个 IDE 设备通道，而一个通道上最多能连接两个 IDE 设备，它们有主从之分。Slave(从)表示从盘，是一个 IDE 通道上第二个被系统检测的设备。Cable Select(线缆选择)表示硬盘的主从关系将由其连接到数据线上的位置而决定。此类数据线用来连接主板的那端叫作 System，中间的那端叫Drive1，另外一端则叫 Drive0。当硬盘的跳线设置成 Cable Select 后，它挂在 Drive0 上是 Master(主盘)，挂在 Drive1 上则是 Slave(从盘)。

1.4　组装计算机的具体步骤

组装计算机时，用户可参照下述步骤进行。

(1) 仔细阅读主板及其他板卡的说明书，熟悉主板的特性及各种跳线的设置。

(2) 安装 CPU 及散热风扇，在主板 CPU 插座上安装所需的 CPU，并装好散热风扇。

(3) 安装内存条,将内存条插入主板的内存插槽中。

(4) 设置主板相关的跳线。

(5) 安装主板,将主板固定在机箱里。

(6) 安装扩展板,将显卡、网卡、声卡、内置 Modem 等插入扩展槽中。

(7) 把电源安装在机箱里。

(8) 安装驱动器,主要是安装硬盘、光驱和软驱。

(9) 连接机箱与主板之间的连线,即各种指示灯、电源开关线、PC 喇叭的连接线。

(10) 连接外设,将键盘、鼠标、显示器等连接到主机上。

(11) 再重新检查各项连接线,准备进行加电测试。

任务实践

组装台式计算机

1. 在主板上安装 CPU

[特别提示]

如果 CPU 的第一脚位置不正确,CPU 无法插入,应立即更换至正确的位置。插入 CPU 后,一定要观察 CPU 是否是平的。观察主板上有一些跳线,用来设置 CPU 的类型及频率等。下面以 Socket 478 插座的 CPU 为例。

(1) 取出 CPU,看到正面,会见到一个金色三角形标记,如图 2-1 所示,将主板上的三角形标记与这个三角形对应后安装就可以了。

(2) 用拇指和食指按住 Socket 478 插座的零插拔力杆,如图 2-2 所示,稍往下用力按压后抬起杆,拉起杆约 90 度。

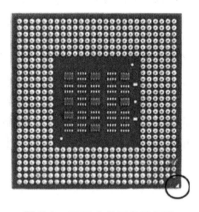

图 2-1　CPU 上的三角形标记

图 2-2　拉起侧边的固定杆

(3) 将 CPU 上面的三角形标记对准插座的三角形标记方向插入,如图 2-3 所示。

(4) 压下固定杆到底,固定住 CPU,如图 2-4 所示。

图 2-3 将 CPU 安装进插槽

图 2-4 放下固定杆

(5) 安装 CPU 风扇。首先安装散热风扇支架，如图 2-5 所示。然后把买 CPU 时附带的白色导热硅胶(或灰色导热硅胶)均匀地涂抹在 CPU 的突出部位，不要太多，然后装上CPU 散热风扇，扣紧，如图 2-6 所示。

图 2-5 安装散热风扇支架

图 2-6 扣住支架

(6) 在主板上找到 CPU 散热风扇的电源插座，插上风扇电源线，如图 2-7 所示。

图 2-7 把散热风扇的连接线插入主板的电源插座

2. 在主板上安装内存条

[特别提示]

很多计算机不稳定的情况，都是内存安装或内存品质问题引起的，所以在购买和安装内存的时候要特别注意。

(1) 内存条应插在离 CPU 最近的第一组内存插槽上，这样系统最稳定。

(2) RDRAM 必须成对安装，没有安装 RDRAM 内存条的 RIMM 内存插槽中应该插入 RDRAM 终结条(RDRAM 终结条是主板的附件)。

(3) 开机正常时，喇叭提示响声为一声(在 AWARD BIOS 中)，若是几声响，可能内存条安装不正确，应拔下来重新安装一次。

(4) 在安装 Pentium 时，使用 72 线的 EDO 内存条时，必须成对使用，安装时，以 45 度角插入，然后稍稍用力，使之垂直于主板，并能听到内存插座两端卡簧的响声，表明内存条安装到位，如图 2-8 和图 2-9 所示。

图 2-8 扳开内存插槽两端的卡子　　　　　　　图 2-9 插入内存

3. 安装主板

安装主板的步骤如下。

(1) 固定主板。

(2) 将机箱平放在工作台上，要先将主板放在底板上面，仔细看看主板的孔位对应到底板的哪些螺丝孔。

(3) 在机箱底板上将螺丝孔锁上相应的六角铜柱。

(4) 将主板小心地放到底板上，使机箱底板上所有的固定螺钉对准主板上的固定孔，并把每个螺钉拧紧(不要太紧)，固定好，如图 2-10 所示。

图 2-10 固定主板

4. 安装电源

安装电源的步骤如下。

(1) 取出随机箱所带的各种配件，主要有机箱支座、各种挡板和螺丝等，再取出主机电源。

(2)　把机箱立起来,把电源从机箱侧面放进去,如图 2-11 所示。

(3)　将电源的位置摆好后,从机箱外侧拧紧 4 个螺丝,以固定住电源盒。

(4)　看清主板上的电源插孔位置,然后把电源盒中引出的 20 针电源插头插到主板的电源插孔中,如图 2-12 和图 2-13 所示。

图 2-11　将电源放入机箱

图 2-12　主板上的 20 针电源插座

图 2-13　将电源与主板连接好

5. 安装显卡

安装显卡的步骤如下。

(1)　把显卡插入插槽中,并用螺丝固定好,如图 2-14 和图 2-15 所示。

图 2-14　插入显卡

图 2-15　拧紧螺丝

(2)　安装好显卡后,如果不能确定显示卡是否完好以及连线是否正确,可以先接上显示器和电源,启动一下计算机,如果一切顺利,应该看到显示器出现的自检画面,这表明刚才安装的配件基本上可以协调工作了。如果没有启动,就需要重新检查一下前面的安装步骤，尤其是需要确认一下内存条和显卡是否插紧了。

(3) 最后连接好显卡风扇的电源线。

6. 安装声卡和网卡

安装声卡和网卡需注意以下两点。

(1) 有经验的安装者都是先安装声卡，再连接音频线，然后安装其他的插卡。

(2) 目前的声卡和网卡多为 PCI 板卡，为了避免有可能跟其他硬件出现不兼容的问题，最好插在紧挨着 AGP 的插槽的 1、2 号 PCI 槽上，如图 2-16 和图 2-17 所示。

图 2-16　插入声卡

图 2-17　插入网卡

7. 安装硬盘

安装硬盘的步骤如下。

(1) 在安装之前，要先确认硬盘的跳线设置和信号线连接。

(2) 将硬盘插到固定架中，要注意方向，保证硬盘正面朝上，电源接口和数据线接口必须对着主板，如图 2-18 所示。

(3) 掌握数据线的连接规则，对于 IDE 接口的数据线，为了识别方向，一般其中一边有根线是红色的，在安装时，需要使红色线这边对着主板上 IDE 接口(如图 2-19 所示)旁边标有数字"1 和 2"的一边。对于 SATA 接口的数据线，其两端插头没有区别，均采用单向 L 形盲插插头，一般不会插错。将数据线一端插头插入主板 SATA 接口(如图 2-20 所示)，另一端连接硬盘。

图 2-18　将硬盘固定在机箱上

图 2-19　主板上的 IDE 接口

图 2-20 主板上的 SATA 接口

8. 安装光驱

(1) 通常，在机箱面板的上端有三个 5.25 英寸的安装槽，在机箱内部找到固定面板的塑料卡，用螺丝刀撬起它们，然后往外一拉，面板就可以被拆开。

(2) 拆下前面板之后，就可以看到机箱内放置光驱的位置了，它分为几层，每一层间都有滑轨分隔，只要将光驱水平推入机箱内即可。

(3) 用螺丝将光驱固定好，固定时，选择对角线上的两个螺孔位置，注意光驱两侧螺丝的固定位置要相同。

(4) 安装步骤如图 2-21～2-24 所示。

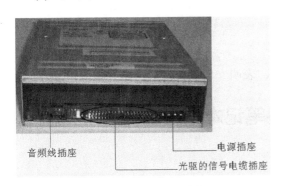

图 2-21 查看光驱插座

图 2-22 连接数据线

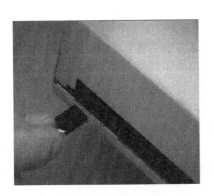

图 2-23 连接音频线

图 2-24 连接光驱电源线

9. 连接主板上的机箱插针

连接主板上的机箱插针的方法如下。

(1) 不同的主板在插针设计上不同,在连线前,要认真阅读主板说明书,找到各个连线插头所对应的插针位置。

(2) 把插针按照主板上的标识一一对应连接,如图 2-25 所示。

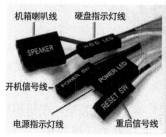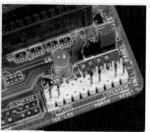

图 2-25　机箱插针和主板标识

10. 最后的安装

最后的安装步骤如下。

(1) 整理布线。

(2) 安装显示器。

(3) 连接键盘和鼠标。

(4) 连接主机电源。

(5) 开机检测。自检时,如果没有警报声,表明一切正常,最后盖好机箱盖。

任务 2　拆装笔记本电脑

知识储备

2.1　拆装前应做的准备工作

需要注意的是,拆装笔记本电脑是有风险的,几乎每一个品牌都会提醒用户"因自行拆装造成的故障均不在保修范围内"。这是因为笔记本电脑体积小巧,构造非常精密,如果贸然拆装,很可能会导致笔记本电脑不能工作或者损坏部件。但有时候,在对笔记本进行保养、硬件升级或维修操作等情况下,的确需要拆装笔记本。那么,拆装前需要做哪些准备工作呢?

(1) 要有足够大的工作台,底下最好垫上软布,以避免硬物划伤笔记本。

(2) 要有各种型号的螺丝刀(最好是带磁性的)、镊子、软毛刷(防静电的)、吹气球等工具。部分机型在拆卸时需要使用内六角螺丝刀,最好能购买成套的六角螺丝刀,这样使用起来比较方便。

(3) 准备好螺丝收集盒和记录纸。由于笔记本电脑部件精细,螺丝长短不同,所以,对不熟悉的机型,最好记录下相关部件的大小、位置。部件、螺丝按类码放。

(4) 拆装前，一定要对自身的静电进行处理，防止人体静电击穿部件。处理静电的方法是用手触摸一下铁器或洗手，或使用专用的防静电手套、防静电手环等。

(5) 拆装前，认真研究笔记本各个部件的位置。建议先查看随机带的说明手册，一般手册上都会标明各个部件的位置。少数笔记本厂商的官方网站还提供拆装机手册，供用户下载，这些手册对拆装机会有很大的帮助。

2.2 拆装过程中应遵循的规范

1) 防止带电操作

(1) 拆装前，应关闭系统电源，并移除所有外围设备，如电源适配器、PC 卡及其他电缆等。

(2) 取下电池，因为即使系统电源关闭，拔除了外接适配器后，电池仍可以供电，部分线路仍在工作，如果直接拆装，可能会导致电路短路损坏。

(3) 移除电池后，应按下电源开关数秒，以释放掉机器内的部分残留电荷。

2) 拆装要点

(1) 拆装时要小心谨慎，避免造成人为损伤。

(2) 使用合适的拆装工具，针对不同螺钉型号使用不同的螺丝刀。

(3) 撬键盘盖板时，可以用螺丝刀头贴有胶条的一字螺丝刀，防止刮伤键盘盖板。

(4) 拆装部件时先观察，确定拆装螺钉型号、位置及数量，必要时，可以用笔写下拆装的顺序和要点。

(5) 拆装各类连接线时，严禁直接拉拽线缆，而要握住其端口，再进行拆装。

(6) 拆装"C 面"(笔记本电脑中，A 面、B 面、C 面、D 面分别是指顶盖、屏幕、键盘和底面)的固定螺丝之前，必须先将其接口设备连线移除，如"触控板"连线等。

(7) 不要挤压硬盘、光驱、液晶屏等易损部件，所有部件必须做到轻拿轻放。

(8) 拆装塑料材质部件时，用力要柔和，不可用力过大，防止造成部件断裂等损伤。

(9) 发现漏装部件或者安装不到位的情况时，必须依次拆卸，重新安装，严禁强行安装，如遇到上下机壳卡扣结构安装不到位的情况，必须完全拆解，然后重新安装。

3) 螺钉放置

拆卸的螺钉分类放置在螺钉盒分格中，记录其安装位置及部件名称，避免出现"错打、漏打"螺钉等现象。

4) LCD 拆装要点

(1) 首先去除无线网卡及天线等连线，将液晶屏整体从主机上移除。

(2) 不要使用尖锐的东西拆除屏框，防止划伤液晶屏。

(3) 拆开后，需要装入泡沫塑料袋保护并妥善放置，严禁在屏面板上放置任何物品。

(4) 清洁液晶屏时，使用专用的液晶屏清洁剂及液晶屏清洁布。

5) 部件摆放

拆卸下来的部件必须平放于有防静电皮的桌面上，或装入防静电袋，严禁部件互相堆叠放置。

6) 非损检查

拆装过程中，应注意检查机器部件是否存在"非损(非正常损坏)"状况。

7) 恢复电源

安装的最后步骤是安装电池,严禁安装电池后再安装其他部件,严禁带电拆装操作。同时也建议,在"验机"时,先接外接适配器电源,这样,万一出现异常情况时,可以快速拔除电源。

8) 验机操作

(1) 安装完毕后,对机器进行全面的外观检测,排除所有拆装导致的外观相关异常。

(2) 对笔记本进行加电,验机,确保先前的故障彻底排除。

(3) 对笔记本电脑的其他功能进行全面检测,确定没有其他故障隐患。

任务实践

拆卸和组装笔记本电脑

不同品牌、不同型号的笔记本电脑机型各不相同,但它们的结构基本都大同小异。下面就以联想的 ThinkPad 机型为例,讲解笔记本电脑的拆装方法。

1. 电池的拆卸

电池的拆卸(见图 2-26)步骤如下。

(1) 右手将电池固定卡向"1"所示方向拉。

(2) 左手将电池轻轻向"2"所示方向取出。

2. 光盘驱动器的拆卸

光盘驱动器的拆卸(见图 2-27)步骤如下。

(1) 将锁定的卡子向"1"所示方向拨,这时将弹出一个拉杆。

(2) 将拉杆轻轻向"2"所示方向拉,就可以向"3"所示方向拉动光盘驱动器。

(3) 用手将光盘驱动器取出来。

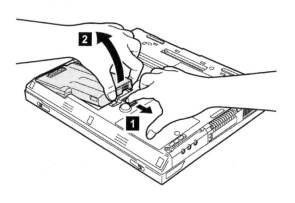

图 2-26 电池的拆卸

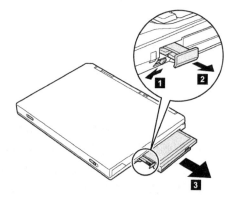

图 2-27 光盘驱动器的拆卸

3. 硬盘的拆卸

硬盘的拆卸(见图 2-28)步骤如下。

(1) 拆掉"1"所示的固定螺丝。

(2) 用双手的大拇指顶住与硬盘连在一起的塑料盖，往"2"所示的方向移出硬盘。

4. CMOS 电池的拆卸

CMOS 电池的拆卸(见图 2-29)步骤如下。

(1) 首先拆卸固定 CMOS 电池的螺丝"1"。

(2) 然后轻轻左右移动 CMOS 电池组件，向"2"所示方向抬起 CMOS 电池组件(靠电池这边)。

(3) 用弯头镊子往"3"所示方向取下连接插头(不要拉断连线)，这样就可以取出组件。

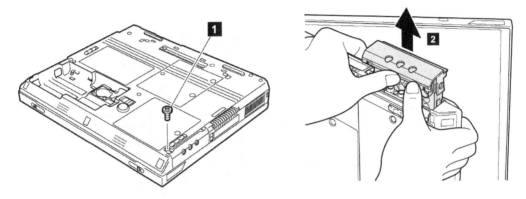

图 2-28　硬盘的拆卸

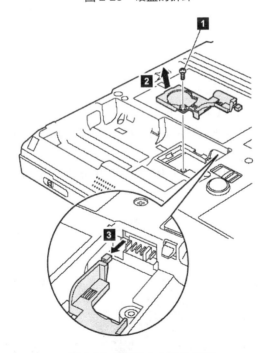

图 2-29　CMOS 电池的拆卸

5. 内存的拆卸

内存的拆卸(见图 2-30)步骤如下。

(1) 内存外面有一张金属盖，首先，旋松金属盖上的螺丝"1"(应注意，此螺丝是不能退出来的)。

(2) 在螺丝处向"2"方向轻轻用力拉，就可以拆掉该金属盖，露出内存条。

(3) 一般机型都有两条内存插槽，原装机配有一条内存，向"3"方向用力扳开固定内存的卡子。

(4) 内存就会自动弹起来，然后向"4"方向取出内存即可。

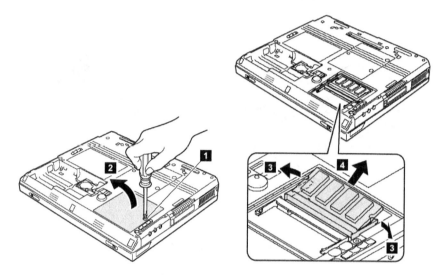

图 2-30　内存的拆卸

6. 键盘的拆卸

键盘的拆卸(见图 2-31)步骤如下。

(1) 拆卸背盖上的两颗键盘螺丝"1"。

(2) 按照"2"所示的方向向前推键盘即可，使键盘松落，用削尖的充值卡等塑料卡片将键盘往"3""4"方向挑起。

(3) 往"5"方向轻轻拉出键盘，并按照"6"所示取下键盘与主板的连线后，就可以移出键盘了。

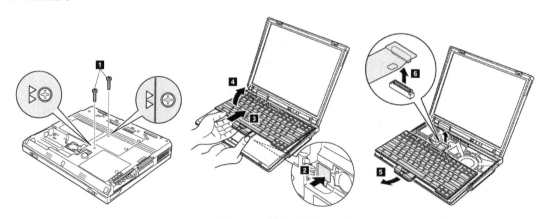

图 2-31　键盘的拆卸

7. 显示屏的拆卸

显示屏的拆卸(见图 2-32)步骤如下。

(1) 用螺丝刀拧掉"1"所示的螺丝。

(2) 然后把显示屏的数据线和无线网卡的天线引线从固定线槽里分离出来。最后从背后将整个液晶屏向"2"所示的方向托起即可。这样,整个显示屏壳就拆下来了。

(3) 需要注意的是,笔记本的显示屏里通常还藏着与主板相连的电源线、显示信号线以及无线网卡天线,还可能看到摄像头的数据线,要注意不要把这些连接线扯坏了。

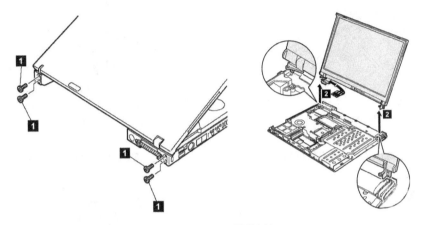

图 2-32 显示屏的拆卸

8. CPU 风扇的拆卸

CPU 风扇的拆卸(见图 2-33)步骤如下。

(1) 首先取下 CPU 风扇上的 3 颗螺丝,如"1"所示。

(2) 按照"2""3"的方向,左右轻轻摇晃几下,待 CPU 风扇松动后取出,然后如"4"所示拔出风扇电源插头。应检查一下 CPU 上的硅脂是否干涸,安装时,先清除已经干涸的硅脂,在 CPU 芯片上涂上薄薄的一层硅脂,硅脂太厚和太薄都不利于散热。

9. CPU 的拆装

CPU 的拆装(见图 2-34)步骤如下。

(1) 在拆卸 CPU 时,一定要小心,先要打开 CPU 锁才能把 CPU 从座上取下来。如"1"所示的方向是开锁方向,然后向"2"所示的方向拿起 CPU 即可。

(2) 在安装 CPU 的时候,要注意 CPU 的安装方向,金三角要与座上的一致,如"3"所示,当 CPU 插入并放好时,按照"4"所示的方向关闭锁。

10. 面板的拆卸

面板的拆卸(见图 2-35)步骤如下。

(1) 首先拆卸笔记本电脑底板上的"1"号螺丝。

(2) 有的"2"号螺丝外面贴有不干胶,应仔细观察。

(3) 然后拆卸面板上的螺丝"3""4""5"。

(4) 移出面板之前,要注意观察面板与底板之间是否有挂钩,如"a"和"b"所示。

(5) 在拆除所有螺丝、挂钩和连线后，就可以按 "6" "7" "8" 的顺序拆除面板了。

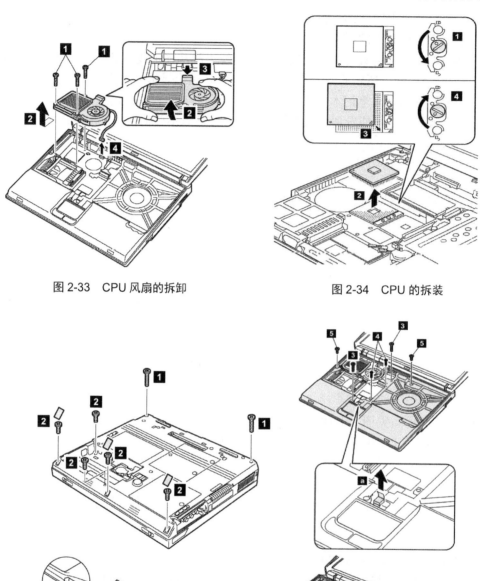

图 2-33 CPU 风扇的拆卸   图 2-34 CPU 的拆装

图 2-35 面板的拆卸

项目实训　组装计算机

1. 实训背景

项目一的实训中提到的那位朋友，经过你的帮助之后，终于选购齐了组装一台满意计算机所需的配件，现在想要你继续帮忙组装起来。

2. 实训内容和要求

(1) 建立工作小组内部的合作分工，制定计算机组装前期的准备工作规划，确定组装流程。

(2) 直观了解计算机主要部件的实物，对照主板说明手册并在网络上查找相关信息，了解各品牌配件安装的特点和其他配件的兼容情况，以便能够熟练地组装计算机。

3. 实训步骤

(1) 明确各配件的主要功能及安装注意事项。

(2) 做好安装前的工作，包括防静电处理、工具的准备、配件的摆放等。

(3) 按照组装计算机的一般流程，组装主机中 CPU、显卡、内存、硬盘等各配件。

(4) 安装电源，连接机箱内部的线缆。

(5) 连接好跳线，并用捆扎带整理好机箱内的线缆。

(6) 连接好显示器、鼠标、键盘等外部设备。

(7) 再仔细检查一遍，就绪之后，通电开机测试。

4. 实训素材

在打开主机电源开关时，如果没有一点反应，更没有任何警告声音，可按以下顺序检查(更多的维修方法可参看后面的章节)。

(1) 确认交流市电能够正常使用，电压正常。

(2) 确认已经给主机电源供电。

(3) 检查主板供电插头是否安装好。

(4) 检查主板上的 POWER SW 接线是否连接正确，同时检测机箱前面板的开机键、重启键、电源指示灯、硬盘指示灯是否有反应。

(5) 检查 CPU 是否安装正确，CPU 散热器是否转动。

(6) 检查内存安装是否正确。

(7) 确认显卡安装正确。

(8) 确认显示器信号线连接正确，检查显示器是否供电。

(9) 用替换法检查显卡是否有问题(在另一台正常的计算机中使用该显卡)。

(10) 用替换法检查显示器是否有问题。

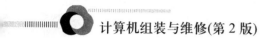
学习工作单

1. 简述主机的各主要组成部件及部件功能。

　　_____

　　_____

　　_____。

2. 要想安装一款硬件的驱动程序，首先要知道这款硬件的型号，有哪些方法可以识别这款硬件的型号？

　　_____

　　_____

　　_____。

3. 组装台式计算机前，需要做哪些准备工作？

　　_____

　　_____

　　_____。

4. 列举组装台式计算机过程中需要注意的事项。

　　_____

　　_____

　　_____

5. 叙述台式计算机硬件组装的操作过程(按操作的先后顺序)。

　　_____

　　_____

　　_____

　　_____。

6. 拆装笔记本电脑前，应做好哪些准备工作？

　　_____

　　_____

　　_____

　　_____。

7. 列举拆装笔记本电脑过程中需要注意的事项。

　　_____

　　_____

　　_____

　　_____

　　_____。

项目三

安装和调试计算机操作系统

1. 项目导入

前面已经组装好的计算机，仍然是有"躯壳"没有"血肉"的机器，也称为"裸机"，无法进行人机对话交流。要让机器能够完成任务，就需要为这台"裸机"安装操作系统。

2. 项目分析

我们目前使用较多的是个人计算机操作系统，所以应选用支持单用户的多任务、操作简单、界面友好、系统稳定的操作系统，如 Windows 7 等。操作系统也是软件的一种，但不同于一般软件应用程序的安装，操作系统的安装稍微复杂些。完整的安装流程一般包含4 个步骤，即设置 BIOS 启动设备、分区、安装操作系统、安装驱动程序。

3. 能力目标

(1) 学会正确安装和设置 Windows 7 操作系统。
(2) 学会安装硬件驱动程序。
(3) 学会使用 DiskGenius 对硬盘进行分区和格式化。

4. 知识目标

(1) 掌握硬盘分区、格式化及硬件驱动程序的基本概念。
(2) 掌握 BIOS 和 CMOS 的基础知识。
(3) 掌握双系统的安装方法。

任务 1　BIOS 的常用设置方法

知识储备

1.1　什么是 CMOS 和 BIOS

CMOS 是 Complementary Metal Oxide Semiconductor(互补金属氧化物半导体)的缩写。它是指制造大规模集成电路芯片用的一种技术或用这种技术制造出来的芯片，是计算机主板上的一块可读写的 RAM 芯片。因为它具有可读写的特性，所以在计算机主板上用来保存通过 BIOS 设置的计算机硬件参数。

BIOS 是 Basic Input/Output System 的缩写，即基本输入/输出系统。它实际上是被固化到计算机中的一组程序，为计算机提供最低级的、最直接的硬件控制。更准确地说，BIOS 是硬件与软件程序之间的一个"转换器"，或者说是接口，负责解决硬件的即时需求，并按软件对硬件的操作要求具体执行。

1.2　CMOS 与 BIOS 的区别和联系

1)　BIOS 与 CMOS 的区别

(1) 采用的存储材料不同。CMOS 是在低电压下可读写的 RAM，需要靠主板上的电池进行不间断供电，电池没电了，其中的信息都会丢失。而 BIOS 芯片采用 ROM，不需要电源，即使将 BIOS 芯片从主板上取下，其中的数据仍然存在。

(2) 存储的内容不同。CMOS 中存储着 BIOS 修改过的系统硬件设置和用户对某些参数的设定值，而 BIOS 中始终固定保存着计算机正常运行所必需的基本输入/输出程序、系统信息设置、开机加电自检程序和系统自举程序。

2) BIOS 与 CMOS 的联系

CMOS 是 RAM 存储芯片，属于硬件，其功能是用来保存数据，只能起到动态存储的作用，加电前是不包含任何数据的，要设置参数，必须通过专门的设置程序。现在很多厂商将 CMOS 的参数设置程序固化在 BIOS 芯片中，在开机的时候进入 BIOS 设置程序，即可对系统进行设置。BIOS 中的系统设置程序是完成 CMOS 参数设置的手段，而 CMOS RAM 是存放这些设置数据的场所，它们都与计算机的系统参数设置有着密切的关系，所以有“CMOS 设置”和“BIOS 设置”两种说法，正确的应该是“通过 BIOS 设置程序对 CMOS 参数进行设置”。

1.3　BIOS 设置程序包括的主要内容

BIOS 设置程序包括以下四方面内容。

1) 自诊断测试程序

PC 系列微机启动时，首先进入 ROM BIOS，接着执行加电自检(Power-On Self Test, POST)，通过读取系统主机板上 CMOS RAM 中的内容来识别系统的硬件配置，并根据这些配置信息对系统中的各部件进行自检和初始化，在自检过程中，如果发现系统实际存在的硬件与 CMOS RAM 中的设置参数不符时，将导致系统不能正确运行，甚至死机。

2) 系统自举装入程序

在机器启动时，系统 ROM BIOS 首先读取磁盘引导记录进内存，然后由引导记录读取磁盘操作系统的重要文件进内存，从而启动系统。

3) 系统设置程序(SETUP)

通过运行 SETUP 程序，将系统的配置情况以参数的形式存入 CMOS RAM 中，在系统的启动过程中，会在屏幕上提示，询问用户是否执行 ROM BIOS 中的 SETUP 程序进行 CMOS 参数设置，如需要，则可以通过在规定时间内按某一个键(通常是 Del 键)来启动 SETUP 程序，以设置正确的系统硬件参数，系统自动将参数存入到系统主机板上的 CMOS RAM 中。

一般地，当微机系统出现下列情况时，需运行 SETUP 程序来设置 CMOS 参数。

(1) 微机系统第一次加电。

(2) 增加、减少、更换硬件。

(3) CMOS RAM 掉电后原内容丢失。

(4) 因需要而调整某些参数设置等。

4) 主要 I/O 设备的 I/O 驱动程序及基本的中断服务程序

为保证系统常用重要程序的安全性和方便性，计算机制造商会把一些重要的设备驱动程序或一些主板上集成硬件的驱动程序也固化在 ROM BIOS 芯片里。

1.4 CMOS 设置了哪些内容

目前，ROM BIOS 芯片中的 SETUP 程序主要有 QUADTEL BIOS SETUP、AMI BIOS SETUP、AWARD BIOS SETUP、AMI WINBIOS SETUP 等。虽然 BIOS SETUP 程序的类型各异，但系统设置的内容大同小异，详细情况可参阅主机板说明书。

开机后，当屏幕出现自检信息时，屏幕下方会出现一行 Press Del to ENTER Setup or Quit，这时，按下 Del 键，可以进入 CMOS 设置程序，如图 3-1 所示。

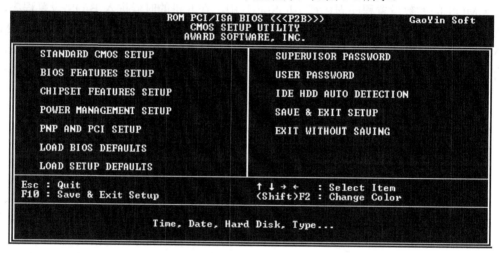

图 3-1　CMOS 设置程序主界面

图 3-1 中各选项的相关说明如下。

- STANDARD CMOS SETUP：标准 CMOS 设置。
- BIOS FEATURES SETUP：BIOS 功能设置。
- CHIPSET FEATURES SETUP：芯片组功能设置。
- POWER MANAGEMENT SETUP：电源管理设置。
- PNP AND PCI SETUP：即插即用设备与外围设备设置。
- LOAD BIOS DEFAULTS：载入 BIOS 默认值。
- LOAD SETUP DEFAULTS：载入 SETUP 默认值。
- SUPERVISOR PASSWORD：更改管理员密码。
- USER PASSWORD：更改用户密码。
- IDE HDD AUTO DETECTION：自动检测 IDE 设置。
- SAVE & EXIT SETUP：存盘退出。
- EXIT WITHOUT SAVING：不存盘退出。

1) STANDARD CMOS SETUP

这里是最基本的 CMOS 系统设置，包括日期、驱动器和显示适配器的设置，最重要的一项是 halt on(系统挂起设置)。

halt on：默认设置为 All Errors，表示在 POST 过程中有任何错误都会停止启动，此选择能保证系统的稳定性。如果要加快速度的话，可以把它设为 No Errors，即在任何时候都尽量完成启动。不过，加速的后果是有可能造成系统错误的，应按需选择。

2) BIOS FEATURES SETUP

BIOS 功能设置包括以下参数设置。

(1) Virus Warning/Anti-Virus Protection(病毒警告/反病毒保护)。选项有 Enabled(开启)、Disabled(关闭)、ChipAway(芯片控制)。

(2) CPU Level 1 Cache/Internal Cache(中央处理器一级缓存/内部缓存)。选项有 Enabled、Disabled。

(3) CPU Level 2 Cache/External Cache(中央处理器二级缓存/外部缓存)。选项有 Enabled、Disabled。

(4) CPU L2 Cache ECC Checking(CPU 二级缓存 ECC 校验)。选项有 Enabled、Disabled。

(5) Quick Power On Self Test(快速加电自检测)。选项有 Enabled、Disabled。这项设置可加快系统自检的速度，使系统跳过某些自检选项(如内存完全检测)，不过开启之后会降低侦错能力，削弱系统的可靠性。

(6) Boot Sequence(启动顺序)。选项如下：

```
A, C, SCSI/EXT
C, A, SCSI/EXT
C, CD-ROM, A
CD-ROM, C, A
D, A, SCSI/EXT (至少拥有两个 IDE 硬盘时才会出现)
E, A, SCSI/EXT (至少拥有三个 IDE 硬盘时才会出现)
F, A, SCSI (至少拥有四个 IDE 硬盘时才会出现)
SCSI/EXT, A, C
SCSI/EXT, C, A
A, SCSI/EXT, C
LS/ZIP, C
```

(7) Boot Sequence EXT Means(把启动次序的 EXT 定义为何种类型)。选项有 IDE、SCSI。

(8) Swap Floppy Drive(交换软盘驱动器号)。选项有 Enabled、Disabled。

(9) Boot Up Floppy Seek(启动时寻找软盘驱动器)。选项有 Enabled、Disabled。

(10) Boot Up NumLock Status(启动时键盘上数字锁定键的状态)。选项有 On、Off。

(11) Gate A20 Option(A20 地址线选择)。选项有 Normal(正常)、Fast(加速)。

(12) IDE HDD Block Mode(IDE 硬盘块模式)。选项有 Enabled、Disabled。

(13) 32-Bit Disk Access(32 位磁盘存取)。选项有 Enabled、Disabled。

(14) Typematic Rate Setting(输入速度设置)。选项有 Enabled、Disabled。

(15) Typematic Rate(Chars/Sec)(输入速率，单位：字符/秒)。选项有 6、8、10、12、15、20、24、30。在一秒之内连续输入的字符数，数值越大速度越快。

(16) Typematic Rate Delay(Msec)(输入延迟，单位：毫秒)。选项有 250、500、750、1000。每一次输入字符延迟的时间，数值越小速度越快。

(17) Security Option(安全选项)。选项有 System、Setup。只有在 BIOS 中建立了密码，

此特性才会开启，设置为 System 时，BIOS 在每一次启动都会输入密码；设置为 Setup 时，在进入 BIOS 菜单时要求输入密码。如果不想别人乱动，还是加上密码为好。

(18) PCI/VGA Palette Snoop(PCI/VGA 调色板探测)。选项有 Enabled、Disabled。

(19) Assign IRQ For VGA(给 VGA 设备分配 IRQ)。选项有 Enabled、Disabled。

(20) MPS Version Control For OS(面向操作系统的 MPS 版本)。选项有 1.1、1.4。

(21) OS Select For DRAM > 64MB。选项有 OS/2、Non-OS/2。

(22) HDD S.M.A.R.T. Capability(硬盘 S.M.A.R.T.能力)。选项有 Enabled、Disabled。

(23) Report No FDD For Win9x。选项有 Enabled、Disabled。

(24) Delay IDE Initial (Sec)(延迟 IDE 初始化)。选项有 0、1、2、3 等。

3) CHIPSET FEATURES SETUP

芯片组功能设置包括以下参数设置。

(1) SDRAM RAS-to-CAS Delay(内存行地址控制器到列地址控制器的延迟)。选项有 2、3。

(2) SDRAM RAS Precharge Time(SDRAM RAS 预充电时间)。选项有 2、3。

(3) SDRAM CAS Latency Time/SDRAM Cycle Length(SDRAM CAS 等待时间/SDRAM 周期长度)。选项有 2、3。

(4) SDRAM Leadoff Command(SDRAM 初始命令)。选项有 3、4。

(5) SDRAM Bank Interleave(SDRAM 组交错)。选项有 2-Bank、4-Bank、Disabled。

(6) SDRAM Precharge Control(SDRAM 预充电控制)。选项有 Enabled、Disabled。

(7) DRAM Data Integrity Mode(DRAM 数据完整性模式)。选项有 ECC、Non-ECC。

(8) Read-Around-Write(在写附近读取)。选项有 Enabled、Disabled。

(9) System BIOS Cacheable(系统 BIOS 缓冲)。选项有 Enabled、Disabled。

(10) Video BIOS Cacheable(视频 BIOS 缓冲)。选项有 Enabled、Disabled。

(11) Video RAM Cacheable(视频内存缓冲)。选项有 Enabled、Disabled。

(12) Passive Release(被动释放)。选项有 Enabled、Disabled。

(13) AGP Aperture Size(MB)(AGP 区域的内存容量)。选项有 4、8、16、32、64、128、256。

(14) AGP 2×Mode(开启两倍 AGP 模式)。选项有 Enabled、Disabled。

(15) AGP Master 1WS Read(AGP 主控 1 个等待读周期)。选项有 Enabled、Disabled。

(16) AGP Master 1WS Write(AGP 主控 1 个等待写周期)。选项有 Enabled、Disabled。

(17) Spread Spectrum/Auto Detect DIMM/PCI Clk(伸展频谱/自动侦察 DIMM/PCI 时钟)。选项有 Enabled、Disabled、0.25%、0.5%、Smart Clock(智能时钟)。

(18) Flash BIOS Protection(可刷写 BIOS 保护)。选项有 Enabled、Disabled。

(19) Hardware Reset Protect(硬件重启保护)。选项有 Enabled、Disabled。

(20) CPU Warning Temperature(CPU 警告温度)。选项有 35、40、45、50、55、60、65、70。

(21) Shutdown Temperature(关机温度)。选项有 50、53、56、60、63、66、70。

(22) CPU Host/PCI Clock(CPU 外频/PCI 时钟)。选项有 Default(66/33MHz)、68/34MHz、75/37MHz、83/41MHz、100/33MHz、103/34MHz、112/33MHz、133/33MHz。设置 CPU 的

外频，是软超频的一种，尽量不要选择非标准 PCI 外频(即 33MHz 以外的)，避免系统负荷过重而烧掉硬件。

4)　Integrated Peripherals(完整的外围设备设置)

(1)　Onboard IDE-1 Controller(板上 IDE 第一接口控制器)。选项有 Enabled、Disabled。

(2)　Onboard IDE-2 Controller(板上 IDE 第二接口控制器)。选项有 Enabled、Disabled。

(3)　Master/Slave Drive PIO Mode(主/副驱动器 PIO 模式)。选项有 0、1、2、3、4、Auto。

(4)　Master/Slave Drive Ultra DMA(主/从驱动器 Ultra DMA 模式)。选项有 Auto(自动)、Disabled。

(5)　Ultra DMA-66 IDE Controller(Ultra DMA 66 IDE 控制器)。选项有 Enabled、Disabled。

(6)　USB Controller(USB 控制器)。选项有 Enabled、Disabled。

(7)　USB Keyboard Support(USB 键盘支持)。选项有 Enabled、Disabled。

(8)　USB Keyboard Support Via(USB 键盘支持模式)。选项有 OS、BIOS。

(9)　Init Display First(显示适配器选择)。选项有 AGP、PCI。

(10) KBC Input Clock Select(键盘控制器输入时钟选择)。选项有 8MHz、12MHz、16MHz。

(11) Power On Function(电源开启功能)。选项有 Button Only(电源开关键)、Keyboard 98。

(12) Onboard FDD Controller(板上软盘驱动器控制器)。选项有 Enabled、Disabled。

(13) Onboard Serial Port 1/2(板上串行口 1/2)。选项有 Disabled、3F8h/IRQ4、2F8h/IRQ3。

(14) Onboard IR Function(板上红外线功能)。选项有 IrDA(HPSIR) mode、ASK IR (Amplitude Shift Keyed Infra-Red，长波形可移动输入红外线) mode、Disabled。

(15) Duplex Select(红外传输双向选择)。选项有 Full-Duplex(完全双向)、Half-Duplex(半双向)。

(16) Onboard Parallel Port(板上并行口)。选项有 3BCh/IRQ7、278h/IRQ5、378h/IRQ7、Disabled。

(17) Parallel Port Mode(并行口模式)。选项有 ECP、EPP、ECP+EPP、Normal (SPP)。

(18) ECP Mode Use DMA(ECP 模式使用的 DMA 通道)。选项有 Channel 1(通道 1)、Channel 2(通道 2)。

(19) EPP Mode Select(EPP 模式选择)。选项有 EPP 1.7、EPP 1.9。

5)　PNP AND PCI

即插即用设备与外围设备设置包括以下参数。

(1)　PNP OS Installed(即插即用操作系统安装)。选项有 Yes(有)、No(无)。

(2)　Force Update ESCD/Reset Configuration Data(强迫升级 ESCD/重新安排配置数据)。选项有 Enabled、Disabled。

(3)　Resource Controlled By(资源控制)。选项有 Auto(自动)、Manual(人工)。

(4)　Assign IRQ For USB(给 USB 设备分配 IRQ)。选项有 Enabled、Disabled。

(5)　PCI IRQ Activated By(PCI 激活 IRQ)。选项有 Edge(边缘)、Level(电平)。

(6)　PIRQ_0 Use IRQ No.～PIRQ_3 Use IRQ No.(PIRQ_0 使用 IRQ 号～PIRQ_3 使用

IRQ 号)。选项有 Auto、3、4、5、7、9、10、11、12、14、15。

(7) Power Management(能源管理)。选项有 Enabled、Disabled。

(8) ACPI function Power Management(高级电源管理)。选项有 Users Define(用户定义)、Min Saving(最小节能)、Max Saving(最大节能)、Disable(关闭)。

(9) PM Control by APM(由 APM 控制能源管理)。选项有 Enabled、Disabled。

(10) Video Off Option(屏幕关闭选项)。选项有 DMPS、Blank Screen、V/H Sync+Blank。

(11) Video off After(VGA 关闭)。选项有 Doze(打盹)、Standby(待命)、Suspend(睡眠)。

(12) MODEM Use IRQ(MODEM 使用的 IRQ 号)。选项有 3、4、5、7、9、10、11。

(13) Doze Mode(打盹模式)。选项有 1Min(分钟)、2Min、4Min、8Min、12Min、20Min、30Min、40Min、1Hour(小时)、Disabled。

(14) Standby Mode(待命模式)。选项有 1Min(分钟)、2Min、4Min、8Min、12Min、20Min、30Min、40Min、1Hour(小时)、Disabled。

(15) Suspend Mode(睡眠模式)。选项有 1Min(分钟)、2Min、4Min、8Min、12Min、20Min、30Min、40Min、1Hour(小时)、Disabled。

(16) HDD Power Down(硬盘关闭控制)。选项有 1~15Min、Disabled。

(17) Throttle Duty Cycle(节能周期)。选项有 12.5%、25%、37.5%、50%、62.5%、75.0%。

(18) PCI/VGA Active Monitor(PCI/视频激活显示器)。选项有 Enabled、Disabled。

(19) Soft-Off by PWRBTN(电源按钮关机)。选项有 Delay 4 Sec(延迟 4 秒)、Instand-Off(立即关闭)。

(20) CPU FAN Off In Suspend(在睡眠模式下停止 CPU 风扇)。选项有 Enabled、Disabled。

(21) Power On By Ring(响铃开机)。选项有 Enabled、Disabled。

(22) Resume By Alarm(警报恢复)。选项有 Enabled、Disabled。

6) LOAD BIOS DEFAULTS

本项可以将 CMOS 参数恢复为主板厂商设定的默认值,这些默认值是为了确保系统能够正常运行为目的的,不考虑系统运行的性能。当 BIOS 设置不当,引起硬件故障时,可以利用该功能将参数恢复为默认值,然后逐步修改,找到原因所在。

7) LOAD SETUP DEFAULTS

本项用于装载 BIOS ROM 的最佳优化值。

8) SUPERVISOR PASSWORD

设置管理员密码可以使管理员有权限更改 BIOS 设置。如果取消密码,只要在这个项目上两次按 Enter 键,不输入任何密码,就可以了。

9) USER PASSWORD

如果没有设置管理员密码,则用户密码也会起到相同的作用。如果同时设置了管理员与用户密码且不相同,则使用用户密码只能看到设置好的数据,而不能对设置进行修改。为了使设置的口令有效,还应该在 BIOS FEATURES SETUP 中选择 Security Option 选项进行设置。将其值设为 SETUP,表示此时任何人都可以使用计算机,只有在进入 BIOS 设置时才需要输入密码。如果将此项的值设置为 System(或者 Always),则表示启动计算机时也需要输入密码。

10) IDE HDD AUTO DETECTION

此项可以自动检测主板的 IDE 接口所连接的设备，从中可以看到硬盘的基本资料。

11) SAVE & EXIT SETUP

保存所做的修改，退出 CMOS 设置程序。使用 F10 功能键，效果是一样的。

12) EXIT WITHOUT SAVING

放弃所做的任何修改，退出设置程序。

任务实践

使用 U 盘安装系统，设置 U 盘启动

(1) 以 Award BIOS 为例，如图 3-2 所示，开机时按住 Del 键进入到该电脑的 BIOS 设置界面，选择高级 BIOS 设置 Advanced BIOS Features。

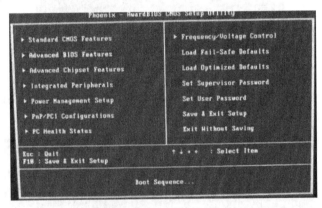

图 3-2 Award BIOS 主界面

(2) 在进入高级 BIOS 设置(Advanced BIOS Features)界面后，选择硬盘启动优先级：Hard Disk Boot Priority，如图 3-3 所示。

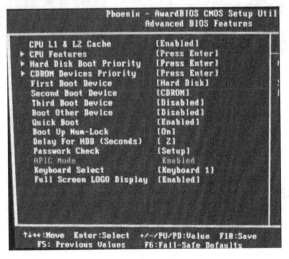

图 3-3 高级 BIOS 设置界面

(3) 在进入到硬盘启动优先级(Hard Disk Boot Priority)界面后，需使用小键盘上的加减符号(+、−)来选择与移动设备，要将 U 盘选择在最上面，如图 3-4 所示。然后，按住 Esc 键退出，这时，会回到如图 3-3 所示的设置界面。

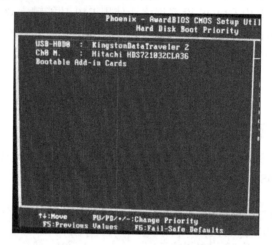

图 3-4   硬盘启动优先级界面

(4) 完成上一步后，再选择第一启动设备(First Boot Device)：选择移动设备 Removable，就可以启动电脑，如图 3-5 所示。

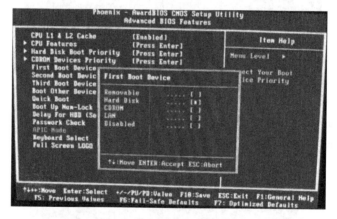

图 3-5   第一启动设备的选择

任务 2   硬盘的分区和格式化

知识储备

2.1   磁盘的结构

磁盘的结构包括以下部分。

1) 扇区和簇

扇区和簇是磁盘数据的基本划分单位。扇区由磁盘的物理结构决定，一般厂商规定为

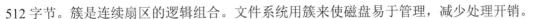

512 字节。簇是连续扇区的逻辑组合。文件系统用簇来使磁盘易于管理，减少处理开销。

2)　分区和卷

一个或多个磁盘的逻辑划分形成了文件系统的边界，就文件系统的抽象层来说，分区和卷的含义相同。分区和卷用磁盘分区进行定义。

3)　分区引导扇区

每个分区的第一个扇区包含了文件系统的信息和一段用来装载文件系统的引导程序。DOS 和 Windows 9x 的加载程序是 IO.SYS，Windows NT 和 Windows 2000 的加载程序是 NTLDR。

4)　BIOS 参数块

BIOS 参数块是引导扇区的一个子集，包含特定的文件系统信息。

5)　FAT

FAT 是磁盘文件簇的映射。标准的 FAT 用 16 位地址对簇进行编址，最大容量为 2GB。而 FAT32 用 32 位地址编址，扩充了文件系统的容量，最大容量为 8TB(Windows 2000 限制为 32GB)。

6)　主文件表

主文件表(Master File Table，MFT)是 NTFS 系统使用的面向对象的文件数据库。NTFS 采用 64 位寻址方案，最大容量为 16EB。目前，关于磁盘物理结构和转换的工业标准限制了在一个磁盘或磁盘阵列中扇区的最大个数为 32 位，加上每扇区 512 字节的 9 位，最大容量为 41 位，即 2TB。

7)　目录

目录是文件名的索引，把文件系统组织成分层的树状结构。

2.2　硬盘分区的原则

分区从实质上说就是对硬盘的一种格式化。安装操作系统和软件之前，首先需要对硬盘进行分区和格式化，然后才能使用硬盘保存各种信息。

分区时，格式化硬盘会造成数据的丢失，因此分区需慎重，一般只在新硬盘以及需要重新分割硬盘空间时才进行分区。

不论划分了多少个分区，也不论使用的是 SCSI 硬盘还是 IDE 硬盘，都必须把硬盘的主分区设定为活动分区，这样安装好的系统才能启动。

分区通常指主分区或扩展分区，如图 3-6 所示。

- 主分区：是标记为由操作系统使用的一部分物理磁盘。一个磁盘最多可有 4 个主分区(或者如果有 1 个扩展分区，则最多有 3 个主分区)。
- 扩展分区：是从硬盘的可用空间上创建的分区，而且可以将其再划分为逻辑驱动器；创建扩展分区不需要有主分区。

分出主分区后，其余的部分可以分成扩展分区，一般是剩下的部分全部分成扩展分区，扩展分区不能直接使用，必须分成若干逻辑分区。所有的逻辑分区都是扩展分区的一部分。

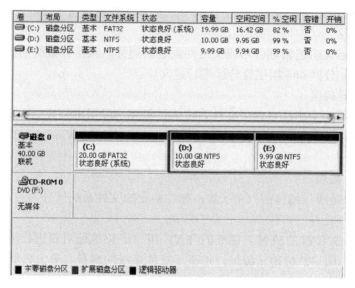

图 3-6 Windows 的分区结构

分区原则如下。

1)   对新硬盘进行分区

建立基本分区→建立扩展分区→再分成若干个逻辑驱动器。

2)   对已分区的硬盘进行分区

删除所有逻辑分区→删除扩展分区→删除主分区→重新分区。

2.3   常用的分区工具

常见的分区工具有 Fdisk、DISK Manager(DM)、Partition Magic(PM)、DiskGenius，其中 Fdisk 和 DM 是早期的命令行工具，日常较少使用。目前比较常用的是 Partition Magic (硬盘分区魔术师)和 DiskGenius，其图形界面操作简单、效率高，最大的特点是可以在不破坏数据的情况下对硬盘进行重新分区。

任务实践

使用 DiskGenius 分区

1. 创建分区

创建分区的步骤方法如下。

(1)   启动 DiskGenius，看到图形界面，如图 3-7 所示。

(2)   如果要建立主分区或扩展分区，应首先在硬盘分区结构图上选择要建立分区的空闲区域(以灰色显示)。如果要建立逻辑分区，要先选择扩展分区中的空闲区域(以绿色显示)。然后单击工具栏中的"新建分区"按钮，或者选择"分区"→"建立新分区"菜单命令，都可以在空闲区域上点击鼠标右键，然后在弹出的快捷菜单中选择"建立新分区"菜单命令。程序会弹出"建立新分区"对话框，如图 3-8 所示。

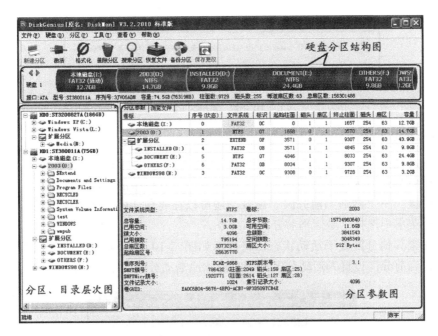

图 3-7　DiskGenius 主界面

图 3-8　"建立新分区"对话框

(3) 新分区建立后，并不会立即保存到硬盘，仅在内存中建立。执行"保存分区表"命令后，才能在"我的电脑"中看到新分区。这样做的目的，是为了防止因误操作造成数据破坏。要使用新分区，还需要在保存分区表后对其进行格式化。使用 DiskGenius 进行分区，在保存后，软件会自动进行基本的格式化操作。

2．删除分区

(1) 先选择要删除的分区，然后单击工具栏中的"删除分区"按钮，或选择"分区"→"删除当前分区"菜单命令，还可以在要删除的分区上点击鼠标右键，并从弹出的快捷菜单中选择"删除当前分区"命令。

(2) 将显示如图 3-9 所示的警告信息，单击"是"按钮，即可删除当前选择的分区。

图 3-9　删除分区

3. 设置活动分区

活动分区是指用以启动操作系统的一个主分区。一块硬盘上只能有一个活动分区。

(1) 要将当前分区设置为活动分区,可以点击工具栏中的"激活"按钮,或从菜单栏中选择"分区"→"激活当前分区"命令,还可以在要激活的分区上点击鼠标右键,并从弹出的快捷菜单中选择"激活当前分区"命令。

(2) 如果其他分区处于活动状态,将显示如图 3-10 所示的警告信息。单击"是"按钮,即可将当前分区设置为活动分区,同时清除原活动分区的激活标志。

图 3-10　设置活动分区

4. 调整分区

无损分区大小调整是非常重要的,也是非常实用的一项磁盘分区管理功能,使用DiskGenius 能方便、快捷地完成无损分区大小调整。

(1) 首先选择某个需要被调整小的分区,然后单击鼠标右键,从弹出的快捷菜单中,选择"调整分区大小"命令,如图 3-11 所示。

图 3-11　调整分区大小

(2) 在弹出的"调整分区容量"对话框中设置各分区大小调整选项,如图 3-12 所示。

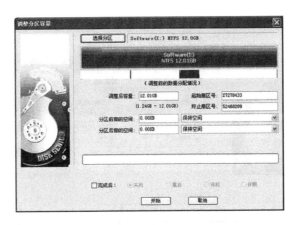

图 3-12 设置各分区大小调整选项

(3) 在"分区前部的空间"填 5GB，按 Enter 键或切换到别的编辑框，如图 3-13 所示。

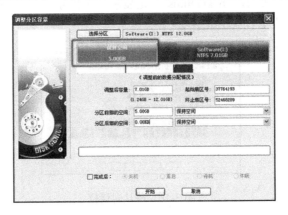

图 3-13 调整分区容量

(4) 点击后面的下拉框箭头，选择"合并到 System(J:)"选项，如图 3-14 所示。

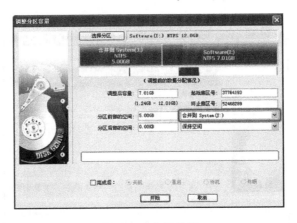

图 3-14 合并分区

(5) 按相同的方法，调整分区后部的空间，调整大小为 2GB，调整选项为"合并到 Documents(K:)"，如图 3-15 所示。

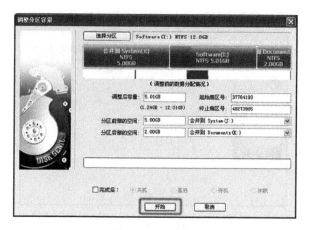

图 3-15　执行合并

(6)　单击"开始"按钮，DiskGenius 会先显示一个提示窗口，图 3-16 显示了本次无损分区调整的操作步骤以及一些注意事项。

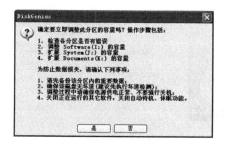

图 3-16　确认对话框

(7)　单击"是"按钮，DiskGenius 开始进行分区无损调整操作，调整过程中，会详细显示当前操作的信息，调整分区结束后，单击"完成"按钮，如图 3-17 所示，最后关闭调整分区容量对话框。

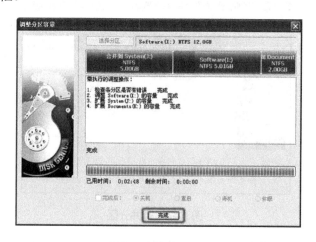

图 3-17　完成调整

任务 3　安装操作系统

知识储备

操作系统中的文件系统

微软在 DOS/Windows 系列操作系统中常用的有 5 种不同的文件系统，分别是 FAT16、FAT32、NTFS、NTFS 5.0 和 WINFS。其中，FAT16、FAT32 均是文件分配表 (File Allocation Table，FAT)文件系统。

目前最常用的是 NTFS 文件格式，NTFS 文件系统是 Windows NT 家族(包括 Windows 2000、Windows XP、Windows Vista、Windows 7 和 Windows 8.1)等的限制级专用文件系统(Windows 7 和 Windows 8.1 操作系统所在盘符的文件系统必须格式化为 NTFS 的文件系统)。NTFS 取代了老式的 FAT 文件系统。

当前市面上比较流行的操作系统有 Windows 7(Win7)和 Windows 10(Win10)，其他的系统版本或已陈旧，或有比较明显的不实用特点，本任务以主流的 Win7 系统为例进行讲解，Win7 在稳定性、兼容性、安全性等方面的表现都不错。

任务实践

安装 Windows 7 操作系统

这里将以 U 盘方式安装 Win7 原版。在 WinXP 时代，大量用户使用了 Ghost 方式安装操作系统，Ghost 方式是将安装好操作系统的整个分区镜像还原到新的电脑硬盘上，这种方式简单、快速，省去了安装驱动和常用软件的时间，但有利就有弊，网络上下载的分区镜像经常捆绑了"流氓"软件甚至是木马，安全性没有保证。Win7 也可以采用 Ghost 方式进行安装，但从稳定性和安全性的角度，建议安装 Win7 的原版。

安装 Win7 原版系统软件的具体操作步骤如下。

(1) 将下载的 Win7 安装光盘镜像使用 UltraISO 软件打开，如图 3-18 所示。

图 3-18　用 UltraISO 打开 ISO 光盘镜像

(2) 将镜像 ISO 文件内容写入 U 盘中(这步会格式化 U 盘，请先将 U 盘中的内容备份起来)，如图 3-19～图 3-21 所示。

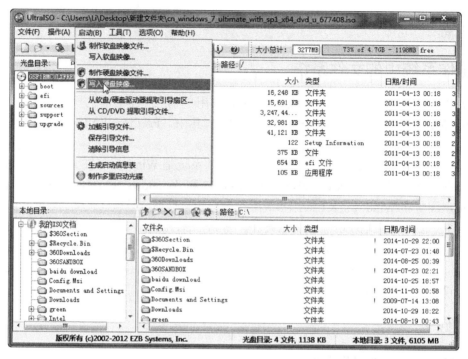

图 3-19 选择"写入硬盘映像"菜单命令

图 3-20 弹出"写入硬盘映像"对话框

图 3-21　写入镜像完成

(3)　写入完成后，安装 U 盘就制作完成了。接下来，将 U 盘插入到需要安装的电脑上，重启电脑。进入 BIOS 设置(参考本项目前面的内容)，设置 U 盘为第一启动项，然后重启电脑，即可进入以下界面，如图 3-22 所示。

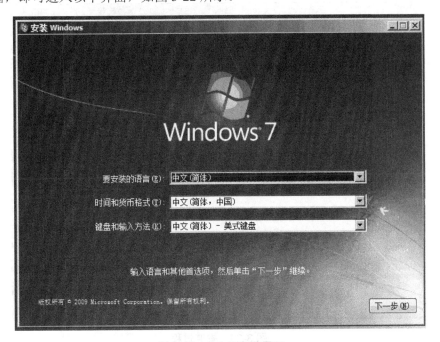

图 3-22　Win7 安装界面

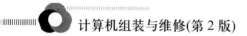

(4) 接下来，选择要安装到的硬盘分区，本例中，硬盘未分区，所以就只看到一个分区，如图 3-23 所示。

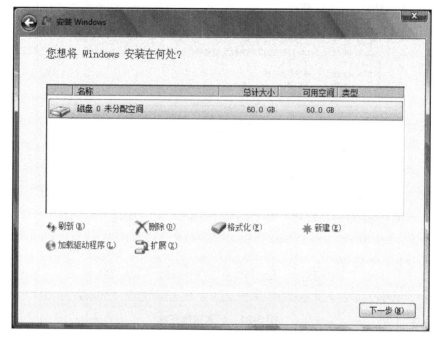

图 3-23　选择分区

(5) 单击"下一步"按钮，开始安装过程，如图 3-24 所示。

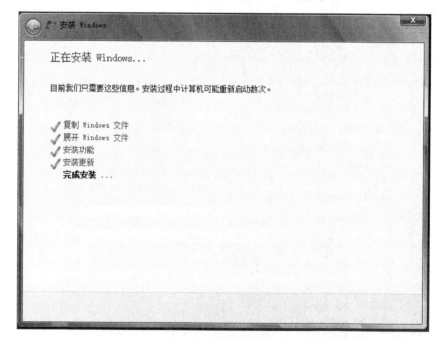

图 3-24　安装过程

(6) 安装完成后，设置一个新账户，如图 3-25 所示。然后进入系统主界面，如图 3-26 所示。

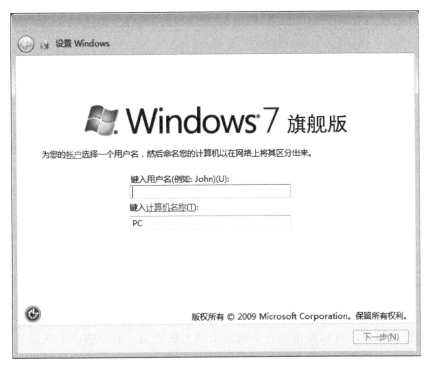

图 3-25 创建新用户

图 3-26 Win7 主界面

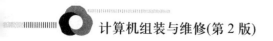
<h1 style="text-align:center">任务 4　安装驱动</h1>

4.1　什么是驱动程序

驱动程序是硬件厂商根据操作系统编写的配置文件，是添加到操作系统中的一小块底层代码，其中包含有关硬件设备的信息。在安装新硬件时，驱动程序是一项不可或缺的软件。可以说，没有驱动程序，计算机中的硬件就无法工作。有了驱动程序中的信息，计算机就可以与设备进行通信了。

4.2　驱动程序的作用

驱动程序就是一组程序，作为一种比较特别的软件，它具有普通程序的一些特性，可以形象地把它理解为是搭建在计算机硬件设备与操作系统之间的桥梁，其作用就是使操作系统能够正确地识别、管理、使用相应的硬件设备。驱动程序主要有以下几种。

(1) 主板驱动：主板驱动是使计算机能识别主板硬件的程序。如果计算机不能识别主板上的硬件，那就要安装驱动了。但一般的 XP 系统可以不用安装主板驱动，原因是很多主板的通用性比较好，可以使用操作系统自带的主板驱动。但一些声卡或显卡如果是集成的，那么，装上主板的驱动软件时，就相当于把这些显卡、声卡的驱动也装上了。主板是电脑的核心，处理器是附着在主板上面的。

(2) 显卡驱动：顾名思义，就是起到驱动显卡的作用，使显卡能够正常地把显示信息传输到显示器上。

(3) 声卡驱动：没有声卡驱动，电脑就会没有声音。

(4) 网卡驱动：只有安装网卡驱动后，系统才可以识别网卡，网卡才可以起作用，进行数据转换和传输。

另外还有打印机、扫描仪、外置 Modem 等外设，它们都需要安装与设备型号相符的驱动程序，否则会无法发挥其部分或全部功能。

4.3　获得正确的驱动程序

驱动程序一般可通过以下三种途径得到。

(1) 购买的硬件附带有驱动程序。

(2) Windows 系统自带有大量驱动程序。

(3) 从 Internet 下载驱动程序。

最后一种途径往往能够得到最新的驱动程序。

Win7 安装包中自带了一些常用驱动，如有线网卡、USB 驱动等，而显卡、声卡的驱动一般要自己安装，可以插入随机附带的驱动光盘自动安装或者下载相关驱动软件，让驱动软件自动识别并下载最合适的驱动。

供 Windows 9x 使用的驱动程序包通常由一些.vxd(或.386)、.drv、.sys、.dll 或.exe 等文

件组成,在安装过程中,大部分文件都会被拷贝到"Windows\System"目录下。

4.4 驱动程序安装中的常见文件

在安装驱动程序时,Windows 一般要把.inf 文件拷贝一份到"Windows\Inf"或"Windows\Inf\Other"目录下,以备将来使用。Inf 目录下除了有.inf 文件外,还有两个特殊文件,即 Drvdata.bin 和 Drvidx.bin,以及一些.pnf 文件,它们都是 Windows 为了加快处理速度而自动生成的二进制文件。Drvdata.bin 和 Drvidx.bin 记录了.inf 文件描述的所有硬件设备,当我们在安装某些设备时,经常会看到一个"创建驱动程序信息库"的窗口,此时,Windows 便正在生成这两个二进制文件。

Windows 9x 专门提供有"添加新硬件向导"(以下简称硬件向导)来帮助使用者安装硬件驱动程序,使用者的工作就是在必要时告诉硬件向导在哪儿可以找到与硬件型号相匹配的.inf 文件,剩下的绝大部分安装工作都将由硬件安装向导自己来完成。

任务实践

安装、升级、备份驱动程序

下面具体讲解安装、升级、备份驱动程序的方法步骤。

以鼠标右击"我的电脑",从弹出的快捷菜单中选择"属性"命令,弹出"系统属性"对话框,在对话框中选择"硬件"选项卡,单击"设备管理器"按钮,弹出"设备管理器"窗口,里面有多少个黄色问号的选项,就需要安装多少个驱动。

(1) 把驱动光盘放入光驱,或把驱动 U 盘插入计算机 USB 接口。

① 右击"我的电脑",从弹出的快捷菜单中选择"属性"命令,弹出"系统属性"对话框。

② 在对话框中选择"硬件"选项卡,单击其中的"设备管理器"按钮,弹出"设备管理器"窗口。

③ 用鼠标右击带黄色问号的项。

④ 从弹出的快捷菜单中选择"更新安装驱动程序"命令。

⑤ 选择"是,仅这一次",并单击"下一步"按钮,选择"自动搜索安装"后,单击"下一步"按钮。

⑥ 开始自动搜索并安装相应的驱动程序,完成后关闭,再安装其他有黄色问号的设备的驱动程序。为所有带黄色问号的设备安装完驱动程序后,系统就安装成功了。

(2) 如果没有驱动光盘,可以使用备份驱动(备份驱动的方法读者可从网络查找并实践)安装,步骤如下。

① 以鼠标右击"我的电脑",从弹出的快捷菜单中选择"属性"命令,弹出"系统属性"对话框。

② 在对话框中选择"硬件"选项卡,单击其中的"设备管理器"按钮,弹出"设备管理器"窗口。

③ 双击带黄色问号的设备(例如显卡)。

④ 重新安装驱动程序。

⑤ 选择"是，仅这一次"，然后单击"下一步"按钮。

⑥ 选择从列表或指定的位置安装(高级)，并单击"下一步"按钮。

⑦ 选择"在搜索中包括这个位置"，单击"浏览"按钮。

⑧ 按路径找到备份的相应驱动，单击"确定"按钮，然后单击"下一步"按钮。

⑨ 开始安装，完成后，关闭对话框。

项目实训一　系统安装和初始设置

1. 实训背景

针对同学们刚组装成功的新机器，需要验证是否能正常地工作。基于比，学生应观摩指导老师的讲解和操作，给机器合理设置 BIOS，完成 Win7 系统的安装、驱动程序的安装和学会 Ghost 的使用。

2. 实训条件

每个小组有一台可正常启动的计算机(带光驱)、Windows 7 系统安装光盘、网卡驱动程序，并使计算机接通互联网。

3. 实训步骤

本实训需完成以下操作。

(1) 检查硬盘及分区情况。

(2) 规划硬盘。

(3) 重新分区。

(4) 安装 Windows 7 操作系统。

(5) 启动 Windows 7 操作系统，安装网卡驱动程序，打开互联网浏览器。

(6) 找到一个搜索引擎，并利用它查找一个工具软件网站，如华军软件园。

(7) 根据本计算机所安装的声卡、显卡、显示器、主板、打印机、扫描仪等设备型号的信息，搜索并下载与之相对应的驱动程序。

(8) 按顺序安装主板芯片组驱动程序、声卡驱动程序、显卡驱动程序；设定显示的分辨率为该显示器的最佳分辨率，显示模式为 32bits，刷新频率为 75Hz。

(9) 检查驱动程序是否已经正常工作。

(10) 安装 Ghost 程序，制作 Ghost 启动光盘，并制作镜像文件，备份和恢复系统。

项目实训二　双系统安装

1. 实训背景

张同学想尝试体验最新推出的 Windows 10 使用感受，原有使用习惯了的 Windows 7 想保留不动，考虑进行双系统的安装。

2. 实训条件

观摩指导老师的讲解和操作，每小组拥有一台可正常启动的计算机(带光驱，已安装好 Windows 7)，有 Windows 10 系统安装光盘。

3. 实训步骤

本实训需完成以下操作。

(1) 检查硬盘及分区情况。

(2) 规划硬盘。

(3) 安装 Windows 10 操作系统，注意要跟 Windows 7 安装在不同的分区上。

(4) 进入 Windows 10 操作系统，记录与 Windows 7 的区别。

(5) 运行 msconfig，进入"系统配置程序"，查看多系统选择菜单。

(6) 设置 Windows 7 为默认进入的操作系统，等待时间为 5 秒。

(7) 重启电脑并查看效果。

学习工作单

1. 描述 BIOS 与 CMOS 的区别与联系。

2. 如何进入 BIOS 主界面？

3. 认识 AWARD BIOS 的设置主界面，了解各个模块的功能。

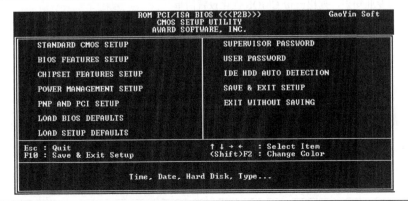

4. 假如现在要用光盘来安装操作系统，下图该如何设置？

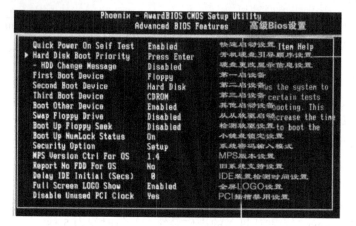

5. CMOS 设置中，Quick Power On Self Test 项设置对计算机有何影响？

6. 启动计算机时，默认的 CMOS 设置要搜索软驱，影响了启动速度，而这一功能并不是使用计算机时所必需的，有时甚至有可能因为启动软盘带有病毒，引导系统后病毒会破坏系统，所以，可以禁止启动时搜索软盘，以提高启动速度。那么，该如何禁止此项设置呢？

7. 根据所学的专业知识，列出一份 CMOS 优化设置清单。

8. CMOS 设置常见故障分析：在尝试超频过程中，由于超频失败致使计算机突然黑屏，而后无法开机，该如何解决？

9. 在开机自检的过程中，屏幕提示 Secondary Slave hard fail(检测从盘失败)，请分析原因，并列出解决问题的办法。

10. 硬盘的分区模式可以分为_____和_____两类。

11. 硬盘分区策略及原则是什么？

12. 常用的硬盘分区工具有哪些？

13. 通常我们在 Windows XP 下使用的是 FAT 或_____分区格式，在 Windows 7 下使用的是_____分区格式，在 Linux 下使用的是 Linux Swap 和 Linux Ext2 分区格式，在 OS/2 下使用的是 HPFS 分区格式。

14. 一般说来，硬盘分区遵循主分区、_____、_____的次序原则。

15. 为什么要设置活动分区？怎样设置活动分区？

16. 为什么要对硬盘进行格式化？如何格式化？

17. 在下表中，填写安装 Windows 7 时电脑配置的最低系统要求。

电脑的主要配件	最低系统要求
CPU	
内存	
硬盘	
显示器	
光驱	
显卡	
声卡	
网卡	

18. 两个操作系统的安装有无先后顺序？不同的顺序有何不同？

19. 驱动程序的作用是什么？

20. 调整显示设备属性：安装好显卡和显示器的驱动程序以后，必须对_____进行调整才可以充分发挥显卡和显示器的性能，在设置刷新频率时，为什么会出现黑屏现象，如何解决？

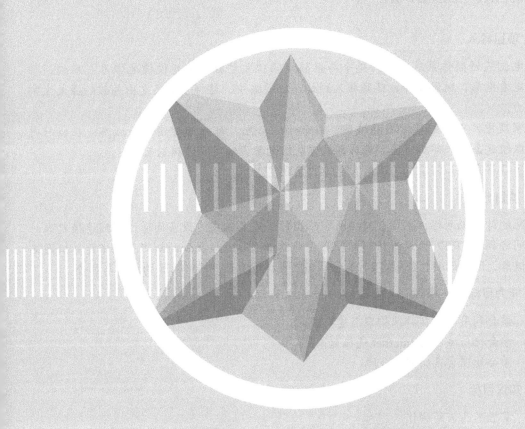

项目四

组建计算机网络

1. 项目导入

新电脑装好操作系统后,只是个与世隔绝的独立电脑,要想便捷地学习、网购、聊天,或是看电影、玩游戏等,还须接入到计算机网络中,这样才能焕发出电脑的强大生命力和活力。

在家庭中,可以组建家庭局域网;在学生宿舍里,可以组建宿舍局域网;在公司内部,可以组建企业内部局域网。然后再通过电信运营商的宽带连接到互联网。

本项目将介绍如何组建局域网和连接到互联网。

2. 项目分析

常见的计算机网络由网卡、交换机、路由器等设备组成,设备间通过网线连接起来,计算机间遵循 TCP/IP 协议进行通信。有关计算机网络所涉及到的知识点包括计算机网络的基本概念、网线的制作、设备间的连接、IP 地址的设置、网络故障的诊断与排查。

3. 能力目标

(1) 学会利用网络拓扑结构来搭建局域网。
(2) 学会把局域网与 Internet 连接起来。
(3) 学会处理常见的网络故障。

4. 知识目标

(1) 掌握水晶头的制作。
(2) 掌握计算机网络的组成和分类的基本知识。
(3) 懂得计算机网络的功能。
(4) 掌握 IP 地址的设置与分配。
(5) 掌握网络故障诊断和排查的常用方法。

任务 1 认识计算机网络

知识储备

1.1 计算机网络的基本组成

什么是计算机网络?计算机网络是地理上分散的多台独立的计算机遵循约定的通信协议,通过软、硬件互联以实现交互通信、资源共享、信息交换、协同工作及在线处理等功能的系统,如图 4-1 所示。

构建计算机网络的主要目标,是共享网络上不同计算机系统的各种资源。为了实现这一目标,必须有硬件上的保证和软件上的支持。硬件可以分为两部分:负责数据处理的计算机和终端,以及负责数据通信的通信控制处理机、通信线路。从逻辑功能上看,这两部分又可以分为两个子网:资源子网和通信子网。

(1) 资源子网是信息资源的提供者,并且网上各站点具有访问网络信息资源和处理数据的能力。资源子网由主计算机系统、终端、终端控制器、连网外设和数据资源等共同组成，负责全网的面向用户的数据处理业务，以实现最大限度的全网资源共享。

(2) 通信子网由网络通信处理机(集线器、交换机、路由器等连接设备)、通信线路(双绞线、同轴电缆、光缆、无限通信信道等)以及其他通信设备组成，负责全网数据的传输、转发等通信处理工作。

图 4-1　计算机网络的组成

网络软件主要有网络操作系统、通信控制软件和管理软件、客户端软件以及其他的一些软件。

1.2　计算机网络的功能

计算机网络具有以下功能。

(1) 资源共享。充分利用计算机资源是组建计算机网络的重要目的之一。资源共享除共享硬件资源外，还包括共享数据和软件资源。

(2) 数据通信能力。利用计算机网络，可实现各计算机之间快速可靠地互相传送数据，进行信息处理，如提供传真、电子邮件、电子数据交换(EDI)、电子公告牌(BBS)、远程登录(Telnet)与信息浏览等通信服务。数据通信能力是计算机网络的最基本功能。

(3) 均衡负载、互相协作。通过网络，可以缓解用户资源缺乏的矛盾，使各种资源得到合理的调整。

(4) 分布处理。一方面，对于一些大型任务，可以通过网络分散到多个计算机上进行分布式处理，也可能使各地的计算机通过网络资源共同协作，进行联合开发、研究等；另一方面，计算机网络促进了分布式数据处理和分布式数据库的发展。

(5) 提高计算机的可靠性。计算机网络系统能实现对差错信息的重发，网络中各计算机还可以通过网络成为彼此的后备机，从而增强了系统的可靠性。

1.3　计算机网络的分类

计算机网络的类型有很多，而且有不同的分类依据。可以按网络的地理位置、拓扑结构、传输介质、通信方式、网络使用的目的、服务方式和按其他的方式分类。

可见，由于连接介质的不同，通信协议的不同，计算机网络的种类也名目繁多。但一般来讲，用得最多的是按网络的地理位置分类，可以划分成局域网、城域网和广域网。

(1) 局域网(Local Area Network，LAN)是指范围在几百米到十几公里内办公楼群或校园内的计算机相互连接所构成的计算机网络。计算机局域网被广泛应用于连接校园、工厂以及机关的个人计算机或工作站，以利于个人计算机或工作站之间共享资源(如打印机)和进行数据通信。它的特点是：距离短、延迟小、数据速率高、传输可靠。例如，图 4-2 为包含文件服务器的局域网。

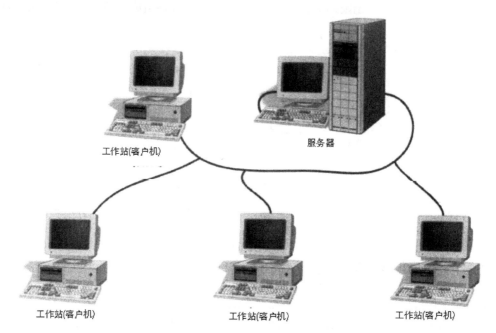

工作站(客户机)　　　　　　服务器

工作站(客户机)　　　　　工作站(客户机)　　　　　工作站(客户机)

图 4-2　包含文件服务器的局域网

(2) 城域网(Metropolitan Area Network，MAN)是介于广域网与局域网之间的一种网络，所采用的技术基本上与局域网类似，只是规模上要大一些。城域网既可以覆盖相距不远的几栋办公楼，也可以覆盖一个城市；既可以是私人网，也可以是公用网。城域网设计的目标是在一个特定的范围内将局域网段，如校园、厂、机关等连接起来，以实现大量用户之间的数据、语音、图形及视频等多种信息的传输功能。

(3) 广域网(Wide Area Network，WAN)通常跨接很大的物理范围，网络跨越国界、洲界，甚至全球范围，其目的是为了让分布较远的各局域网互联。它的特点是：传输速率比较低、网络结构复杂、传输线路的种类比较少。

局域网是组成其他两种类型网络的基础，城域网一般都加入了广域网。广域网的典型代表是 Internet。

1.4　以太网

以太网是现有局域网所采用的最通用的通信协议标准。该标准定义了在局域网中采用的电缆类型和信号处理方法。

以太网又可以分成传统以太网、快速以太网、千兆以太网。

通常，将传输速率为 10Mbps 的以太网叫作传统以太网；快速以太网的传输速率是传统以太网的 10 倍，达到了 100Mbps；千兆以太网的传输速率为 1000Mbps，比快速以太网快 10 倍。现在 10Gbps 以太网的标准已经完成。从以太网由 10Mbps 向 10Gbps 的演进过程，我们可以看出，以太网是一种可扩展、稳健性好、易于安装的局域网。

1.5　计算机的网络拓扑结构

计算机科学家通过采用从图论演变而来的"拓扑"(topology)的方法，抛开网络中的具体设备，把工作站、服务器等网络单元抽象为"点"，把网络中的电缆等通信介质抽象为"线"，这样，从拓扑学的观点看，计算机与网络系统就形成了点和线组成的几何图形，从而抽象出了网络系统的具体结构。这种采用拓扑学方法抽象出的网络结构，称为计算机网络的拓扑结构。

网络拓扑结构是指网络中的线路和节点的几何或逻辑排列关系，它反映了网络的整体结构及各模块间的关系。网络拓扑可以进一步分为物理拓扑和逻辑拓扑两种：物理拓扑是指介质的连接形状；逻辑拓扑是指信号传递路径的形状。

1.6　常见局域网的网络拓扑结构

1) 总线拓扑结构

总线拓扑结构采用一条公共总线作为传输介质，各个节点都接在总线上，如图 4-3 所示。总线的长度可以使用中继器来延长。总线拓扑结构的优点和缺点分别如下。

(1) 优点：总线网的通信电缆投资少，整个网络结构简单、灵活，易于扩充，是一种具有弹性的体系结构。

(2) 缺点：故障率较高，总线在任何一点断了，就会影响整个网络的工作，造成网络瘫痪；网络一旦出了故障，诊断故障比较困难。

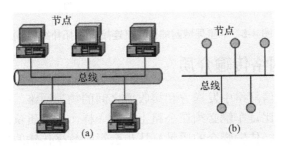

图 4-3　总线结构局域网的计算机连接(a)及拓扑结构(b)

2) 星型拓扑结构

星型拓扑也称集中型结构，它由一个中央节点和分别与它单独连接的其他节点组成，如图 4-4 所示。

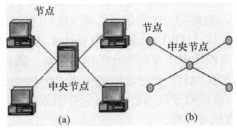

图 4-4　星型局域网的计算机连接(a)及拓扑结构(b)

人们常用集线器(Hub)作为中央节点。星型拓扑结构的优缺点分别如下。

(1) 优点：结构简单，节点的增加或减少实现容易。由于所有的通信都要通过中央节点，故中央节点的处理能力往往成为影响网络性能的主要因素。

(2) 缺点：电缆总的长度较长，增加了投资成本；也正是由于对中央节点的依赖性很强，故中央节点一旦有故障，则整个网络就会停止工作。

3) 环型拓扑结构

环型拓扑结构又称分散型结构，它的每个节点仅有两个邻接节点，这种网络结构中的数据总是按一个方向逐节点沿环传递，即一节点接受上一节点传来的数据，由它再发送给下一节点，如图 4-5 所示。环形拓扑结构的优点分别如下。

(1) 优点：适于光纤连接。它是点到点连接，且沿一个方向单向传输，非常适用于光纤作为传输介质；传输距离远，适于作为主干网；初始安装容易，线缆用量少。

(2) 缺点：可靠性差，由于本身结构的特点，当一个节点出故障时，整个网络就不能工作；可扩充性差，需要调整结构时，如增、删、改某一个站点，一般需要将全网停下来进行重新配置，且节点增加时，使网络响应时间变长，加大时延。

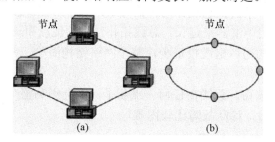

图 4-5　环型局域网的计算机连接(a)及拓扑结构(b)

1.7　常用的网络传输介质

网络传输介质是通信网络中发送方和接收方之间的物理通路。网络上数据的传输需要有"传输介质"，这好比是车辆必须在公路上行驶一样，道路质量的好坏会影响到行车的安全和速度。同样，网络传输媒介的质量好坏也会影响数据传输的质量，包括速率、数据丢失等因素。

常用的网络传输媒介可分为两类：一类是有线的，一类是无线的。有线传输媒介主要有双绞线、同轴电缆和光纤；无线媒介有微波、无线电、激光和红外线等。

1) 双绞线

双绞线是指两条导线按一定扭距相互绞合在一起的类似于电话线的传输介质，每根线加绝缘层，并用颜色来标记，对称均匀地绞扭可以减少线对间的电磁干扰。

双绞线分为非屏蔽双绞线 UTP(Unshielded Twisted Pair)和屏蔽双绞线 STP(Shielded Twisted Pair)两种。非屏蔽双绞线中不存在物理的电器屏蔽，既没有金属箔，也没有金属带绕在 UTP 上，如图 4-6(a)所示。UTP 线对之间的串线干扰和电磁干扰是通过其自身的电能吸收和辐射抵消完成的。而屏蔽双绞线 STP 外部包有铝箔或铜丝网，如图 4-6(b)所示，这种线当然效果更好，但价格相对较高。

局域网中，网线分为 3 类、4 类、5 类和超 5 类四种。一根 5 类网线由 8 根线组成，带宽可达 100MHz，就是我们俗称的百兆网线。这 8 根线分成 4 对，互绞在一起，颜色分别为(橙白、橙)、(绿白、绿)、(蓝白、蓝)、(棕白、棕)。双绞线两端通常使用一种 RJ-45 的 7 针连接器(俗称水晶头，如图 4-7 所示)，把局域网中的各种设备相互连接起来。

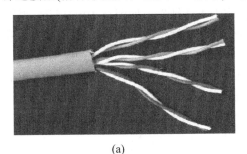
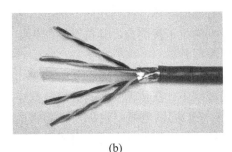

(a)　　　　　　　　　　　　　　　　(b)

图 4-6　非屏蔽双绞线(a)和屏蔽双绞线(b)对照

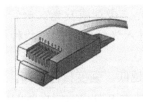

图 4-7　RJ-45 的插头和插座

在以太局域网络中，用来连接网络设备的双绞线有两种。

(1) 直通线，用于连接数据终端设备(DTE)与数据通信设备(DCE)，如计算机与交换机或交换机与路由器之间的连接线。直通线两端水晶头的导线排列顺序如图 4-8 所示，即两端水晶头的导线排列是一样的。

(2) 交叉线，用于连接网络中的相同设备，比如 PC 机之间、交换机之间、路由器之间的连线。交叉线的导线排列顺序如图 4-9 所示，即一端水晶头的第 1 根线的颜色与另一端的第 3 根线一样，第 2 根的与第 6 根的一样，其他导线的排列顺序与直通线一样。

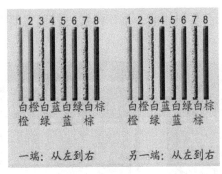
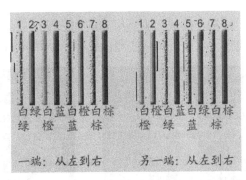

图 4-8　直通线连接示意　　　　　　图 4-9　交叉线连接示意

💡 **注意**：做双绞线时，一定要按以上顺序排列制作，才能保证网络畅通、速度快。有人直接一一对应做的双绞线，虽然能用，却由于 1-3 线和 2-6 线不是一对线到对端，抗干扰能力差，所以网速慢，距离长了就不稳定。

2) 同轴电缆

同轴电缆由内导体铜制芯线、绝缘层、外导体屏蔽层及塑料保护外套构成。因为它的内部共有两层导体，排列在同一轴上，所以被称为"同轴"，如图 4-10(a)所示。同轴电缆具有较高的抗干扰能力，其抗干扰能力优于双绞线。同轴电缆主要有 50Ω 同轴电缆和 75Ω 同轴电缆两种。

(1) 50Ω 同轴电缆：又称基带同轴电缆(或称细缆)。它主要用于数字传输系统，广泛用于局域网中。在传输中，其最高数据速率可达 10Mbps。

(2) 75Ω 同轴电缆：也称宽带同轴电缆。它主要用于模拟传输系统，宽带同轴电缆是公用天线电视系统的标准传输电缆。

3) 光纤

光纤(即光缆)是由能传送光波的超细玻璃纤维制成的，外包一层比玻璃折射率低的材料，如图 4-10(b)所示。光缆传输是利用激光二极管或发光二极管在通电后产生光脉冲信号，这些光脉冲信号经检测器进入光纤，进入光纤的光波在两种材料的界面上形成全反射，从而不断地向前传播。

随着光纤技术的发展，光纤的成本越来越低，强度日益提高，现已成为长途干线和局域网主干网的主要传输介质，并成为今后连接千家万户通信设备的主要手段。

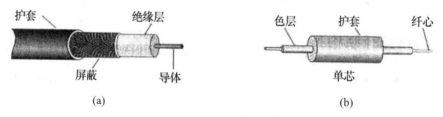

(a)   (b)

图 4-10　同轴电缆(a)与光纤(b)

1.8　网线的制作

通常，局域网中所用到的网线是由双绞线和水晶头组成的。制作网线之前，需要准备卡线钳、水晶头和网线测试仪等，如图 4-11 所示。

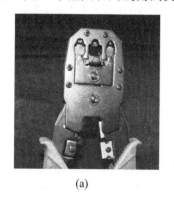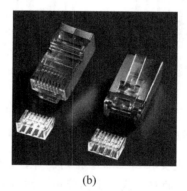

(a)   (b)   (c)

图 4-11　卡线钳(a)、水晶头(b)和网线测试仪(c)

具体做法可按下述步骤进行。

(1) 剥线。用卡线钳剪线刀口将线头剪齐，再将双绞线端头伸入剥线刀口，使线头触及前挡板，然后适度握紧卡线钳，同时慢慢旋转双绞线，让刀口划开双绞线的保护胶皮，取出端头，从而剥下保护胶皮。

(2) 理线。双绞线由 8 根有色导线两两绞合而成，将其整理平行，按橙白、橙、绿白、蓝、蓝白、绿、棕白、棕色平行排列，整理完毕，用剪线刀口将前端修齐。

(3) 插线。一只手捏住水晶头，将水晶头有弹片一侧向下，另一只手捏平双绞线，稍稍用力，将排好的线平行插入水晶头内的线槽中，8 条导线顶端应插入线槽顶端。

(4) 压线。确认所有导线都到位后，将水晶头放入卡线钳的夹槽中，用力捏几下卡线钳，压紧线头即可。重复上述方法制作双绞线的另一端，这样即完成了直通线的制作。如果要做交叉线，只要把 1 号线和 3 号线，2 号线和 6 号线位置互换一下即可。

(5) 测线。把制作完成之后的网线两端水晶头分别接入网络测试仪的两个接口，测试各条导线的通信是否正常。

1.9 常用的网间连接设备

网间连接设备是网络通信的中介设备。连接设备的作用，是把传输介质中的信号从一个链路传送到下一个链路。网络连接设备一般都配置了两个以上的连接器插口。

1) 中继器(Repeater)

在网络中，网络连线有一定的长度限制，如果传输距离太长，将导致传输的信号衰减太多，而造成传输数据出错。为了扩展网络连接的总跨度，可用中继器将两个单段电缆连接起来。中继器(见图 4-12)是一个能持续检测电缆中模拟信号的硬件设备，工作于网络的物理层，当它检测到一根电缆中有信号来到时，中继器便转发一个放大了的信号到另一根电缆。中继器安装容易、使用方便，并能保持单段电缆中原来的传输速度。缺点是不能互联不同类型的网络。

2) 网桥(Gate Bridge)

网桥是将两个或多个 LAN(可以是不同类型的 LAN)连接起来的中介设备，如图 4-13 所示。网桥的功能在延长网络跨度上类似于中继器，然而它能提供智能化连接服务，即根据数据包终点地址处于哪一网段来进行转发和滤除。

图 4-12 中继器

图 4-13 网桥

3) 集线器(Hub)

早期的集线器仅将分散的用于连接网络设备的线路集中在一起，以便于网络管理与维护。集线器类似于多路中继器，除完成集线功能外，还具有信号再生功能，如图 4-14 所示。随着集线器产品技术的发展，目前推出的高档集线器又称智能集线器，它具有以下主要功能。

(1) 支持多种协议和多种传输介质，具有不同类型的端口，以便互联相同或不同类型的网络。

(2) 具备网络管理功能，例如对服务器、工作站和集线器进行实时监测、分析、调整资源、错误告警与故障隔离等。

(3) 具有交换功能，这是集线器产品的最新发展，它是集线器与交换机功能的有机结合，使得集线器的信息转换和传输速率大大提高。

4) 交换机(Switch)

交换机是目前构建网络时非常重要的设备，是一个多端口的设备，是实现端口先存储、后定向转发功能的数据转发设备，如图 4-15 所示。从物理上看，它与集线器类似。交换机与集线器的主要区别在于前者的并行性。集线器是在共享带宽的方式下工作的，多台计算机通过集线器的各个端口连接到集线器上时，它们只能共享一个信道的带宽，即单台计算机通过局域网段发送数据的速率；而交换机是模拟网桥方式连接各个网络，交换机每个端口连接一台计算机，都相当于一个网段。

图 4-14 集线器

图 4-15 交换机

5) 路由器(Router)

如何到达目的地的算法叫作路由。实现数据分组转发并能查找和选用最优路径的网络设备，叫作路由器，如图 4-16 所示。路由器是实现不同类型网络，即异构型网络互联的重要设备。路由器最大的特点是具有选择传送信息包的传送路径功能，即路径选择功能。事实上，路由器可以根据其内部的路由表来选择最佳的传送路径，将信息包传送到目的地。

6) 网关(Gateway)

网关又称信关，如图 4-17 所示。当异种网(指异种网络操作系统)互联，或者局域网与大型机互联，以及局域网与广域网互联时，需要配置网关。网关设备比路由器复杂。当异型局域网络连接时，网关除具有路由器的全部功能外，更重要的是进行由于操作系统差异而引起的不同通信协议之间的转换。

图 4-16 路由器

图 4-17 网关设备

1.10　网络适配器

网络适配器又称网卡或网络接口卡(Network Interface Card，NIC)，它是使计算机联网的设备。平常所说的网卡就是将 PC 机和 LAN 连接的网络适配器。网卡插在计算机主板插槽中，负责将用户要传递的数据转换为网络上其他设备能够识别的格式，通过网络介质传输。它的主要技术参数为带宽、总线方式、电气接口方式等。它的基本功能为从并行到串行的数据转换、包的装配和拆装、网络存取控制、数据缓存和收发网络信号。

网卡必须具备两大技术：网卡驱动程序和 I/O 技术。驱动程序使网卡和网络操作系统兼容，实现 PC 机与网络的通信。I/O 技术可以通过数据总线实现 PC 和网卡之间的通信。网卡是计算机网络中最基本的元素，在计算机局域网中，如果有一台计算机没有网卡，那么这台计算机将不能与其他计算机通信，也就是说，这台计算机是孤立于网络之外的。

1.11　无线网卡和无线上网卡

无线网卡和无线上网卡有何不同？二者虽然仅仅相差一个字，但却是两个不同的概念。很多初级用户常将这两种设备混为一谈。那么，无线网卡和无线上网卡到底都有什么不同呢？

无线网卡就是不通过有线连接，采用无线信号进行连接的网卡，如图 4-18 所示。无线网卡根据接口不同，主要有 PCMCIA 无线网卡、PCI 无线网卡、MiniPCI 无线网卡、USB无线网卡、CF/SD 无线网卡几类产品。无线网卡的作用、功能跟普通网卡一样，是用来连接到局域网上的。它只是一个信号收发的设备，只有在已有互联网的出口上才能实现与互联网的连接。

无线上网卡的作用、功能相当于有线的调制解调器(俗称"猫")，只是它是无线化了的，如图 4-19 所示。它可以在拥有无线电话信号覆盖的任何地方，利用手机的 SIM 卡来连接到互联网上。无线上网卡常见的接口类型也有 PCMCIA、USB、CF/SD 等。

图 4-18　PCI 无线网卡

图 4-19　CDMA 无线上网卡

无线网卡和无线上网卡外观虽然很相似，但功用却大不一样。通过上述比较可知，二者虽然都可以实现无线上网功能，但其实现的方式和途径却大相径庭。所有无线网卡只能局限在已布有无线局域网的范围内。如果要在无线局域网覆盖的范围以外，也就是通过无线广域网实现无线上网功能，计算机就要在拥有无线网卡的基础上，同时配置无线上网卡。由于手机信号覆盖的地方远远大于无线局域网的覆盖，所以，无线上网卡大大减少了对地域方面的依赖，对广大个人用户而言，更加方便适用。

总之，无线网卡主要应用在无线局域网内，用于局域网连接，要有无线路由或无线 AP 这样的接入设备才可以使用，而无线上网卡就像普通的 56K Modem 一样，可以用在手机信号能够覆盖的任何地方，进行 Internet 接入。

1.12　什么是 Wi-Fi

Wi-Fi 的英文全称叫 Wireless Fidelity(无线保真技术)，是一种可以将个人计算机、手持设备(如 Pad、手机)等终端以无线方式互相连接的技术，俗称无线宽带。事实上，它也是一个无线网络通信技术的品牌，由 Wi-Fi 联盟(Wi-Fi Alliance)所持有，目的是改善基于 IEEE 802.11 标准的无线网络产品之间的互通性。

会存在这样一种误区，就是认为 Wi-Fi 就是 WLAN。但实际上，WLAN 是英文 Wireless Local Area Network(无线局域网络)的缩写，指应用无线通信技术将计算机设备互联起来，构成可以互相通信和实现资源共享的网络体系。由此可知，Wi-Fi 属于 WLAN 技术中的一种连接方式。

Wi-Fi 通过无线电波来联网。常见的就是使用一个无线路由器，在这个无线路由器的电波覆盖的有效范围都可以采用 Wi-Fi 连接方式进行联网，如果无线路由器连接了一条 ADSL 线路或者别的上网线路，则此路由器又被称为热点。所谓热点，是指将接收的数据信号转化为 Wi-Fi 信号再发出去，这样的发射端就成了一个 Wi-Fi 热点。

1.13　什么是 AP

如果无线网卡可比作有线网络中的以太网卡，那么 AP 就是传统有线网络中的 Hub，也是目前组建小型无线局域网时最常用的设备。AP 相当于一个连接有线网和无线网的桥梁，其主要作用是将各个无线网络客户端连接到一起，然后将无线网络接入以太网(这正是 Access Point 名称的本义)。

大多数的无线 AP 都支持多用户接入、数据加密、多速率发送等功能，一些产品更提供了完善的无线网络管理功能。对于家庭、办公室这样的小范围无线局域网而言，一般只需一台无线 AP，即可实现所有计算机的无线接入。

AP 的室内覆盖范围一般是 30～100m，不少厂商的 AP 产品可以互联，以增加 WLAN 覆盖面积。因为每个 AP 的覆盖范围都有一定的限制，正如手机可以在基站之间漫游一样，无线局域网客户端也可以在 AP 之间漫游。

1.14　无线 AP 和无线路由器的区别

无线 AP 一般翻译为"无线访问节点或无线接入点"。它主要是提供无线工作站对有线局域网和从有线局域网对无线工作站的访问，在访问接入点覆盖范围内的无线工作站可以通过它进行相互通信。通俗地讲，无线 AP 是无线网和有线网之间沟通的桥梁，也相当于一个无线集线器、无线收发器，如图 4-20 所示。

无线路由器是无线 AP 与宽带路由器的一种结合体。它借助于路由器功能，可实现家庭无线网络中的 Internet 连接共享，实现 ADSL(Asymmetric Digital Subscriber Line，非对称数字用户环路)和小区宽带的无线共享接入，另外，无线路由器可以把通过它进行无线和有线连接的终端都分配到一个子网，这样，子网内的各种设备交换数据就非常方便，如图 4-21 所示。

从功能上分，无线 AP 相当于一个无线交换机，不能直接跟 ADSL Modem 相连，所以在使用时必须再添加一台交换机或者集线器，为跟它连接的无线网卡从路由器那里分得 IP 地址。无线网桥也是无线 AP 的一种，因为无线路由器是 AP、路由功能和交换机的集合体，所以支持有线无线组成同一子网，可以直接接上 Modem 或 ADSL 宽带等，支持自动拨号。无线路由器集成部分 AP 功能，但不能实现 AP 的所有功能。

图 4-20　无线 AP

图 4-21　无线路由器

从应用上分，无线 AP 在那些需要大面积无线网络覆盖的公司、厂区或校园等环境中使用得比较多，更适合于那些只需要将有线信号转换成无线信号，并对信号有放大作用的场合。覆盖范围比较大，可当作无线信号的转发站，所能支持的无线客户端数量也比较多。而无线路由器在个人、家庭用户和 SOHO 的环境中使用得比较多，集有线宽带路由器和无线 AP 于一体，管理功能强大，可以通过双绞线以有线的方式连接计算机，轻松实现有线和无线的互相通信，但支持的无线客户端数量有限。

总之，虽然都是无线局域网内的设备，但无线 AP 工作在相对"大"的环境中，支持的用户数量要比无线路由器多，信号收发能力也更强一些，对无线信号的处理能力要求比较高，所以说，无线 AP 更"专注于无线扩展和无线布局"，厂商投入的成本相对要高一些，这或许是无线 AP 的售价要高于无线路由器的主要原因之一。用户可以根据自己的实际需要和网络条件，来选择使用无线 AP 还是无线路由器。

1.15　IP 地址的含义

不管是学习网络还是上网，IP 地址都是出现频率非常高的词。

Windows 系统中设置 IP 地址的界面如图 4-22 所示，图中出现了 IP 地址、子网掩码、默认网关和 DNS 服务器这几个需要设置的地方，只有正确设置，网络才能接通，那么，这些名词都是什么意思呢？学习 IP 地址的相关知识时，还会遇到网络地址、广播地址、子网等概念，这些又是什么意思呢？

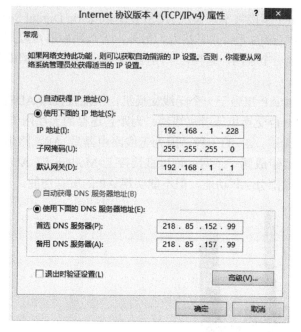

图 4-22　IP 地址设置界面

要解答这些问题，先看一个日常生活中的例子。如图 4-23 所示，住在北大街的住户要能互相找到对方，必须各自都要有个门牌号，这个门牌号就是各家的地址，门牌号的表示方法为：北大街+××号。假如 1 号住户要找 6 号住户，过程是这样的：1 号在大街上喊了一声"谁是 6 号，请回答。"，这时，北大街的住户都听到了，但只有 6 号做了回答，这个喊的过程叫"广播"，北大街的所有用户就是他的广播范围，假如北大街共有 20 个用户，那广播地址就是"北大街 21 号"。也就是说，北大街的任何一个用户喊一声能让"广播地址-1"个用户听到。

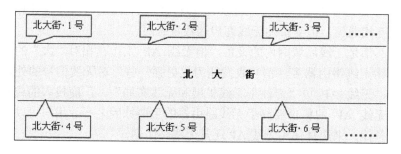

图 4-23　生活中的例子

从这个例子中，我们可以抽出下面几个词。

(1) 街道地址：北大街，如果给该大街一个地址，则用第一个住户的地址-1，此例为"北大街 0 号"。

(2) 住户的号：如 1 号、2 号等。

(3) 住户的地址：街道地址+××号，如北大街 1 号、北大街 2 号等。

(4) 广播地址：最后一个住户的地址+1，此例为"北大街 21 号"。

Internet 网络中，每个上网的计算机都有一个像上述例子的地址，这个地址就是 IP 地址，是分配给网络设备的门牌号，为了网络中的计算机能够互相访问，IP 地址=网络地址+主机地址，图 4-22 中的 IP 地址是 192.168.1.228，这个地址中包含了下面这些含义。

- 网络地址(相当于街道地址)：192.168.1.0。
- 主机地址(相当于各户的门号)：0.0.0.228。
- IP 地址(相当于住户地址)：网络地址+主机地址=192.168.1.228。
- 广播地址：192.168.1.255。

这些地址是如何计算出来的呢？为什么要计算这些地址呢？要想知道如何，先要明白一个道理：学习网络的目的，就是要弄明白如何让网络中的计算机相互通信，也就是说，要围绕着"通"这个字来学习和理解网络中的概念，而不是只为背几个名词。

注：192.168.1.228 是私有地址，是不能直接在 Internet 网络中应用的，连接 Internet 要转为公有地址。

1.16　为什么需要计算网络地址

简单地说，计算网络地址的目的，就是让网络中的计算机能够相互通信。先看看最简单的网络，假定图 4-24 中是用网线(交叉线)直接将两台计算机连起来。下面是几种 IP 地址设置，看看在不同设置下网络是通还是不通。

图 4-24　两台计算机通信

(1) 设置 1 号机的 IP 地址为 192.168.0.1，子网掩码为 255.255.255.0，2 号机的 IP 地址为 192.168.0.200，子网掩码为 255.255.255.0，这两台计算机就能正常通信。

(2) 如果 1 号机地址不变，将 2 号机的 IP 地址改为 192.168.1.200，子网掩码仍然为 255.255.255.0，那这两台计算机就无法正常通信。

(3) 设置 1 号机的 IP 地址为 192.168.0.1，子网掩码为 255.255.255.192，2 号机的 IP 地址为 192.168.0.200，子网掩码为 255.255.255.192，注意与(1)的区别在于子网掩码，由 255.255.255.0 修改为本例的 255.255.255.192，则这两台计算机也无法正常通信。

第(1)种情况能通信，是因为这两台计算机处在同一网络 192.168.0.0，所以能通信，而第(2)、第(3)种情况下，两台计算机处在不同的网络，所以不能通信。其中第(3)种情况不能通信的原因是子网掩码 255.255.255.192 不是默认的 C 类地址子网掩码造成的。

这里先给个结论：用网线直接连接的计算机或是通过 Hub 或普通交换机间接连接的计算机之间要能够相互通信，计算机必须要在同一网络中，也就是说，它们的网络地址必须相同，而且主机地址必须不一样。如果不在一个网络中，就无法通信。这就像我们上面举的例子，同是北大街的住户，由于街道名称都是北大街，且各自的门牌号不同，所以能够相互找到对方。

计算网络地址就是用来判断网络中的计算机在不在同一网络的，在就能通信，不在就不能通信。应注意，这里所说的在不在同一网络，指的是 IP 地址而不是物理连接。那么，如何计算网络地址呢？

1.17　如何计算网络地址

我们日常生活中的地址，如：北大街 1 号，从字面上就能看出街道地址是北大街，而我们从 IP 地址中却难以看出网络地址，要计算网络地址，必须借助我们上边提到过的子网掩码。

计算过程是这样的，将 IP 地址和子网掩码都换算成二进制，然后进行"与"运算，结果就是网络地址。与运算如下所示，上下对齐，按位运算，1 跟 1"相与"结果等于 1，其余组合都为 0。

```
        1 0 1 0
        1 1 0 0
与运算 ——————————
结果为  1 0 0 0
```

例如，IP 地址为 202.99.160.50，子网掩码为 255.255.255.0，网络地址的计算如下。

(1)　将 IP 地址和子网掩码分别换算成二进制。

202.99.160.50 换算成二进制为 11001010·01100011·10100000·00110010。

255.255.255.0 换算成二进制为 11111111·11111111·11111111·00000000。

(2)　将二者进行"与"运算。

```
        11001010 · 01100011 · 10100000 · 00110010
        11111111 · 11111111 · 11111111 · 00000000
·与运算
········· 11001010 · 01100011 · 10100000 · 00000000
```

(3)　将运算结果换算成十进制，这就是网络地址。

11001010·01100011·10100000·00000000 换算成十进制就是 202.99.160.0。

现在我们就可以解答 1.16 节中的三种情况的通与不通的问题了。

①　从下面的运算结果可以看出，两台计算机的网络地址都为 192.168.0.0 且 IP 地址不同，所以可以通信。

```
········· 192 · 168 · 0 · 1 ········· 11000000 · 10101000 · 00000000 · 00000001
········· 255 · 255 · 255 · 0 ········· 11111111 · 11111111 · 11111111 · 00000000
与运算
——————————————————————————————————————————
结果为: ····· 192 · 168 · 0 · 0 ········· 11000000 · 10101000 · 00000000 · 00000000

········· 192 · 168 · 0 · 200 ········· 11000000 · 10101000 · 00000000 · 11001000
········· 255 · 255 · 255 · 0 ········· 11111111 · 11111111 · 11111111 · 00000000
与运算
——————————————————————————————————————————
结果为: ····· 192 · 168 · 0 · 0 ········· 11000000 · 10101000 · 00000000 · 00000000
```

②　从下面的运算结果可以看出，2 号机的网络地址为 192.168.1.0，而我们记得 1 号

机的网络地址为 192.168.0.0，不在同一个网络，所以不通。

```
……192·168·1·200………11000000·10101000·00000001·11001000
……255·255·255·0…………11111111·11111111·11111111·00000000
与运算
─────────────────────────────────────────────────────────
结果为：……192·168·1·0…………11000000·10101000·00000001·00000000
```

③　从下面运算结果可以看出，1 号机的网络地址为 192.168.0.0，2 号机的网络地址为 192.168.0.192，不在一个网络中，所以不通。

```
……192·168·0·1…………11000000·10101000·00000000·00000001
……255·255·255·192………11111111·11111111·11111111·11000000
与运算
─────────────────────────────────────────────────────────
结果为：……192·168·0·0…………11000000·10101000·00000000·00000000

……192·168·0·200………11000000·10101000·00000000·11001000
……255·255·255·192………11111111·11111111·11111111·11000000
与运算
─────────────────────────────────────────────────────────
结果为：……192·168·0·192………11000000·10101000·00000000·11000000
```

1.18　IP 地址的分类

1. A 类地址

(1)　A 类地址的第 1 字节为网络地址，其他 3 个字节为主机地址。

(2)　A 类地址范围：1.0.0.1～126.255.255.254。

(3)　A 类地址中的私有地址和保留地址如下。

①　10.X.X.X：是私有地址(所谓的私有地址，就是在互联网上不使用，而被用在局域网络中的地址)。范围是 10.0.0.0～10.255.255.255。

②　127.X.X.X：是保留地址，是做循环测试用的。

2. B 类地址

(1)　B 类地址的第 1 字节和第 2 字节为网络地址，其他两个字节为主机地址。

(2)　B 类地址的范围：128.0.0.1～191.255.255.254。

(3)　B 类地址的私有地址和保留地址如下。

①　私有地址：172.16.0.0～172.31.255.255。

②　保留地址：169.254.X.X。如果 IP 地址是自动获取的，而你在网络上又没有找到可用的 DHCP 服务器时，就会得到其中一个 IP。

3. C 类地址

(1)　C 类地址第 1 字节、第 2 字节和第 3 字节为网络地址，第 4 字节为主机地址。另外，第 1 字节的前三位固定为 110。

(2) C 类地址范围：192.0.0.1～223.255.255.254。

(3) C 类地址中的私有地址如下。

私有地址：192.168.X.X。范围是 192.168.0.0～192.168.255.255。

4. D 类地址

(1) D 类地址不分网络地址和主机地址，它的第 1 个字节的前 4 位固定为 1110。

(2) D 类地址范围：224.0.0.1～239.255.255.254。

5. E 类地址

(1) E 类地址不分网络地址和主机地址，它的第 1 个字节的前 5 位固定为 11110。

(2) E 类地址范围：240.0.0.1～255.255.255.254。

1.19 什么是 IPv6

IPv6 是下一版本的互联网协议，也可以说是下一代互联网的协议，它的提出最初是因为随着互联网的迅速发展，IPv4 定义的有限地址空间将被耗尽，地址空间的不足必将妨碍互联网的进一步发展。为了扩大地址空间，拟通过 IPv6 重新定义地址空间。

IPv6 采用 128 位地址长度，一个 IPv6 的 IP 地址由 8 个地址节组成，每节包含 16 个地址位，以 4 个十六进制数书写，节与节之间用冒号分隔，例如：

`2000:0000:0000:0000:0001:2345:6789:abcd`

这个地址很长，可以用两种方法对这个地址进行压缩。

(1) 前导零压缩法：将每一段的前导零省略，但是每一段都至少应该有一个数字，例如 2000:0:0:0:1:2345:6789:abcd。

(2) 双冒号法：在一个以冒号十六进制数表示法表示的 IPv6 地址中，如果几个连续的段值都是 0，那么，这些 0 可以简记为::。每个地址中只能有一个::。例如 2000::1:2345:6789:abcd。

IPv6 几乎可以不受限制地提供地址，地址数量总数为 2 的 128 次方，有种说法是：几乎可以为地球上的每粒沙子分配几十万个地址。在 IPv6 的设计过程中，除了一劳永逸地解决了地址短缺问题以外，还考虑了在 IPv4 中解决得不好的其他问题，主要有端到端 IP 连接、服务质量(QoS)、安全性、多播、移动性、即插即用等。

任务实践

直通双绞线的制作

直通双绞线的制作步骤如下。

(1) 准备好 5 类线、RJ-45 插头和一把专用的压线钳，如图 4-25 所示。

(2) 用压线钳的剥线刀口将 5 类线的外保护套管划开(小心不要将里面的双绞线的绝缘层划破)，刀口距 5 类线的端头至少 2 厘米，如图 4-26 所示。

(3) 将划开的外保护套管剥去(旋转、向外抽)，如图 4-27 所示。

(4) 露出 5 类线电缆中的 4 对双绞线，如图 4-28 所示。

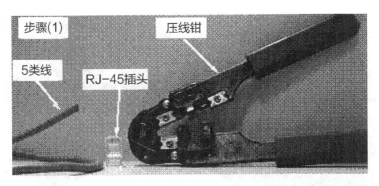

图 4-25 步骤(1)

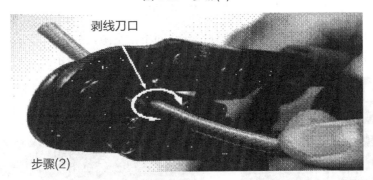

图 4-26 步骤(2)

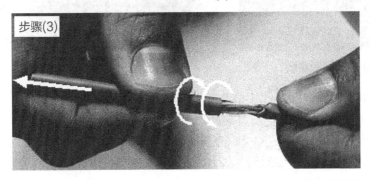

图 4-27 步骤(3)

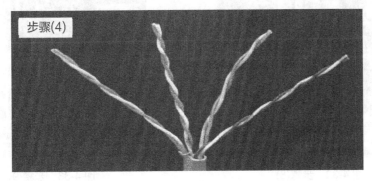

图 4-28 步骤(4)

(5) 按 EIA/TIA-568B 标准和导线颜色，将导线按规定的序号排好，如图 4-29 所示。

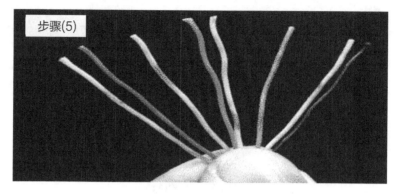

图 4-29　步骤(5)

(6) 将 8 根导线平坦整齐地平行排列，导线间不留空隙，如图 4-30 所示。

(7) 准备用压线钳的剪线刀口将 8 根导线剪断，如图 4-31 所示。

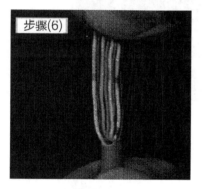

图 4-30　步骤(6)

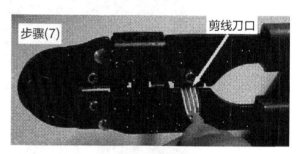

图 4-31　步骤(7)

(8) 剪断电缆线。请注意：一定要剪得很整齐，剥开的导线长度不可太短，可以先留长一些，不要剥开每根导线的绝缘外层，如图 4-32 所示。

(9) 将剪断的电缆线放入 RJ-45 插头试试长短(要插到底)，电缆线的外保护层最后应能够在 RJ-45 插头内的凹陷处被压实。反复进行调整，如图 4-33 所示。

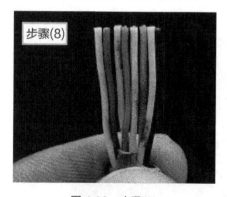

图 4-32　步骤(8)

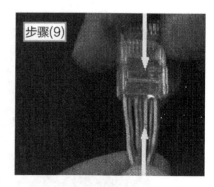

图 4-33　步骤(9)

(10) 在确认一切都正确后(特别要注意：不要将导线的顺序排列反了)，将 RJ-45 插头放入压线钳的压头槽内，准备最后的压实，如图 4-34 所示。

图 4-34　步骤(10)

(11) 双手紧握压线钳的手柄，用力压紧，如图 4-35 所示。请注意，在这一步骤完成后，插头的 8 个针脚接触点就穿过导线的绝缘外层，分别与 8 根导线紧紧地压接在一起了。

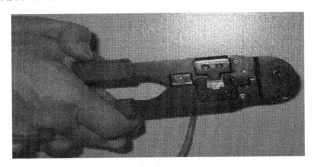

图 4-35　步骤(11)

(12) 完成后的效果如图 4-36 所示。

(13) 完成一根网线的两个水晶头制作后，可以放入测线仪上检测，如果 8 对灯依次两两亮起，即表示成功，如图 4-37 所示。

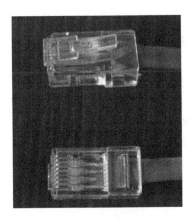

图 4-36　完成效果

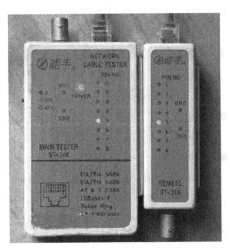

图 4-37　测线仪检测

任务 2　组建家用网络

2.1　什么是 PPPoE

PPPoE 全称 Point to Point Protocol over Ethernet，意思是基于以太网的点对点协议。实质是以太网和拨号网络之间的一个中继协议，所以在网络中，它的物理结构与原来的 LAN 接入方式没有任何变化，只是用户需要在保持原接入方式的基础上，安装一个 PPPoE 客户端(这个是通用的)。之所以采用该方式给小区用户计时/计流量，是方便计算时长和流量。此类用户在使用上比包月用户增加了 PPPoE 虚拟拨号的过程。电信联通的 ADSL 或者光纤接入也需要使用 PPPoE 进行拨号。

2.2　什么是 DHCP

DHCP(Dynamic Host Configuration Protocol，动态主机配置协议)通常被应用在大型的局域网络环境中，主要作用是集中地管理、分配 IP 地址，使网络环境中的主机动态地获得 IP 地址、Gateway 地址、DNS 服务器地址等信息，并能够提升地址的使用率。

DHCP 协议采用客户端/服务器模型，主机地址的动态分配任务由网络主机驱动。当 DHCP 服务器接收到来自网络主机申请地址的信息时，才会向网络主机发送相关的地址配置等信息，以实现网络主机地址信息的动态配置。

(1) DHCP 具有以下功能。
- 保证任何 IP 地址在同一时刻只能由一台 DHCP 客户机所使用。
- 应当可以给用户分配永久固定的 IP 地址。
- 应当可以同用其他方法获得 IP 地址的主机共存(如手工配置 IP 地址的主机)。
- DHCP 服务器应当向现有的 BOOTP 客户端提供服务。

(2) DHCP 有三种机制分配 IP 地址。
- 自动分配方式(Automatic Allocation)，DHCP 服务器为主机指定一个永久性的 IP 地址，一旦 DHCP 客户端第一次成功地从 DHCP 服务器端租用到 IP 地址后，就可以永久性地使用该地址。
- 动态分配方式(Dynamic Allocation)，DHCP 服务器给主机指定一个具有时间限制的 IP 地址，时间到期或主机明确表示放弃时，该地址可以被其他主机使用。
- 手工分配方式(Manual Allocation)，客户端的 IP 地址是由网络管理员指定的，DHCP 服务器只是将指定的 IP 地址告诉客户端主机。

这三种地址分配方式中，只有动态分配可以重复使用客户端不再需要的地址。

2.3　什么是 DNS

DNS 是域名系统(Domain Name System)的缩写，它是由解析器和域名服务器组成的。域名服务器是指保存有该网络中所有主机的域名和对应 IP 地址，并具有将域名转换为 IP

地址功能的服务器。其中域名必须对应一个 IP 地址，而 IP 地址不一定有域名。域名系统采用类似目录树的等级结构。域名服务器为客户机/服务器模式中的服务器方，它主要有两种形式：主服务器和转发服务器。将域名映射为 IP 地址的过程就称为"域名解析"。

在 Internet 上，域名与 IP 地址之间是一对一(或者多对一)的，域名虽然便于人们记忆，但机器之间只能互相认识 IP 地址，它们之间的转换工作称为域名解析，域名解析需要由专门的域名解析服务器来完成，DNS 就是进行域名解析的服务器。

DNS 命名用于 Internet 等 TCP/IP 网络中，通过用户友好的名称查找计算机和服务。当用户在应用程序中输入 DNS 名称时，DNS 服务可以将此名称解析为与之相关的其他信息，如 IP 地址。

任务实践

组建简单的家用网络

现在普通家庭使用的宽带都是拨号上网的。不论是以前老的电话线 ADSL 拨号宽带，还是光纤改造后的光纤线入户，两者的上网方式基本相同，设置路由器的方法完全相同。不同的是，ADSL 拨号宽带用的是宽带"猫"(即调制解调器)，而光纤改造后的家庭宽带采用的是光"猫"。连接电脑后，都需要点击"宽带连接"程序拨号上网。

由于许多家庭都不止有一台计算机，多台电脑共享一个宽带上网就需要增加一个路由器才行。如果有智能手机和平板计算机需要连接 Wi-Fi 无线网络，还需要采用无线路由器。下面介绍一下，用户需要拨号上网，有多台计算机需要共享上网时，使用路由器的简单组网图解教程。

(1) 硬件连接(如图 4-38 所示)。如果使用 ADSL 宽带上网，按照图 4-38 中的 1、2、3、4 顺序依次连接；如果使用小区宽带上网，按照图中的 2、3、4 顺序连接，并将路由器的 WAN 口直接接入小区宽带。

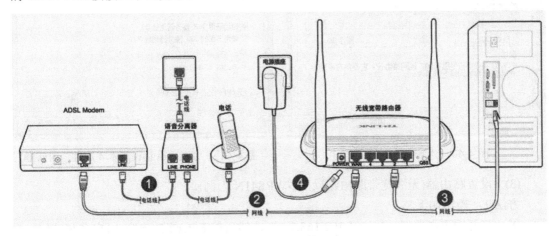

图 4-38 硬件连接示意

(2) 设置计算机(操作系统以 Windows 7 为例)。

① 选择"开始"→"控制面板"→"网络和 Internet"→"网络连接"→"本地连

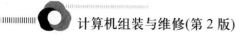

接",右击"本地连接",从弹出的快捷菜单中选择"属性"命令,如图 4-39 所示。

图 4-39 选择"属性"命令

② 在弹出的属性对话框中双击"Internet 协议版本 4(TCP/IPv4)",如图 4-40 所示。

③ 在弹出的对话框中选择"自动获得 IP 地址"和"自动获得 DNS 服务器地址",如图 4-41 所示。单击"确定"按钮,返回上一个对话框,单击"确定"按钮。

图 4-40 "属性"对话框

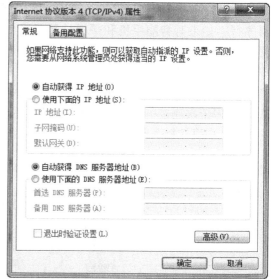

图 4-41 "Internet 协议版本 4 属性"对话框

(3) 设置路由器(无线宽带路由器以 TL-WR841N 为例)。

方法 1:操作如下。

① 打开网页浏览器,输入"192.168.1.1",然后按 Enter 键。输入用户名和密码,默认均为"admin",如图 4-42 所示。

② 进入路由器设置界面 → 设置向导,单击"下一步"按钮,如图 4-43 所示。

③ 选择上网方式,单击"下一步"按钮,如图 4-44 所示,推荐选择"让路由器自动

选择上网方式"。如要手动选择,可根据开通网络时,网络运营商(ISP)提供的上网参数来判断上网方式:提供用户名和密码的为 PPPoE;提供固定 IP 地址、子网掩码、网关、DNS服务器的为静态 IP;没有提供任何网络参数的为动态 IP。

图 4-42　路由器登录界面

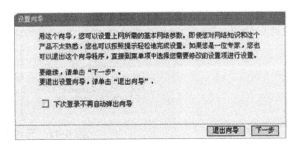

图 4-43　"设置向导"界面

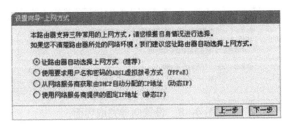

图 4-44　上网方式选择界面

④　设置上网参数。PPPoE 方式如图 4-45 所示,静态 IP 方式如图 4-46 所示,动态 IP方式不需要设置任何参数,单击"下一步"按钮。

图 4-45　PPPoE 上网参数设置界面

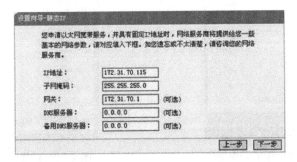

图 4-46　静态 IP 上网参数设置界面

⑤　设置无线参数,单击"下一步"按钮,如图 4-47 所示。

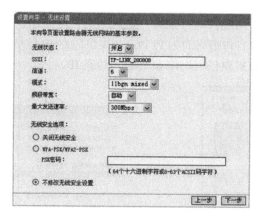

图 4-47　无线设置界面

⑥　完成设置，单击"重启"按钮，如图 4-48 所示。

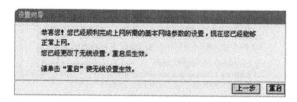

图 4-48　设置向导完成界面

方法 2：如果需要使用无线网络，首先必须确定计算机已经配备无线网卡，拔去计算机与路由器之间的网线，然后按如下步骤进行操作。

①　点击屏幕右下角的网络图标，查看可用的网络信号，如图 4-49 所示。

②　选择路由器的无线网络名称，单击"连接"按钮，如图 4-50 所示。

图 4-49　查看可用的网络信号

图 4-50　选择无线网络的界面

③　输入路由器设置的无线网络密码，单击"确定"按钮，如图 4-51 所示。

图 4-51 无线网络连接设置对话框

(4) 其他计算机连接到无线路由器。如果还有其他计算机需要通过无线路由器共享上网，可以根据以下方法操作。

① 如果需要通过有线方式连接到路由器，将该台计算机用网线连接到路由器的任意一个 LAN 口，然后参照"设置计算机"内容设置 IP 参数即可。

② 如果需要通过无线方式连接到路由器，先保证该计算机的无线网卡已经正确安装，然后参照"无线网络连接"内容使用无线网卡连接到路由器即可。

利用虚拟 Wi-Fi 组建无线网络

Windows 7 系统提供了"虚拟 Wi-Fi"网络辅助功能，如果计算机安装有无线网卡，通过这个功能，可以让计算机变成虚拟的无线路由器，轻松地组建 WiFi 无线局域网，实现共享上网，节省网络费用和路由器购置费。

(1) 虚拟 Wi-Fi 在 Windows 7 中属于隐藏功能，需要用户以管理员身份登录主机，运行命令提示符，启用虚拟 Wi-Fi 网卡，并设定无线网络的名称和密码。在命令提示符窗口中输入命令：

```
netsh wlan set hostednetwork mode=allow ssid=kaikaipc key=kaikaiwifi
```

此命令有 3 个参数。

● mode：启用虚拟 Wi-Fi 网卡，allow 为启用，disallow 则为禁用。
● ssid：无线网络的名称，最好用英文(以"kaikaipc"为例)。
● key：无线网络的密码，8 个以上字符(以"kaikaiwifi"为例)。

以上 3 个参数可以单独使用，例如只使用 mode=disallow，可以直接禁用虚拟 Wi-Fi 网卡。开启成功后，网络连接中会多出一个网卡为 Microsoft Virtual WiFi Miniport Adapter 的无线连接，为方便起见，将其重命名为"虚拟 wifi"，如图 4-52 所示。

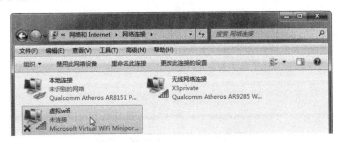

图 4-52 创建"虚拟 wifi"网络连接

(2) 用户可以将家庭网络连接设定为虚拟 Wi-Fi。选择"开始"→"控制面板"→"网络和 Internet"→"网络连接"，用鼠标右击已连接到 Internet 的网络连接(本例中已连接的网络为"本地连接")，从快捷菜单中选择"属性"命令，在弹出的对话框中切换到"共享"选项卡，选中"允许其他网络用户通过此计算机的 Internet 连接来连接"，并在"家庭网络连接"下拉菜单中选择"虚拟 wifi"，如图 4-53 所示。提供共享的网卡图标旁会出现"共享的"字样，表示已共享至虚拟 Wi-Fi。

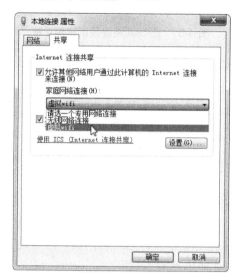

图 4-53　将网络连接共享设定为虚拟 Wi-Fi

(3) 在命令提示符中开启无线网络。在命令提示符中输入命令"netsh wlan start hostednetwork"(若将 start 改为 stop，即可关闭该无线网络，以后开机启用该无线网络只需再次运行此命令即可)。"虚拟 wifi"上的红叉消失，如图 4-54 所示，Wi-Fi 基站组建成功，主机设置完毕。这时，笔记本电脑、带 Wi-Fi 模块的手机或平板计算机等子机搜索到无线网络后，输入密码，就能共享上网了。

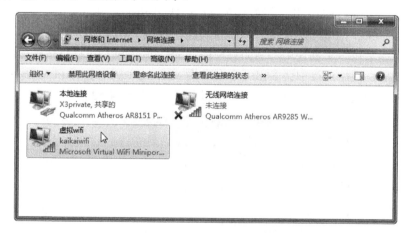

图 4-54　虚拟 Wi-Fi 设置完成

使用"家庭组"功能组建局域网

Windows 7 中提供了一项名为"家庭组"的家庭网络辅助功能，通过该功能，用户可以轻松地实现计算机互联，在计算机之间直接共享文档、照片、音乐等各种资源，还能直接进行局域网联机，也可以对打印机进行共享。

需要注意的是，创建家庭组的这台主机安装的 Windows 7 系统必须是家庭高级版、专业版或旗舰版，而加入家庭组的计算机安装家庭普通版是没有问题的，但不能作为创建网络的主机使用。

在 Windows 7 系统中找到"控制面板"→"网络和 Internet"→"家庭组"，就可以在界面中看到家庭组的设置界面，如图 4-55 所示。

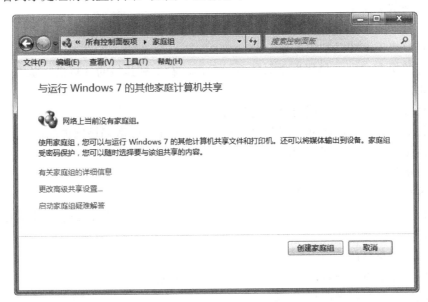

图 4-55　家庭组的设置界面

如果当前使用的网络中没有已经建立的家庭组，那么 Windows 7 会提示创建一个全新的家庭组网络，即局域网。具体的创建步骤如下。

(1) 打开创建家庭组的向导，首先选择要与家庭网络共享的文件类型，默认共享的内容是图片、音乐、视频、文档和打印机这 5 个选项，除了打印机以外，其他 4 个选项分别对应系统中默认存在的几个共享文件。

(2) 创建向导会自动生成一个密码，用户需要把该密码发给其他需要联机的用户，当其他计算机通过 Windows 7 家庭组连接进来时，必须输入此密码。初始密码是自动生成的，但用户可以在设置中将其修改成自己熟悉的密码。

当用户想关闭这个家庭组时，在网络设置中选择退出已加入的家庭组。然后找到"控制面板"→"管理工具"→"服务"项目，在这个列表中找到 HomeGroupListener 和 HomeGroupPmvider 项目，用鼠标右击，从弹出的快捷菜单中分别禁止和停用这两个项目，这样，就把家庭组完全关闭了，其他计算机也就找不到这个家庭组了。

任务 3   网络故障排除

知识储备

3.1   网络故障的解决思路

网络连接故障是导致网络故障的最主要原因。如何判断一个故障是否属于网络连接故障呢？这些故障又是如何产生的呢？如何排除这些网络连接故障？以下提供比较完整的网络故障解决思路。

1)   描述故障现象

网络连接的故障通常表现为以下几种情况。

(1)   计算机无法登录到服务器。

(2)   计算机在"网上邻居"中只能看见自己，看不见其他的计算机，从而无法使用其他计算机上的共享资源。

(3)   计算机无法通过局域网连接到 Internet。

(4)   计算机无法从局域网内浏览内部网页，或者无法收取局域网内的电子邮件。

(5)   网络中的计算机网络程序运行速度非常慢。

2)   分析故障

网络连接故障有可能是下述原因导致的。

(1)   计算机没有安装网卡，或者没有正确安装网卡驱动程序，或者网卡的中断等与其他设备有冲突。

(2)   网卡本身存在故障。

(3)   网络协议没有安装，或者网络协议没有正确配置。

(4)   网线、集线器接口有故障。

(5)   集线器或者交换机没有打开电源，或者这些网络设备本身存在问题。

3)   排除故障

当计算机出现以上网络连接故障的时候，应该按照下述步骤来排除故障。

(1)   确认网络连接故障。当出现一种网络程序使用故障时，首先应该尝试使用其他的网络程序。比如，当 IE 浏览器无法登录网站时，用 Foxmail 看看能否收发电子邮件，或者打开"网上邻居"，看看是否能够找到其他计算机，也可以用 Ping 方法检查与其他计算机是否处于正常连接状态。要是上述方法中有一个可以成功，则说明网络连接不存在故障，否则，就要继续下面的排除步骤。

(2)   基本检查。所谓基本检查，主要是查看网卡和集线器的指示灯状态。一般网卡和集线器的指示灯在正常情况下没有传输数据时闪烁得比较慢，而传输数据时闪烁速度比较快，所以，若这两个指示灯处于长灭或者是长亮状态，则说明网络连接存在故障，这时，就要关闭计算机，更换网卡和连接线，或者更换集线器，以排除故障。

(3)   初步检测。初步检测网络故障时，可以使用 Ping 命令，可以 Ping 本地计算机的 IP 地址来检查网卡和网络协议的配置是否正确。如果 Ping 本地计算机没有问题，那就说明网络的故障出在计算机与网络的连接处，所以，应该检查网线的连通性和集线器端口的状态。如果不能 Ping 通本地计算机，就说明 TCP/IP 协议有问题。

（4）检查网卡。打开"设备管理器"，查看网卡驱动程序是否已经安装好了，如果在硬件列表中没有发现网卡，或者网卡图标前面有一个黄色的"！"，则说明网卡没有正确安装，此时，需要将系统中的网卡驱动程序删除之后重新安装，接着为这块网卡安装和配置正确的网络协议，最后再进行测试。如果网卡不能正确安装，有可能是网卡硬件损坏，跟其他硬件有资源冲突，或者是网卡的驱动程序损坏，这时，最好换网卡和主板插槽，或者重新安装驱动程序，然后进行下面的步骤。

（5）检查网络协议。用 ipconfig/all 命令来查看本地计算机是否安装了 TCP/IP 协议，以及是否正确配置了 IP 地址、子网掩码、默认网关、DNS 服务器等。如果网络协议还没有安装，或者是协议没有正确配置，则需要安装和配置必需的网络协议。重新启动计算机之后，再次执行这些基本的检查步骤。若是网络协议都已经安装并且正确配置，就可以断定是网络连接的问题，这时，继续下面的步骤进行排除。

（6）确定故障。换一台局域网中的计算机进行网络应用程序测试，如果仍然出现类似刚才的故障，在确认网卡和网络协议都正常的情况下，就能判断是服务器、集线器或交换机等设备出现了问题。为了进一步确认，可以再换一台计算机继续测试，从而确定网络连接故障的位置。如果在其他计算机上的测试结果完全正常，那么网络故障就定位在发生故障的计算机和网络连接问题上，这时，需要重新制作一个网线接头或者更换一根网线。

3.2　常用的网络测试命令

下面详细介绍几个网络测试命令，了解和掌握它们，将会有助于用户更好地使用和维护网络。

（1）ping：检查路由是否能够到达。

① 使用格式：

```
ping [-t] [-a] [-n count] [-l size]
```

② 参数介绍如下。

- -t：让用户所在的主机不断地向目标主机发送数据。
- -a：以 IP 地址格式来显示目标主机的网络地址。
- -n count：指定要 ping 多少次，具体次数由后面的 count 来指定。
- -l size：指定发送到目标主机的数据包的大小。

③ 主要功能：用来测试一帧数据从一台主机传输到另一台主机所需的时间，从而判断出响应时间。

④ 详细介绍：如果执行 ping 不成功，则可以预测故障出现的可能包括：网线是否连通、网络适配器配置是否正确、IP 地址是否可用等。

如果执行 ping 成功，而网络仍无法使用，那么问题很可能出在网络系统的软件配置方面，ping 成功只能保证当前主机与目的主机间存在一条连通的物理路径。

⑤ 举例说明：当我们要访问一个站点，例如 www.baidu.com 时，就可以利用 ping 程序来测试目前连接该网站的速度如何。

　　执行时，首先在 Windows 系统上，选择"开始"→"运行"命令，接着在运行对话框中输入"ping"和用户要测试的网址，例如"ping www.baidu.com"，接着，该程序就会向指定的 Web 网址的主服务器发送一个 32 字节的消息，然后，它将服务器的响应时间记录下来。ping 程序将会向用户显示 4 次测试的结果，响应时间低于 300 毫秒都可以认为是正常的，时间超过 400 毫秒则较慢。如果出现"请求超时(Request time out)"信息意味着网址没有在 1 秒内响应，这表明服务器没有对 ping 做出响应的配置或者网址反应极慢。如果你看到 4 个"请求超时"信息，说明网址拒绝 ping 请求。因为过多的 ping 测试本身会产生瓶颈，因此，许多 Web 管理员不让服务器接受此测试。如果网址很忙或者出于其他原因运行速度很慢，如硬件动力不足，数据信道比较狭窄，过一段时间可以再试一次，以确定网址是不是真的有故障。如果多次测试都存在问题，则可以认为是用户的主机和该网址站点没有连接上，用户应该及时与因特网服务商或网络管理员联系。

　　(2) ipconfig：显示 IP 协议的具体配置信息。

　　① 使用格式：

```
ipconfig [/?] [/all]
```

　　② 参数介绍如下。

● /?：显示 ipconfig 的格式和参数的英文说明。

● /all：显示所有的有关 IP 地址的配置信息。

　　③ 主要功能：显示用户所在主机内部 IP 协议的配置信息。

　　④ 详细介绍：ipconfig 命令后面不跟任何参数，直接运行，程序将会在窗口中显示网络适配器的物理地址、主机的 IP 地址、子网掩码以及默认网关等，还可以查看主机的相关信息，如主机名、DNS 服务器、节点类型等。其中网络适配器的物理地址在检测网络错误时非常有用。在命令提示符下键入"ipconfig /?"，可获得 ipconfig 的使用帮助，键入"ipconfig /all"可获得 IP 配置的所有属性。

　　⑤ 举例说明：如果我们想很快地了解某一台主机 IP 协议的具体配置情况，可以使用 ipconfig 命令来检测。其具体操作步骤如下：在"运行"对话框中直接输入"ipconfig"命令，接着按一下 Enter 键，我们就会看到一个界面。在该界面中，我们了解到所在的计算机是用的 Realtek 类型的网卡，网卡的物理地址是 00-60-08-07-95-14，主机的 IP 地址是 210.73.140.13，子网掩码是 255.255.255.192，路由器的地址是 210.73.140.1。如果用户想更加详细地了解该主机的其他 IP 协议配置信息，例如 DNS 服务器、DHCP 服务器等方面的信息，可以直接单击该界面中的"详细信息"按钮。

　　(3) tracert：显示数据包到达目的主机所经过的路径。

　　① 使用格式：

```
tracert [-d] [-h maximum_hops] [-j host_list] [-w timeout]
```

　　② 参数介绍如下。

● -d：不解析目标主机的名字。

● -h maximum_hops：指定搜索到目标地址的最大跳跃数。

● -j host_list：按照主机列表中的地址释放源路由。

● -w timeout：指定超时时间间隔，程序默认的时间单位是毫秒。

③　主要功能：判定数据包到达目的主机所经过的路径，显示数据包经过的中继节点清单和到达时间。

④　详细介绍：该命令的使用格式是在命令提示符下或者直接在运行对话框中键入"tracert 主机 IP 地址或主机名"命令。执行结果是返回数据包到达目的主机前所经历的中继站清单，并显示到达每个中继站的时间。

该功能与 ping 命令类似，但它所看到的信息要比 ping 命令详细得多，它把你送出的到某一站点的请求包，所走的全部路由都告诉你，并且给出该路由的 IP 是多少、通过该 IP 的时延是多少。具体的 tracert 命令后还可跟好多参数，读者可以键入 tracert 后按 Enter 键，其中会有很详细的说明。

⑤　举例说明：想要了解自己的计算机与目标主机之间详细的传输路径信息，可以使用 tracert 命令来检测一下。

其具体操作步骤如下：在"运行"对话框中，直接输入"tracert www.baidu.com"命令；或在命令提示符下输入"tracert www.baidu.com"命令，同样也能看到结果界面。

在该界面中，可以很详细地跟踪连接到目标网站 www.baidu.com 的路径信息，例如中途经过多少次信息中转，每次经过一个中转站时花费了多长时间，通过这些时间，我们可以很方便地查出用户主机与目标网站之间的线路到底是在什么地方出了故障等情况。

如果我们在 tracert 命令后面加上一些参数，还可以检测到其他更详细的信息，例如使用参数-d，可以指定程序在跟踪主机的路径信息时，也解析目标主机的域名。

(4) netstat：了解网络的整体使用情况。

①　使用格式：

```
netstat [-r] [-s] [-n] [-a]
```

②　参数介绍如下。

● -r：显示本机路由标的内容。

● -s：显示每个协议的使用状态(包括 TCP 协议、UDP 协议、IP 协议)。

● -n：以数字表格形式显示地址和端口。

● -a：显示所有主机的端口号。

③　主要功能：该命令可以使用户了解到自己的主机是怎样与因特网相连接的。

④　详细介绍：在命令提示符下使用"netstat /?"命令可以查看一下该命令的使用格式以及详细的参数说明，显示所有协议的使用状态，这些协议包括 TCP 协议、UDP 协议以及 IP 协议等。另外，还可以选择特定的协议，并查看其具体使用信息，显示所有主机的端口号以及当前主机的详细路由信息等。

⑤　举例说明：如果我们想要了解某市信息网络中心节点的出口地址、网关地址及主机地址等信息的话，可以使用 netstat 命令来查询。即在"运行"对话框中，直接输入"netstat"命令，按 Enter 键，就会看到一个界面，从中可以了解到用户所在主机采用的协议类型、当前主机与远端相连主机的 IP 地址，以及它们之间的连接状态等信息。

任务实践

处理网络常见的物理故障

物理故障是指设备或线路损坏、插头松动、线路受到严重电磁干扰等情况。比如说，网络中某条线路突然中断，如已安装网络监控软件，就能够从监控界面上发现该线路流量突然降下来，或系统弹出报警界面，更直接的反映就是处于该线路端口上的信息系统无法使用。

解决方法：首先用 DOS 命令中的 ping 命令，检查线路与网络管理中心服务器端口是否连通，如果不连通，则检查端口插头是否松动，如果松动，则插紧，再用 ping 命令检查，如果已连通，则故障解决。也有可能是线路远离网络管理中心的那端插头松动，则需要检查终端设备的连接状况。如果插口没有问题，则可利用网线测试设备进行通路测试，发现问题时应重新更换一条网线。

另一种常见的物理故障就是网络插头误接。这种情况经常是没有搞清网络插头规范或没有弄清网络拓扑结构而导致的。

解决方法：熟悉并掌握网络插头规范，如 T568A 和 T568B，搞清网线中每根线的颜色和意义，做出符合规范的插头。还有一种情况，比如两个路由器直接连接，这时，应该让一台路由器的出口连接另一路由器的入口，而这台路由器的入口连接另一路由器的出口才行，这时，制作的网线就应该满足这一特性，否则也会导致网络误接。不过，像这种网络连接故障显得很隐蔽，要诊断这种故障，没有什么特别好的工具，只有依靠网络管理的经验进行解决。

处理网络的逻辑故障

逻辑故障中的一种常见情况就是配置错误，就是指因为网络设备的配置原因而导致的网络异常或故障。配置错误可能是路由器端口参数设定有误，或路由器路由配置错误，以至于路由循环或找不到远端地址，或者是网络掩码设置错误等。比如，同样是网络中某条线路故障，发现该线路没有流量，但又可以 ping 通线路两端的端口，这时很可能就是路由配置错误导致循环了。

解决方法：用 traceroute 工具诊断该故障，可以发现在 traceroute 的结果中某一段之后，两个 IP 地址循环出现。这时，一般就是线路远端把端口路由又指向了线路的近端，导致 IP 包在该线路上来回反复传递。这时，需要更改远端路由器端口配置，把路由设置为正确配置，就能恢复线路了。当然，处理该故障的所有动作都要记录在日志中，防止再次出现。

逻辑故障中，另一类故障就是一些重要进程或端口关闭，以及系统的负载过高。比如，路由器的 SNMP 进程意外关闭或死掉，这时网络管理系统将不能从路由器中采集到任何数据，因此，网络管理系统失去了对该路由器的控制。还有，也是线路中断，没有流量，这时，用 ping 会发现线路近端的端口 ping 不通。

解决方法：检查发现该端口处于 down 的状态，就是说该端口已经被关闭了，因此导致故障。这时，只需重新启动该端口，就可以恢复线路的连通了。此外，还有一种常见情况是路由器的负载过高，表现为路由器 CPU 温度太高、CPU 利用率太高，以及内存余量

太小等，虽然这种故障不能直接影响网络的连通，但却影响到网络提供服务的质量，而且也容易导致硬件设备损坏。

处理网络的线路故障

线路故障最常见的情况就是线路不通，诊断这种故障可用 ping 命令检查线路远端的路由器端口是否还能响应，或检测该线路上的流量是否还存在。一旦发现远端路由器端口不通，或该线路没有流量，则该线路可能出现了故障。

解决方法：首先是 ping 线路两端路由器端口，检查两端的端口是否关闭了。如果其中一端端口没有响应，则可能是路由器端口故障。如果是近端端口关闭，则可检查端口插头是否松动，路由器端口是否处于 down 的状态；如果是远端端口关闭，则要通知线路对方进行检查。进行这些故障处理之后，线路往往就通畅了。

如果线路仍然不通，一种可能就是线路本身的问题，看是否线路中间被切断；另一种可能就是路由器配置出错，比如路由循环了，就是远端端口路由又指向了线路的近端，这样，线路远端连接的网络用户就不通了，这种故障可以用 traceroute 来诊断。解决路由循环的方法就是重新配置路由器端口的静态路由或动态路由。

处理网络的路由器故障

事实上，线路故障中很多情况都涉及路由器，因此，也可以把一些线路故障归结为路由器故障。但线路涉及两端的路由器，因此，在考虑线路故障时，要涉及多个路由器。有些路由器故障仅仅涉及它本身，这些故障比较典型的就是路由器 CPU 温度过高、CPU 利用率过高和路由器内存余量太小。其中最危险的是路由器 CPU 温度过高，因为这可能导致路由器烧毁。而路由器 CPU 利用率过高和路由器内存余量太小都将直接影响到网络服务的质量，比如，路由器上丢包率就会随内存余量的下降而上升。检测这种类型的故障时，需要利用 MIB 变量浏览器这种工具，从路由器 MIB 变量中读出有关的数据，通常情况下，网络管理系统有专门的管理进程，不断地检测路由器的关键数据，并及时给出报警。而要消除这种故障，只有对路由器进行升级、扩内存等，或者重新规划网络的拓扑结构。

另一种路由器故障就是自身的配置错误。比如配置的协议类型不对，配置的端口不对等。这种故障比较少见，只要在使用初期配置好路由器，基本上就不会出现了。

处理网络的主机故障

主机故障常见的现象就是主机的配置不当。比如，主机配置的 IP 地址与其他主机冲突，或 IP 地址根本就不在子网范围内，这将导致该主机不能连通。如某校的网段范围是172.17.14.1～172.17.14.253，所以主机地址只有设置在此段区间内才有效。还有一些服务设置的故障，比如 E-mail 服务器设置不当，导致不能收发 E-mail，或者域名服务器设置不当，将导致不能解析域名。主机故障的另一种可能是主机安全故障。比如，主机没有控制其上的 finger、rpc、rlogin 等多余服务。而恶意攻击者可以通过这些多余进程的正常服务或 bug 攻击该主机，甚至得到该主机的超级用户权限等。

另外，还有一些主机的其他故障，比如不当共享本机硬盘等，将导致恶意攻击者非法利用该主机的资源。发现主机故障是一件困难的事情，特别是别人恶意的攻击。一般可以通过监视主机的流量，或扫描主机端口和服务，来防止可能的漏洞。当发现主机受到攻击之后，应立即分析可能的漏洞，并加以预防，同时，通知网络管理人员注意。现在，很多单位都安装了防火墙，如果防火墙地址权限设置不当，也会造成网络的连接故障，只要在设置和使用防火墙时加以注意，这种故障就能排除。

项目实训　组建小型工作室的局域网

1. 实训背景

有 4 个好朋友，创建了一个小型软件开发工作室，配备了 4 台新电脑，现在需要组建一个局域网，实现文件共享，并能够连接到互联网。

2. 实训条件

现有设备包括 4 台带网卡的电脑、一台家用无线路由器(具备了交换机、路由、Wi-Fi 三种功能)、双绞线 4 根、RJ45 水晶头 8 个、夹线钳、小区宽带接入网线。按照 EIA/TIA-568B 标准为 4 根网线接上水晶头，4 根网线将电脑连接到无线路由器的 LAN 口上，小区宽带接入网线连到无线路由器的 WAN 口上。进入路由器管理页面配置上网账号、Wi-Fi 密码，完成后重启路由器。各台电脑开文件共享互相访问，再连接到互联网，然后用手机测试 Wi-Fi 信号。

3. 实训步骤

(1) 按照 EIA/TIA-568B 标准，为 4 根网线接上水晶头，顺序如图 4-56 所示。

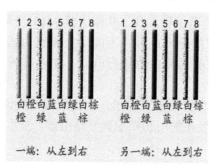

图 4-56　直通线 EIA/TIA-568B 的排列

(2) 4 根网线将电脑连接到无线路由器的 LAN 口上，小区宽带接入网线连到无线路由器的 WAN 口上。连接方法如图 4-57 所示。

(3) 进入路由器管理页面，配置上网账号、Wi-Fi 密码，完成后重启路由器。

(4) 为各台电脑设置好 Windows 文件共享访问能力，再连接到互联网，并测试网络是否正常。

(5) 用手机连接到无线路由的 Wi-Fi 信号，测试能否正常上网。

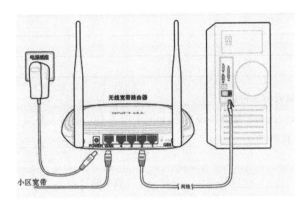

图 4-57　接线参考

学习工作单

1. 以下给出了 3 种常见的网络拓扑结构。请问是哪 3 种网络拓扑结构,并列出这 3 种网络拓扑结构的优缺点。

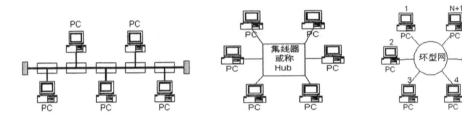

2. 请说明如下两图哪个是"交叉线"接法,哪个是"直连线"接法,并列出这两种接法分别适用于哪些设备之间的连接。

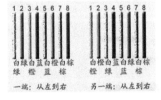

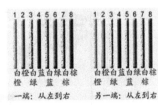

3．网络常用的传输媒体(列举 3 种)有＿＿＿＿＿＿、＿＿＿＿＿＿、＿＿＿＿＿＿。

4．使用双绞线组网，双绞线和其他网络设备(例如网卡)连接使用的接头必须是＿＿＿＿＿＿。

5．构成局域网的基本构件有＿＿＿＿＿＿、＿＿＿＿＿＿、＿＿＿＿＿＿、＿＿＿＿＿＿。

6．网络适配器又称＿＿＿＿＿＿或＿＿＿＿＿＿，英文简写为＿＿＿＿＿＿。

7．目前常见的局域网类型(列举 3 种)有＿＿＿＿＿＿、＿＿＿＿＿＿、＿＿＿＿＿＿。

8．简述 IP 地址的含义以及分类。

9．下图是一个八孔路由器，当中有 LAN 口和 WAN 口。请问，ADSL MODEM 线路应该接在 LAN 口还是 WAN 口，用户计算机又该接在哪个口？

10．根据下图的网络结构进行布线，并做记录。

11. 进入路由器主页，观察各功能选项，设置 Internet 与局域网的连接，并做记录。

12. 以下是组建计算机网络的一些基本步骤，请选出排列顺序正确的一组：_____。

① 网络设备硬件的准备和安装。

② 计算机操作系统的安装与配置。

③ 确定网络组建方案，绘制网络拓扑图。

④ 授权网络资源共享。

⑤ 网络协议的选择与安装。

    A. ③②①⑤④   B. ③②⑤①④   C. ③①②④⑤   D. ③①⑤②④

项目五

常见工具软件的安装和使用

1. 项目导入

在日常使用计算机的过程中，难免会有计算机发生宕机、卡顿的时候。有时，做了一半的工作因此灰飞烟灭；有时，等了两分钟，一个网页还显示不出来。这是很痛苦的事。

电脑跟人一样，要经常保养和维护，才能时刻保持最佳状态。是什么原因导致了计算机的卡顿、宕机？有什么解决办法吗？本项目就来介绍如何解决这种问题。

2. 项目分析

计算机出现宕机、卡顿的问题，原因除了硬件老化外，还有可能是因为无意中安装了霸王软件，使系统初始设置被修改，或由于电脑中存在计算机病毒或者删除软件不够彻底而导致垃圾过多。针对这些问题，用户可使用管理工具对系统进行设置和优化。

3. 能力目标

(1) 学会使用管理工具进行基本的系统设置。
(2) 学会使用 Ghost 备份和还原系统。
(3) 学会使用工具进行系统优化。

4. 知识目标

(1) 掌握系统的个性设置与优化。
(2) 理解注册表的基本结构。
(3) 掌握组策略的用法。

任务1 通过管理工具进行系统设置

知识储备

Windows 7 系统自带了一些常用的管理工具，分成两大类：一类是可以在控制面板中找到的，这些功能比较常用，如设备管理器、程序和功能等；另外一类是需要从命令行才能进入的，是比较专业化的管理工具，如 regedit 注册表管理器、msconfig 配置程序、gpedit.msc 组策略等。

在控制面板中，跟系统管理有关的是程序和功能、电源选项、网络和共享中心、设备管理器、文件夹选项、系统，以及管理工具中的服务、计算机管理等，功能简单明了。这里我们重点介绍一下几个专业化的管理工具。

1.1 msconfig 系统配置工具

msconfig 系统配置工具可以通过"开始"→"运行"，然后输入"msconfig"进入，或者打开"控制面板"，如图 5-1 所示，通过"管理工具"→"系统配置"进入，进入后的界面如图 5-2 所示。

系统配置工具主要管理跟启动有关的设置，包括启动模式、启动引导、服务、启动自动运行程序。

图 5-1　控制面板

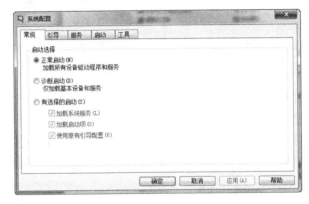

图 5-2　系统配置工具

启动模式包括正常启动、诊断启动、有选择启动。正常启动将载入所有驱动和服务，诊断启动只载入基本驱动，等价于安全模式，用于在驱动出错无法正常启动时进入。

在"启动""引导"选项卡中，包含多系统选择菜单和"高级选项"按钮，多系统选择菜单可配置提示文字和等待时长等，而通过"引导高级选项"对话框，可以控制处理器数、最大内存等，如图 5-3 所示。

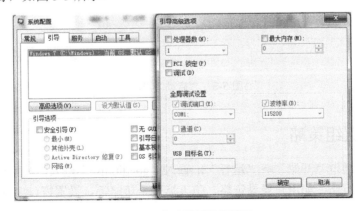

图 5-3　启动引导设置界面

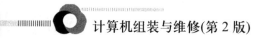

"服务"选项卡用于控制服务是否自动开启,如图 5-4 所示。

图 5-4 "服务"选项卡

"启动"选项卡用于管理开机自动运行的程序,如图 5-5 所示,尽量不要留太多开机自动运行的程序,否则会影响开机速度。

病毒或者木马一般会设置成开机自动运行,因此,通过运行系统配置工具,观察那些不熟悉的自动运行的程序并采取适当措施,能有效避免病毒木马的发作。

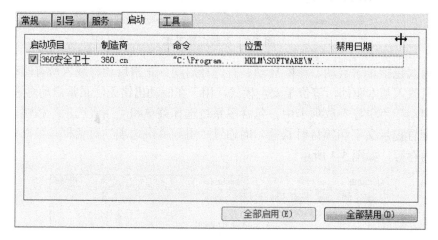

图 5-5 "启动"选项卡

1.2 设置组策略

组策略可以通过"开始"→"运行",输入"gpedit.msc"进入,其主要作用是配置一些与安全有关的策略,如用户登录策略、防火墙安全策略等,设置窗口如图 5-6 所示。

图 5-6　组策略设置窗口

1.3　注册表的作用

注册表是 Windows 操作系统中的一个核心数据库，其中存放着各种参数，直接控制着 Windows 的启动、硬件驱动程序的装载以及一些 Windows 应用程序的运行，从而在整个系统中起着核心作用。

注册表中主要包含下列信息。

(1) 软、硬件的有关配置和状态信息。注册表中保存有应用程序和资源管理器外壳的初始条件、首选项和卸载数据。

(2) 联网计算机的整个系统的设置和各种许可、文件扩展名与应用程序的关联关系，硬件部件的描述、状态和属性。

(3) 性能记录和其他底层的系统状态信息，以及其他一些数据。

如果注册表受到了破坏，轻者会使 Windows 在启动过程出现异常，重者可能会导致整个系统完全瘫痪。因此，正确地认识、使用，特别是及时备份以及有问题时恢复注册表，对 Windows 用户来说就显得非常重要了。

> **任务实践**

通过注册表修改系统设置

1) 进入注册表编辑器

在 WinXP 中，选择"开始"→"运行"，输入"regedit"或者"regedit32"。在 Win7/Win10 中，按 Win+R 组合键，在"运行"对话框中输入"regedit"或"regedit32"。

将会进入如图 5-7 所示的"注册表编辑器"窗口。

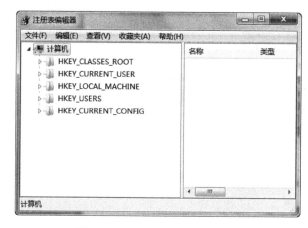

图 5-7 "注册表编辑器"窗口

2) 注册表中控制键的关联关系

在注册表编辑器中，注册表项是用控制键来显示或者编辑的。控制键使得找到和编辑信息项组更容易。因此，注册表使用这些条目：

```
HKEY_CLASSES_ROOT
HKEY_CURRENT_USER
HKEY_LOCAL_MACHINE
HKEY_USERS
HKEY_CURRENT_CONFIG
```

通过控制键，可以比较容易编辑注册表。虽然它们显示和编辑的好像独立的键，其实 HKEY_CLASSES_ROOT 和 HKEY_CURRENT_CONFIG 是 HKEY_LOCAL_MACHINE 的一部分。而 HKEY_CURRENT_USER 是 HKEY_USERS 的一部分。

HKEY_LOCAL_MACHINE 包含了 HKEY_CLASSES_ROOT 和 HKEY_CURRENT_CONFIG 的所有内容。每次计算机启动时，HKEY_CURRENT_CONFIG 和 HKEY_CLASSES_ROOT 的信息都被映射，用以查看和编辑。

HKEY_CLASSES_ROOT 其实就是 HKEY_LOCAL_MACHINE\SOFTWARE\CLASSES，但是，在 HKEY_CLASSES_ROOT 窗口编辑相对来说显得更容易和有条理。

HKEY_USERS 保存着默认用户信息和当前登录用户信息。当一个域成员计算机启动并且一个用户登录后，域控制器自动将信息发送到 HKEY_CURRENT_USER 中，而且 HKEY_CURRENT_USER 信息被映射到系统内存中。其他用户的信息并不发送到系统，而是记录在域控制器里。

3) 注册表编辑器的基本操作

注册表编辑器有一些基本操作命令，在这里以当前使用的 Desktop 为例，来说明注册表编辑器的基本操作。

(1) 打开 HKEY_CURRENT_USER\Control Panel\desktop\WindowMetrics，在右边的窗口中是一些名称和数据。

（2）　用鼠标右击编辑器右边的窗格，会弹出一个快捷菜单，可以选择创建一个主键、一个字符串、一个二进制值或者一个 DWORD 值。

（3）　右击编辑器左边窗格的 Desktop 关键字，会弹出另一个快捷菜单，从中可以创建一个新的主键、串值、二进制值或者 DWORD 值，还可以进行查找、删除和重命名等操作。

（4）　双击编辑器右边窗格中的关键字名，将会弹出一个编辑窗口，在那里可以调整常量的值，或者删除该常量，以及进行重命名等，比如双击字符串 IconFont，如图 5-8 所示。

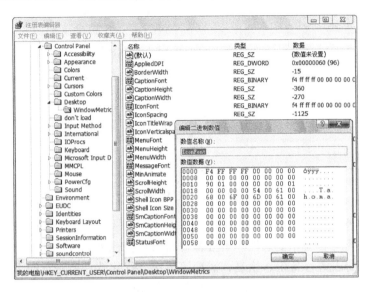

图 5-8　修改注册表

4）　注册表的备份

通过注册表编辑器菜单栏中的"文件"→"导出"命令，可以把当前的注册表文件备份保存起来，如图 5-9 所示。

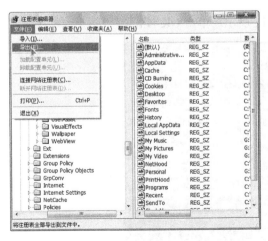

图 5-9　备份注册表

5) 注册表的恢复

通过注册表编辑器菜单栏中的"文件"→"导入"命令，可以把已经备份保存的注册表文件恢复为当前有效的注册表文件，如图 5-10 所示。

图 5-10 恢复注册表

6) 清理注册表

由于注册表的重要性和复杂性，不推荐普通用户自己来修改注册表，普通用户可通过优化软件来对注册表进行备份、恢复、清理等操作。优化软件所进行的大量设置实质上都是在修改注册表，常见优化软件都有注册表维护的功能。

Ghost 备份与还原

Ghost 功能强大，体积小巧，是快速准确的操作系统备份、恢复工具。

1. 镜像分区备份

镜像分区备份的步骤如下。

(1) 首先在桌面手动运行 Ghost，如图 5-11 所示，单击 OK 按钮。

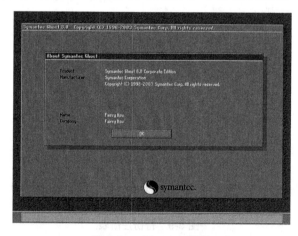

图 5-11 Ghost 主界面

(2) 选择 Local→Partition→To Image 菜单命令，如图 5-12 所示。

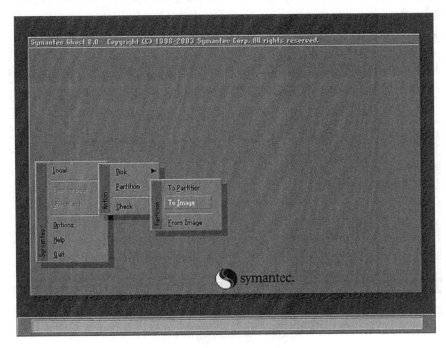

图 5-12　把分区备份为镜像

(3) 选择本地的硬盘，然后单击 OK 按钮，如图 5-13 所示。

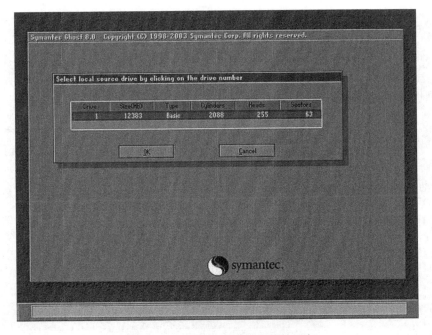

图 5-13　选择包含要镜像分区的硬盘

(4) 然后选择分区，下面的 OK 按钮会变成白色(见图 5-14)，再次单击 OK 按钮。

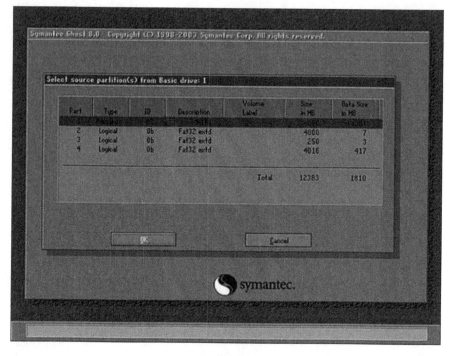

图 5-14　选择要镜像的主分区

(5)　要求设置保存*.GHO 文件的位置，选择一个你想保存的位置，可以通过单击上方的小箭头选择磁盘，然后输入文件名称，如图 5-15 和图 5-16 所示。

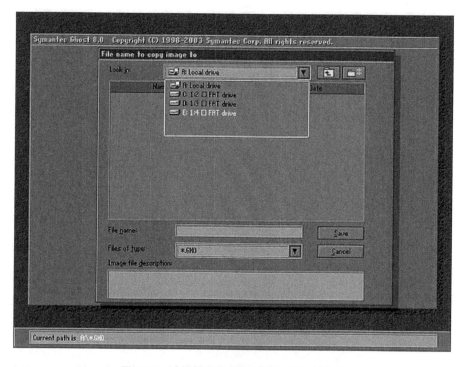

图 5-15　选择要保存备份镜像文件的文件夹

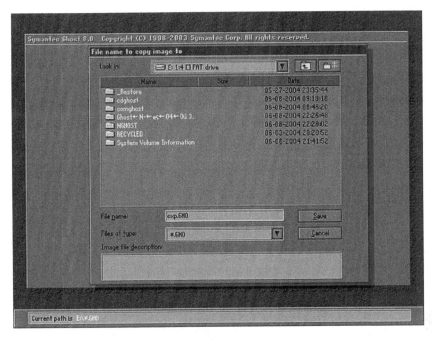

图 5-16 输入备份镜像文件的名称

(6) 单击 Save 按钮保存文件，弹出镜像压缩选项对话框，一般选择 High，虽然速度稍慢，但是文件小，压缩比率高。用户也可以选择不压缩，如图 5-17 所示。

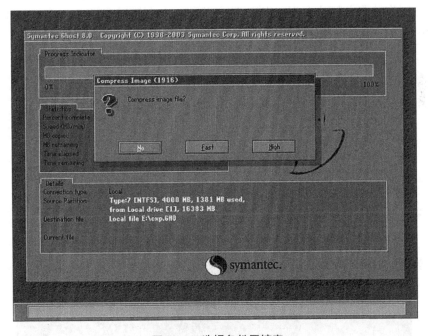

图 5-17 选择备份压缩率

(7) 最后弹出成功对话框，单击 Continue 按钮关闭窗口，如图 5-18 所示。

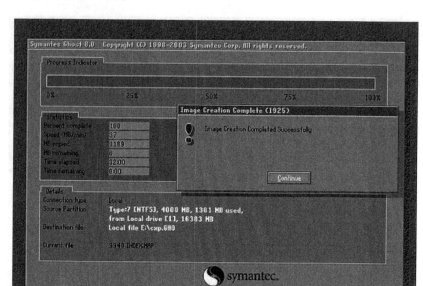

图 5-18　备份成功

2. 把备份镜像文件还原到分区

将备份镜像文件还原到分区的具体步骤如下。

(1) 与制作镜像分区文件时一样，先启动 Ghost，然后选择 Local→Partition→From Image 菜单命令，如图 5-19 所示。

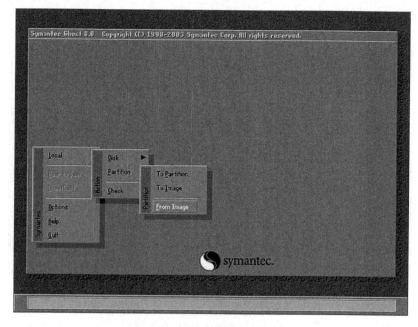

图 5-19　选择从备份的镜像文件进行还原

(2) 在窗口中查找备份镜像文件所在的位置，如图 5-20 所示。

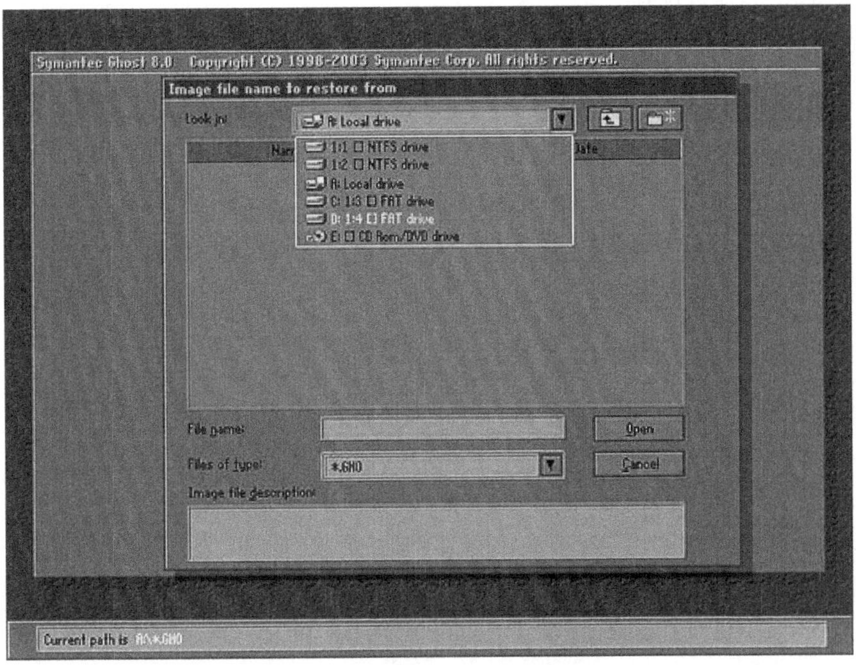

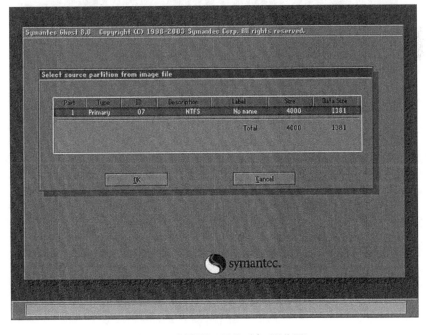

图 5-20　查找镜像文件所在的位置

(3) 找到镜像文件后，单击 Open 按钮，系统会显示出镜像文件内容、主分区、文件格式、空间大小等，如图 5-21 所示。

图 5-21　选择要还原的对象(源分区)

(4) 与制作镜像一样，接下来选择硬盘以及对应的分区，记住 C 盘是第一个分区。如果位置不一样，要注意选择。

系统弹出提示：进行还原会破坏目标系统分区内的所有数据，如图 5-22 所示。

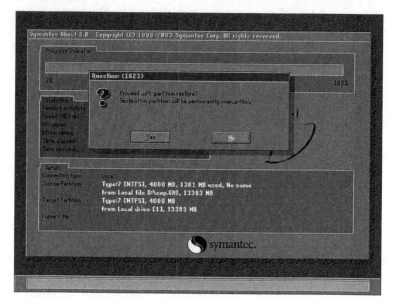

图 5-22　系统提示

(5) 单击 Yes 按钮开始还原。等待系统还原进度完成，在弹出的完成对话中单击 Reset Computer 按钮重启电脑，如图 5-23 所示，电脑将会进入用镜像恢复后的系统。

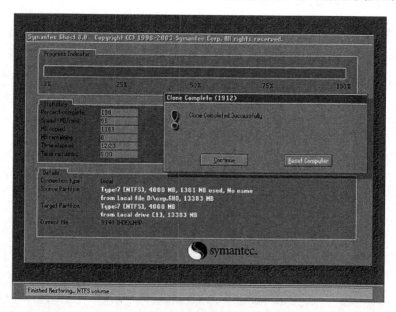

图 5-23　还原成功

任务 2　使用工具进行系统优化

知识储备

系统常用的优化设置

Windows 操作系统是个庞大而复杂的系统，使用中遇到一些问题时，有些是软硬件问题，有些是由于设置不当造成的。以下就列举 Windows 一些常用的优化设置。

1) 关闭特效以提高 Windows 7 的运行速度

(1) 右击"我的电脑"，从弹出的快捷菜单中选择"属性"命令，弹出属性对话框。在对话框中选择高级系统设置→性能→设置→视觉效果。

(2) 留下 "平滑屏幕字体边缘""启用透明玻璃""启用桌面组合""在窗口和按钮启用视觉样式""在桌面上为图标标签使用阴影"5 项，把其余的勾选全取消。

此操作后，用户可以马上感觉到速度快了不少，而其他方面几乎感觉不到变化。

(3) 另外，还可以勾选上"显示缩略图，而不是显示图标"。

2) 可提高文件打开速度的设置

从控制面板选择"硬件和声音"→显示"显示或缩小文本及其他项目"→"设置自定义文本大小(DPI)"，去掉"使用 Windows XP 风格 DPI 缩放比例"的勾选，确定即可(按照提示，注销计算机)。

3) 轻松访问

从控制面板选择"轻松访问"→"轻松访问中心"→"使计算机易于查看"→勾选"关闭所有不必要的动画(如果可能)"。

4) 更改"Windows 资源管理器"默认打开的文件夹

启动参数的命令格式为：

```
%SystemRoot%explorer.exe /e, <对象>/root, <对象>/select, <对象>
```

选择"开始"→"所有程序"→"附件"→"Windows 资源管理器"，右击，从弹出的快捷菜单中选择"属性"命令，在弹出的对话框中选中"快捷方式"选项卡，将目标修改为"%windir%\explorer.exe /e, D:\Downloads"，确定即可。然后右击"Windows 资源管理器"，从弹出的快捷菜单中选择"锁定到任务栏"命令。

5) 修改"我的文档""桌面""收藏夹""我的音乐""我的视频""我的图片""下载"等文件夹的默认位置

在命令窗口中输入"regedit"，然后修改[HKEY_CURRENT_USER\Software\Microsoft\Windows\CurrentVersion\Explorer\User Shell Folders]即可。

6) 更改临时文件夹位置(%USERPROFILE%\AppData\Local\Temp)

右击"计算机"，从快捷菜单中选择"属性"命令，在弹出的对话框中选择"高级系统设置"，打开"高级"选项卡，单击"环境变量"按钮，设置"X 用户环境变量"。

7) 更改"IE 临时文件夹"位置

从 IE 中选择"Internet 选项"菜单命令，在弹出的对话框中选择"常规"选项卡，单击"设置"按钮,在出现的界面中单击"移动文件夹"按钮,然后选择一个容量大些的硬盘位置即可。

8) 系统自动登录

在命令窗口中输入"control userpasswords2",在弹出的对话框中去掉"要使用本机,用户必须输入用户名和密码"复选框的勾选。

9) 关闭系统休眠

在命令窗口中输入"powercfg -h off",即可关闭系统休眠。

10) 在任务栏同时显示"星期几"

从控制面板选择"时钟、语言和区域"→"区域和语言"→"更改日期、时间或数字格式",点击弹出窗口中的"更改排序方法"链接。

接下来,进入"日期"标签,在长短日期格式后分别添加两个"dddd"后缀,最后单击"确定"按钮。

11) 停止 tablet pc 服务

将以下代码复制到记事本中,存为 bat 文件,并以管理员身份运行:

```
@echo off
sc stop TabletInputService
sc config TabletInputService start= DISABLED
echo.& pause
```

12) 其他优化

手动执行以下操作:

(1) 选择"控制面板"→"操作中心"→"更改操作中心设置",将所有勾选的选项去掉,并将下方客户体验改善计划 "我只关闭了用户体验计划" 关闭。

(2) 选择"控制面板"→"程序和功能"左侧的"启用或关闭 Windows 功能",然后执行下列操作。

- 关闭"远程差分压缩"。
- 关闭"tablet pc 组件"(有触摸屏/画图板的用户不执行)。
- 关闭"游戏"(需要玩 Windows 内置小游戏的用户不执行)。
- 关闭"打印和文件服务"(需要使用打印机的用户不执行)。

(3) 选择"控制面板"→"声音"→"通信",勾选"不执行任何操作"。

(4) 选择"控制面板"→"鼠标"→"指针选项",取消"提高指针精度"的勾选。

(5) 选择"控制面板"→"自动播放",将"为所有媒体和设备使用自动播放"的勾选取消。

(6) 在计算机属性对话框中,选择"远程",设置关闭远程协助。

(7) 在计算机属性对话框中,选择"高级系统设置"→"设置(性能)"→"高级选项卡"→更改(虚拟内存):自定义大小,更改后只有单击"设置"按钮才能生效(内存2GB(x86)/3GB(x64)及以上设为 200MB,内存 1.5GB(x86)/2GB(x64)设为 512MB,内存1GB(x86)/2GB(x64)设为 1024MB。内存小于等于 1GB(x86)/1.5GB (x64)时,进入"控制面板"→"管理工具"→服务:禁用 superfetch 服务)(虚拟内存最大最小值设成一样是关键。另外,如果提示虚拟内存小了,可以依据个人情况调大)。

任务实践

注册表优化设置

1) 创建快捷方式时不显示"快捷方式"文字

切换到 HKEY_CURRENT_USER/Software/Microsoft Windows/CurrentVersion/Explorer。

在 Explorer 上单击鼠标右键，执行"新建(N)/二进制值(B)"菜单命令，将键值名称改为"link"，将数值数据更改为"00 00 00 00"，单击"确定"按钮即可。

说明：要恢复原始值，只需在 HKEY_CURRENT_USER/Software/Microsoft/Windows/CurrentVersion/Explorer 中删掉"link"键值即可。

2) 让系统时钟显示问候语

打开注册表编辑器，切换到 HKEY_CURRENT_USER/Control Panel/International 键，双击 sLongDate 键值，在原来的键值数据内容"YYYY 年 M 月 D 日"中加入你想设置的问候语即可。

3) 指定桌布显示位置

打开注册表编辑器，切换到 HKEY_CURRENT_USER/Control Panel/Desktop 键，选择 WallpaperOriginX、WallpaperOriginY 两个键值，按下 Del 键，再单击"是"按钮，确定删除这两个键值，然后重新在 Desktop 键上单击右键，从弹出的快捷菜单中执行"新建"→"字符串值"命令，将新建的键值命名为"Wallpaperoriginx"。用同样的方法，新建另一个键值，并命名为"Wallpaperoriginy"，双击 Wallpaperoriginx 键值，将数值设为"600"，表示指定图片文件从左到右的距离。以同样的方式将 Wallpaperoriginy 键值设为"60"，表示从上到下的距离，然后单击"确定"按钮，就完成了。

说明：如要恢复原先的设置，只需要前往 HKEY_CURRENT_USER/Control Panel/Desktop 删除 Wallpaperoriginx 和 Wallpaperoriginy 两项键值，就能恢复了。

4) 隐藏桌面的"回收站"图标

打开注册表编辑器，切换到 HKEY_CURRENT_USER/Software/Microsoft/Windows/CurrentVersion/Explorer，单击鼠标右键，执行"新建"→"项"命令，将新建的项名改为"HideDesktopIcons"。用同样的方法，在 HideDesktopIcons 下新建"NewStartPanel"项，确定切换到 HideDesktopIcons/NewStaMenu 下，在右边单击鼠标右键，从弹出的快捷菜单中执行"新建"→"DWORD 值"命令，将新建的数值名改为"{645FF040-5081-101B-9F08-00AA002F954E}"，双击键值后，将数值数据设为"1"，单击"确定"按钮即可。

说明：桌面的"回收站"图标虽然隐藏了，但还是会在资源管理器中找到它，也可以直接删除前面新建的键值，就会重新出现在桌面上了。

5) 自定义 Windows 登录窗口的背景画面

切换到 HKEY_LOCAL_MACHLNE/Software/Microsoft/Windows/CurrentVersion/Authentication/LogonUI/Background，双击右边窗格的 OEMBackground 键值，将数值数据改为"1"，单击"确定"按钮保存键值。关闭注册表，切换到"C:/Windows/system32/oobe"路径，新建"info"文件夹，切换进入"info"文件夹，再新建"backgrounds"文件夹，切换进入"backgrounds"文件夹，将准备好的图片复制到这里，将文件夹改为"backgroundDefault"。

计算机组装与维修(第2版)

注销后，就会看到背景图片已变成自定义的图片了。

💡 **注意**：桌面背景图片有限制，图片文件必须为 JPG 格式，图片文件尺寸的比例必须与屏幕分辨率相同(若屏幕比例是 4:3，则图片比例也要是 4:3)，图片大小不得超过256KB。

6) 改变系统时钟的显示格式

打开注册表编辑器，切换到 HKEY_CURRENT_USER/Control Panel/International 键，双击 s1159 键值进行修改，在数值数据中将原来显示"上午"的设置修改为"现在是早上"，单击"确定"按钮。接着双击 s2359 键值，在数值数据中，将原来显示为"下午"的设置修改为"现在是下午"，单击"确定"按钮。最后双击 sTimeFormat 键值，在数值数据中，将原来的显示格式 tt hh:mm:ss 修改为"tt hh 点 mm 分"。单击"确定"按钮即可。

说明：tt 表示上午/下午时间，hh 表示时钟的时针位置，mm 代表分钟，ss 代表秒数。

7) 右击鼠标快速进行"关机"操作

打开注册表，切换到 HKEY_CLASSES_ROOT/Directory/shell 键，在 shell 子键上右击鼠标，执行"新建"→"项"命令，将新建的子键命名为"shutdown"，双击右边的默认值进行修改。在数值数据中输入"关机"，接着，在 shutdown 子键上单击右键，从弹出的快捷菜单中执行"新建"→"项"命令，将新建的子键命名为"command"，双击右边窗格默认的键值进行设置，在数值数据框中输入"shutdown -s"，单击"确定"按钮即可。

说明：shutdown 的其他功能如下。shutdown -r 代表关机并重新启动，shutdown -1 代表注销，shutdown -a 代表终止系统关机操作。用户可以根据相关需要自行添加。

8) 加快系统的开关机时间

(1) 缩短开机等待的时间

打开注册表编辑器，切换到 HKEY_LOCAL_MACHLNE/SYSTEM/CurrentControlSet/Control/SessionManager/Memory Management/PrefetchParameterd 键，在右窗格单击 EnablePrefetcher 键值，并右击鼠标，从弹出的快捷菜单中执行"修改"命令。在数值数据中将原来的默认值"3"修改为"5"，单击"确定"按钮即可。

(2) 缩短关机等待时间

切换到 HKEY_LOCAL_MACHLNE/SYSTEM/CurrentControlSet/Control/键的位置，单击鼠标右键，从弹出的快捷菜单中执行"新建"→"字符串值"命令，将新建的键值名称改为"WaitToKillServiceTimeOut"，将数值数据值设为"1000"，单击"确定"按钮。接着，切换到 HKEY_CURRENT_USER/Control Panel/Desktop 键，单击鼠标右键，从弹出的快捷菜单中执行"新建"→"字符串值"命令，然后将新建的键值名称更改为"WaitToKillAppTimeOut"，将数值数据改为"1000"，单击"确定"按钮，接着，在相同键位置下，再新建"HungAppTimeOut"键值，将键值属性设为"200"。

说明：WaitToKillServiceTimeOut 键值代表计算机关机前等待系统服务(如 DNS、IIS 等服务)结束工作的缓冲时间；WaitToKillAppTimeOut 键值代表计算机关机前等待应用程序(如 IE、OE 等)继续工作的缓冲时间；HungAppTimeOut 键值代表当应用程序停止响应时，系统继续等待的缓冲时间。

9)　强制将 USB 设为只读，机密数据带不走

打开注册表编辑器，切换到 HKEY_LOCAL_MACHLNE/SYSTEM/CurrentControlSet/Control/ 键，在 Control 键上右击，从弹出的快捷菜单中选择"新建"→"项"命令，将新建的键命名为"StorageDevicePolicies"，在右边窗口右击鼠标，从弹出的快捷菜单中选择"新建"→"DWORO 32-位值"命令，将新建的键值命名为"WriteProtect"，接着，选择 WriteProtect 键值，并右击鼠标，从弹出的快捷菜单中选择"修改"命令，在数值数据中输入"1"，单击"确定"按钮，并重启计算机，即大功告成。重启后，如果要把数据写入 U 盘，系统会出现错误信息，不让数据写入。

说明：修改上述设置后，除了 U 盘之外，包括读卡器、MP3 等通过 USB 传输的设备都只能读取，不能写入。

10)　在"开始"菜单中不显示用户名，让旁人看不到自己的账户

打开注册表，切换到 HKEY_CURRENT_USER/Software/Microsoft/Windows/CurrentVersion/ Explorer/Advanced 键，在右边的空白窗格内右击鼠标，执行"新建"→"DWORD 值"命令，将新建的键值命名为"Start_ShowUser"，并且双击此项进行修改，维持默认值"0"。这样，重启登录时，就不会显示用户名了。

组策略优化

组策略配置实例如下。

1)　让 Win7 上网浏览更高效

操作顺序如下："开始"→"运行"→输入"gpedit.msc"→"用户配置"→"管理模板"→"Windows 组件"→Internet Explorer→"阻止绕过 SmartScreen 筛选器警告"→"已禁用"→"确定"。

2)　让媒体播放更畅快

操作顺序如下："开始"→"运行"→输入"gpedit.msc"→"用户配置"→"管理模板"→"Windows 组件"→WindowsMediaPlayer→"播放"→"允许运行屏幕保护程序"→"已禁用"。

3)　不让用户"占位"不干活

操作顺序如下："开始"→"运行"→输入"gpedit.msc"→"Windows 设置"→"安全设置"→"本地策略"→"安全选项"→"网络安全：在超过登录时间后强制注销"。

4)　不让木马"进驻"临时文件

操作顺序如下："开始"→"运行"→输入"gpedit.msc"→"计算机配置"→"Windows 设置"→"安全设置"→"软件限制策略"→"其他规则"→"新建路径规则"→"浏览"按钮，打开本地系统的文件选择对话框，从中将 Windows 7 系统的临时文件夹选中，并导入进来；下面在"安全级别"位置处单击下拉按钮，从下拉列表中选中"不允许"选项，同时单击"确定"按钮执行设置保存操作，这样一来，我们日后即使不小心遭遇到了木马病毒，但它们却不能随意自由运行、发作，则本地系统的安全性也就能得到一定的保证了。

5) 不让用户恶意 ping "我"

操作顺序如下:"开始"→"运行"→输入"gpedit.msc"→"计算机配置"→"Windows 设置"→"安全设置"→"高级安全 Windows 防火墙"→"高级安全 Windows 防火墙——本地组策略对象"→"入站规则"→"新规则"→"自定义"→"所有程序"→"ICMPv4"→"阻止连接"。

6) 关闭搜索记录

操作顺序如下:"开始"→"运行"→输入"gpedit.msc"→"用户配置"→"管理模板"→"Windows 组件"→"Windows 资源管理器"→"在 Windows 资源管理器搜索框中关闭最近搜索条目的显示"→"已启用",确认之后即可生效,以后就再也不会自动保存搜索记录了。

7) 关机时强制关闭程序

操作顺序如下:"开始"→"运行"→输入"gpedit.msc"→"计算机配置"→"管理模板"→"系统"→"关机选项"→"关闭会阻止或取消关机的应用程序的自动终止功能"→"已启用"→"应用"并"确定"后退出。

"开始"→"运行"→输入"gpedit.msc"→"用户配置"→"管理模板"→"网络"→"网络连接"→"删除所有用户远程访问连接"→"已启用"→"确定"。

使用 Windows 优化大师检测与优化系统性能

Windows 优化大师是一款功能强大的系统工具软件,它提供有效且安全简便的系统检测、系统优化、系统清理、系统维护四大功能模块及其他附加工具软件。使用 Windows 优化大师,能够有效地帮助用户了解自己的计算机软硬件信息,简化操作系统设置步骤,提升计算机的运行效率,清理系统运行时产生的垃圾,修复系统故障及安全漏洞,维护系统的正常运转。下载、安装并启动 Windows 优化大师后,即可开始使用。

1. 进入测试系统

1) 系统信息总览

使用 Windows 优化大师,在进入系统信息总览之后,如图 5-24 所示,会显示计算机当前的系统和设备信息。

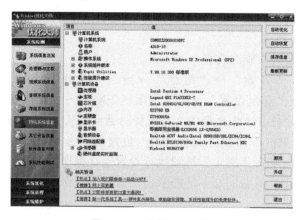

图 5-24　系统信息总览

2) 自动优化

单击"自动优化"按钮，Windows 优化大师就可以帮助计算机系统进行自动优化了，如图 5-25、图 5-26 所示。在自动优化向导对话框中，可以选择 Internet 的接入方式，选中后，单击"下一步"按钮。在这里，可以选择自动分析的内容，以及 IE 的默认搜索引擎和默认首页。然后单击"下一步"按钮。

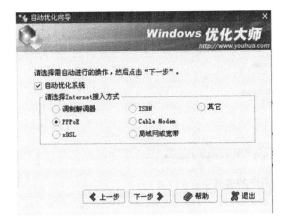 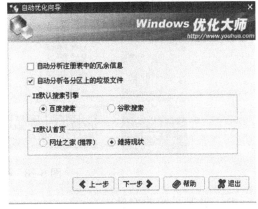

图 5-25　自动优化向导一　　　　　　　　图 5-26　自动优化向导二

3) 处理器与主板

单击"处理器与主板"按钮，出现如图 5-27 所示的对话框。在这里，Windows 优化大师可以帮助计算机检测系统的 CPU、BIOS、主板(包括芯片组、主板插槽、接口等)、系统制造商、总线设备等。单击"视频系统信息"按钮，出现如图 5-28 所示的对话框。Windows 优化大师可以帮助计算机对视频系统信息，如显卡、显示器等进行检测。

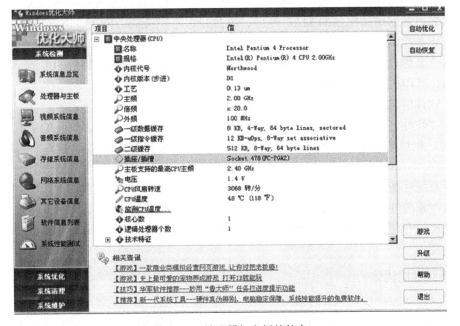

图 5-27　处理器与主板的信息

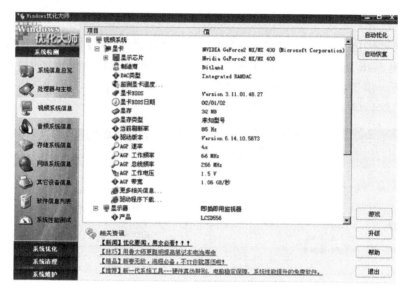

图 5-28 视频系统的信息

4) 音频系统的信息

单击"音频系统信息"按钮，Windows 优化大师可以帮助获得计算机的音频系统信息，如声卡、音频控制芯片、Wave 输入输出设备等检测结果。

5) 存储系统信息

单击"存储系统信息"按钮，Windows 优化大师可以帮助计算机对存储系统信息进行检测，如计算机的内存、硬盘、光驱等。

6) 网络系统信息

单击"网络系统信息"按钮，Windows 优化大师详细报告系统的网络系统配置信息，包括主机名、各网络适配器的 MAC 地址、IP 地址、子网掩码、网关、网络协议等。

7) 设备检测

单击"其他设备信息"按钮，Windows 优化大师可以帮助对计算机的电池、键盘、鼠标、USB、打印机、即插即用设备等进行检测。

8) 软件信息列表

单击"软件信息列表"按钮，Windows 优化大师列出计算机当前安装的所有软件，并进行检测。也可通过单击"分析""删除""卸载"按钮对软件进行分析、删除和卸载操作。

9) 系统性能测试

单击"系统性能测试"按钮，然后单击"测试"按钮，Windows 优化大师将对计算机系统的性能进行测试，并经过量化，然后再与标准系统进行对比，综合反映出当前计算机的系统性能。

2. 系统性能优化

1) 磁盘缓存优化

单击"磁盘缓存优化"按钮，如图 5-29 所示。首先设置一下磁盘缓存的大小，拖动滑块调整其大小，会发现它根据不同的内存大小提供了一个推荐使用值。如果机器是作为个人 PC 使用的，而不是作为网络上的服务器，那么需要将"计算机设置为较多的 CPU 时间来运行"设置为"程序"。设置好之后，单击"优化"按钮，很快就可以优化好。

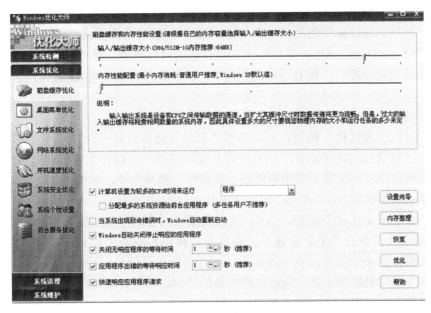

图 5-29 磁盘缓存优化

2) 桌面菜单优化

单击"桌面菜单优化"按钮，通过磁盘缓存优化功能，可以对内存进行整理，通过设置向导对缓存进行优化，以提高资源的利用效率及系统运行速度。

- 开始菜单速度：建议将该值调到最快。
- 菜单运行速度：建议将该值调到最快。
- 桌面图标缓存：建议将该值调整到 768KB。同时，还可以选中"加速 Windows 刷新率""关闭菜单动画效果""关闭开始菜单动画提示"这三个选项，这也有助于加速 Windows。

3) 文件系统优化

单击"文件优化"按钮，进入文件系统优化界面。

- 文件系统速度：如果选用最快的网络服务器方式的话，Windows 系统最多可以存储 64 个文件夹和 2729 个文件，使用约 40KB 的内存，可以大幅度提高 FAT 存储能力，加快访问速度。如果选择的是台式机的话，性能就大为减弱，只能存储已访问过的 32 个文件夹和 677 个文件。
- CD-ROM 速度：可以通过调整光驱缓存和预读文件大小来调整 CD-ROM 的性能。光驱缓存的推荐值分别为：64MB 以上内存(包括 64MB)为 2048KB；64MB 以下为 1536KB。光驱预读文件的推荐值为：8 速(448KB)、16 速(896KB)、24 速(1344KB)、32 速以上(1792KB)。
- 优化交换文件和多媒体应用程序：优化文件系统的连续比邻文件分配大小，有助于提高多媒体文件的读取性能。

- 让 Win98 下的 DOS 得到最大的内存：适用于经常运行 DOS 程序的用户。
- 加速软驱读写速度：提高软驱的读写速度。

4) 网络系统优化

单击"网络系统优化"按钮，根据实际网络连接状况，Windows 优化大师能自动进行优化。在"MaxMTU/MaxMSS 选择"中选择合适的网络类型，在"Modem 速度选择"中选择 Modem 的速率即可，接着"自动优化"，该软件能自动设置 DefaultTTL，并自动进行优化。

5) 开机速度优化

单击"开机速度优化"按钮，首先调整"启动信息停留时间"。如果安装的是多操作系统，可在"默认启动顺序选择"中选中经常使用的那一个操作系统，最后在"开机时不自动运行的程序"项中选择那些用得比较少的程序，选择完毕，单击"优化"按钮。

6) 系统安全优化

单击"系统安全优化"按钮，选中"扫描动作"中的所有选项。如果需要进行更详细的安全设置，可以点击"更多设置"，在这里，可以根据需要隐藏驱动器、禁用注册表等。除此之外，在系统安全优化中还提供了一些附加工具供我们使用，包括了本地端口分析、"黑客"端口编辑等工具，通过这些工具的使用，可以有效地防范"黑客"的侵入。

7) 系统个性设置

单击"系统个性设置"按钮，进入系统个性设置界面。

- 右键设置：通过右键菜单，就能以很快捷简便的方式实施一系列的动作，如把文件直接发送到软盘、新建文件夹等。
- 自定义右键功能：在"右键名称"中输入合适的名字，在"右键执行命令"中选择相对应的执行程序，单击"增加"按钮加以保存。
- 桌面设置：通过"桌面设置"，可以去掉快捷方式图标上的小箭头，在任务栏的时间前面添加文字信息，在桌面显示"我的文档"和"回收站"等。
- 其他设置：更改注册组织名、更改注册用户名、更改 CPU 认证标志。

8) 后台服务优化

单击"后台服务优化"按钮，后台服务设置主要显示系统的服务信息，并且可以设置优化。

3. 系统清理

1) 注册信息清理

选择需要清理的注册表键值的类型，当扫描完毕后，那些垃圾键值会出现在下面的方框中，可以选择部分删除。

注意，在注册表清理行动之前，先把原注册表备份一下，以备以后恢复之用。Windows 优化大师的注册表备份文件为运行目录下的 Bak.Reg。

2) 磁盘文件管理

单击进入"垃圾文件清理"，可以看到当前硬盘的饼状图，报告其使用情况。

可以在驱动器和目录选择列表中选择要扫描分析的驱动器或目录，单击"扫描"按钮，分析垃圾文件。

展开"扫描结果"列表中的项目，单击"属性"，将可以查看该文件的属性，进一步确定垃圾文件清理的安全性。

3）　软件智能卸载

单击进入"软件智能卸载"界面，Windows 优化大师在该界面上方的程序列表中向用户提供了 Windows 开始程序菜单中全部的应用程序列表，或单击"其他"按钮，手动选择要分析的软件。

卸载完毕后，如果需要恢复已卸载的应用程序，可单击"恢复"按钮，进入 Windows 优化大师自带的备份与恢复管理器，只要使用者没有删除相关的备份信息，都可以从这里恢复历史上曾经卸载的应用程序。

4）　历史痕迹清理

显示 Windows 操作历史，可以选择删除其中的历史记录。

5）　ActiveX 插件清理

单击进入"系统清理维护"的"ActiveX 清理"，单击"分析"按钮，Windows 优化大师会自动分析硬盘上的 ActiveX/COM 组件是否有效，并对该项目的组件名称、版本、相关文件、注册信息、组件状态等进行说明。

注意，分析结果列表中，不同的图标代表不同的含义：红色图标表示该 ActiveX/COM 组件正常，Windows 优化大师在安全模式下不允许修复；蓝色图标表示 Windows 优化大师无法判断该组件是否有效，Windows 优化大师在安全模式下不允许修复；绿色图标表示该 ActiveX/COM 组件有问题，Windows 优化大师允许修复此类组件。

4．系统维护

1）　系统磁盘医生

单击进入"系统磁盘医生"界面，选择要检查的磁盘，单击"检查"按钮，可以一次选择多个磁盘(分区)进行检查，同时，在检查的过程中，也可以随时终止检查工作。

- 扫描所有受保护的系统文件，并用正确的 Microsoft 版本替换不正确版本。
- 系统磁盘医生在检查磁盘的过程中自动修复发现的错误。
- 系统磁盘医生在检查磁盘的过程中列举分析过程的详细信息。
- 系统磁盘医生在检查磁盘前，首先分析该磁盘是否需要检查。

2）　磁盘碎片整理

单击"磁盘碎片整理"按钮，Windows 优化大师可显示磁盘信息，单击"分析"按钮，可以在界面下方显示一些文件的信息，单击"碎片整理"按钮即可。

3）　驱动智能备份

单击进入"系统清理维护"中的驱动智能备份界面，窗口的上方列出了 Windows 优化大师检测到的需备份的设备驱动程序，列表内容包括驱动程序描述和驱动程序类型。为要备份的驱动程序打勾，单击"备份"按钮，就开始备份了。

4）　其他设置选项

单击"其他设置选项"，在弹出的窗口中可以设置下列功能。

- 优化虚拟设备驱动程序：主要优化的驱动程序有硬盘管理类的 configmg.vxd、

vfat.vxd、vcache.vxd；输入输出类的 ios.vxd、vcomm.vxd、vmouse.vxd；内存管理类的 qemmfix.vxd；网络类的 ntkern.vxd；图形加速类的 vdd.vxd；还有其他类的 vdmad.vxd、vflatd.vxd、ifsmgr.vxd。主要适用于 Windows 98 第 1 版。

- 系统文件的备份和恢复：主要用来备份 Windows 中的某些重要文件，以便系统崩溃后能及时恢复。其使用方法为：选择"备份路径"，可以专门新建一个目录名"backup"来保存这些文件。系统出问题后，用户可以单击"恢复"按钮恢复。

5) 运行 Windows 优化大师需要输入密码

通过密码输入可防止他人更改我们的设置和非法进入。

6) 系统维护日志

通过"系统维护日志"，用户可了解最近一段时间内通过该软件都实施了哪些系统上的优化措施。不满意的话，可更改回原来的设置。

项目实训　系统的个性设置和优化

1. 实训背景

通过观摩指导老师的讲解和操作，学会系统个性设置和优化。

2. 实训条件

每小组一台可正常启动的计算机，借助于 Windows 优化大师，完成以下操作。

(1) 设置虚拟内存大小。

(2) 设置显示效果为高性能。

(3) 设置显示隐藏文件、显示扩展名。

(4) 关闭不需要自动启动的程序和服务。

(5) 安装 IIS。

(6) 查看系统评分。

学习工作单

1. 注册表的结构是什么样的？

2. 什么是虚拟内存？一般设置多大比较合适？

3. 系统服务与一般应用程序有什么区别？

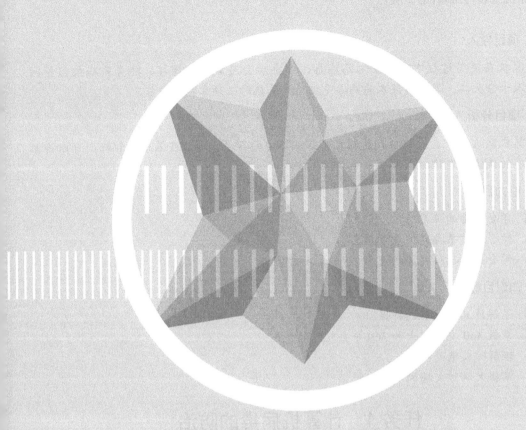

项目六

计算机安全防范

1. 项目导入

计算机在使用过程中难免中木马病毒，中毒后会造成数据损坏、账号密码被盗等问题，令人十分头疼。学会防范木马病毒是使用计算机时必须掌握的技能。

2. 项目分析

计算机病毒是一类能够自我复制，具有破坏力的程序。通过安装杀毒软件，可以抑制病毒程序的传播、发作，并可杀灭病毒程序。

3. 能力目标

(1) 学会病毒的日常防治。
(2) 学会通过杀毒软件查杀病毒。
(3) 学会一般性防火墙的使用。

4. 知识目标

(1) 了解计算机病毒的特性。
(2) 掌握360安全卫士和360杀毒软件的使用。
(3) 理解防火墙的功能。
(4) 掌握天网防火墙的安装配置。

任务1 计算机病毒的防治

知识储备

1.1 什么是病毒

计算机病毒(Computer Virus)是指在计算机程序中插入的破坏计算机功能或者破坏数据的影响计算机使用并且能够自我复制的一组计算机指令或者程序代码。图 6-1 为电脑感染了熊猫烧香病毒后发作时的界面外观。

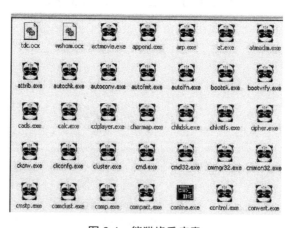

图 6-1 熊猫烧香病毒

1.2　病毒的特点

计算机病毒具有以下特点。

(1) 隐蔽性：指病毒的存在、传染和对数据的破坏过程不易被计算机操作人员发现。

(2) 寄生性：计算机病毒通常是依附于其他文件而存在的。

(3) 传染性：指计算机病毒在一定条件下可以自我复制，能对其他文件或系统进行一系列非法操作，并使之成为一个新的传染源。

(4) 触发性：指病毒的发作一般都需要一个激发条件，可以是日期、时间、特定程序的运行或程序的运行次数等，如臭名昭著的 CIH 病毒就发作于每个月的 26 日。

(5) 破坏性：指病毒在触发条件满足时，会立即对计算机系统的文件、资源等进行干扰破坏。

1.3　什么是木马

特洛伊木马(以下简称木马)，英文叫作 Trojan Horse，其名称取自希腊神话的"特洛伊木马计"。在计算机领域中，它是一种基于远程控制的黑客工具，具有隐蔽性和窃取信息的特点。

木马潜入电脑系统后，通过种种隐蔽的方式，在系统启动时自动地在后台执行程序，以"里应外合"的工作方式，用服务器/客户端的通信手段，实现上网时被远程黑客控制电脑、窃取密码、查看硬盘资源、修改文件或注册表、偷看邮件等操作。

从以上对木马的描述中可以看出，木马并没有破坏用户的计算机，主要目的是窃取信息。所以从严格意义上来说，木马不是病毒，它并不满足病毒破坏性的特点。

图 6-2 为典型的灰鸽子木马被金山实时防毒软件拦截时的情形。

图 6-2　典型木马：灰鸽子

1.4　什么是流氓软件

所谓"流氓软件"，是介于病毒和正规软件之间的软件。

"流氓软件"又称恶意软件，是指在未明确提示用户或未经用户许可的情况下，在用户计算机或其他终端上安装并运行某些功能，侵犯用户合法权益的软件。

"流氓软件"经常会在用户毫不知情的情况下通过网络远程操纵用户的计算机，窃取用户信息，或者为浏览器强制安装各种工具或插件，如图 6-3 所示。

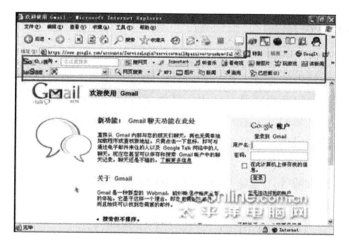

图6-3　"流氓软件"为浏览器强制安装各种工具或插件

"流氓软件"具有下列特点。

(1) 强制安装：指在未明确提示用户或未经用户许可的情况下，在用户计算机或其他终端上安装软件的行为。

(2) 难以卸载：指未提供通用的卸载方式，或卸载后仍故意保留活动程序的行为。

(3) 浏览器劫持：指未经用户许可，修改用户浏览器或其他相关设置，迫使用户访问特定网站或导致用户无法正常上网的行为。

(4) 广告弹出：指未明确提示用户或未经用户许可的情况下，利用安装在用户计算机或其他终端上的软件弹出广告的行为。

(5) 恶意收集用户信息：指未明确提示用户或未经用户许可，收集用户信息的行为。

(6) 恶意卸载：指未明确提示用户、未经用户许可，或误导、欺骗用户卸载非恶意软件的行为。

(7) 恶意捆绑：指在软件中捆绑已被认定为恶意软件的行为。

(8) 其他侵犯用户知情权、选择权的恶意行为。

1.5　从普通用户的角度对病毒进行分类

从普通用户角度来看，广义的病毒包括了普通电脑病毒、木马程序、流氓软件。具体如下所示：

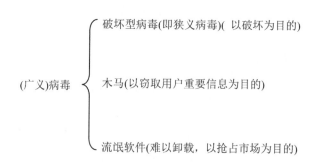

1.6 如何防治病毒

防治病毒的方法如下所示。

(1) 防治病毒的重要方法是安装杀毒软件。360 杀毒软件和 360 安全卫士的组合还不错。但不能迷信杀毒软件，以为装了杀毒软件就可以高枕无忧了，因为杀毒软件滞后于病毒的研发，通常，在病毒爆发后，杀毒软件才能进行查杀。而且杀毒软件本身也是软件，也可能被病毒破坏。

(2) 及时地为操作系统打上补丁，如图 6-4 所示。系统补丁是为了修补系统已经存在的漏洞，如果不补上，黑客就可以利用这个漏洞进行攻击。当然，系统补丁也是存在滞后性的。

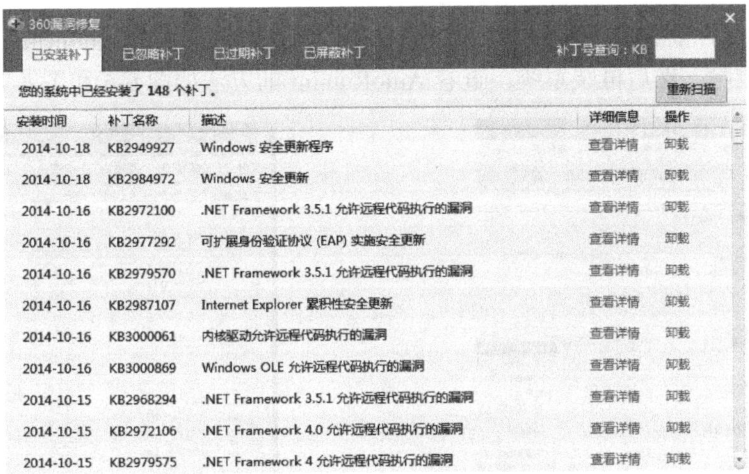

图 6-4 Windows 漏洞修补

(3) 装个占系统资源小的防火墙，防止局域网内部攻击和非法程序往外发数据。

(4) 病毒防治的关键还是养成良好的使用习惯，不打开不熟悉的网站，多关心开机自动启动的程序和服务，多查看任务管理器，看看有没出现不认识的程序。

(5) 当然，如果已经中毒，导致系统崩溃了，那就只能重装系统。

重装系统也不是万能的，有些病毒即使重装系统也没用。因为一般来说，重装系统就是格式化 C 盘，然后重装，那只能是把 C 盘的病毒清除了，其他盘的文件如果带毒，将来还是会中毒的，如熊猫烧香病毒，就能感染所有的 EXE 文件，如果没把这些被感染的 EXE 清除掉的话，将来一运行这些程序，就又中毒了。

图 6-5 为"文件夹图标病毒"发作时的情形，病毒主要通过 U 盘传播，病毒发作后，能隐藏驱动器里的文件夹目录，然后把自身复制成与文件夹同名的 EXE 文件，以此引诱用户点击。杀毒的话，要把这些文件夹形状的 EXE 文件清除干净。

此外就是要注意 D、E、F 盘下面是否有 AutoRun.inf 这个隐藏文件，这个隐藏文件本来是在光盘里用来自动播放的，而它到了 U 盘或者硬盘的各个根目录下，同样也有自动播放的功能，双击这个分区或者 U 盘时，就自动运行了 AutoRun.inf 所指向的程序，如果这个程序是病毒，那就又会中毒。这就是很多 U 盘病毒的工作原理。

图 6-5 文件夹图标病毒

所以中毒后，要重装系统前，要先把 D、E、F 盘根目录下的 AutoRun.inf 及其所指向的 EXE 文件删除，然后再装系统。查看 AutoRun.inf 的方法如图 6-6 和图 6-7 所示。

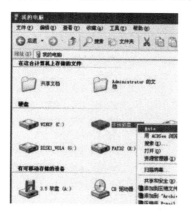

图 6-6 出现 Auto 说明根目录下带有 autorun.inf

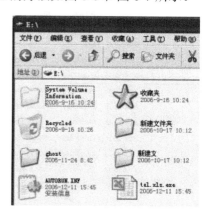

图 6-7 autorun.inf

至于怎样在中毒情况下进行备份、删除等工作，那就要提到 WinPE。早期系统进不去时，要进行一些基本操作就要用 DOS，而现在用 WinPE，如图 6-8 所示。

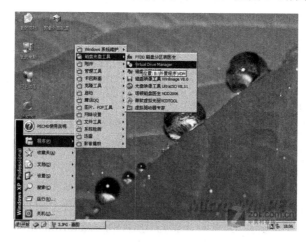

图 6-8 使用 WinPE 维护工具盘

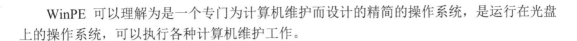

WinPE 可以理解为是一个专门为计算机维护而设计的精简的操作系统，是运行在光盘上的操作系统，可以执行各种计算机维护工作。

任务实践

安装杀毒软件

安装 360 安全卫士和 360 杀毒软件，安装后查杀病毒木马，并打上最新的操作系统补丁。

任务 2 网络防火墙的配置和使用

知识储备

2.1 什么是防火墙

防火墙作为一种高级访问控制设备，是置于不同网络安全域之间的一系列部件的组合，它是不同网络安全域间通信流的唯一通道，能根据企业有关的安全政策，控制(允许、拒绝、监视、记录)进出网络的访问行为，如图 6-9 所示。

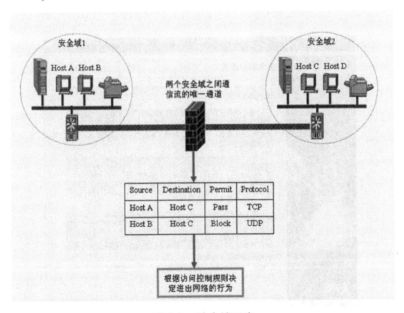

图 6-9 防火墙示意

2.2 防火墙的作用

防火墙主要有下列一些作用。

(1) 过滤进出网络的数据包。

(2) 管理进出网络的访问行为。

(3) 封堵某些禁止的访问行为。

(4) 记录通过防火墙的信息内容和活动。

(5) 对网络攻击进行检测和报警。

(6) 能过滤大部分的危险端口。

(7) 设置严格的由外向内的状态过滤规则。

(8) 抵挡大部分的拒绝服务攻击。

任务实践

天网防火墙的安装和配置

天网防火墙个人版系统环境要求：Windows XP 以上的操作系统。其安装和配置步骤如下。

(1) 双击已经下载好的安装程序，进入安装界面，给协议授权时，应仔细阅读协议内容，如果同意协议中的所有条款，就选择"我接受此协议"，并单击"下一步"按钮继续安装。

(2) 如果对协议有任何异议，可以单击"取消"按钮，但安装程序将会关闭。因此必须接受授权协议才可以继续安装天网防火墙。

(3) 如果同意协议，单击"下一步"按钮，将会出现如图 6-10 所示的选择安全级别的界面。

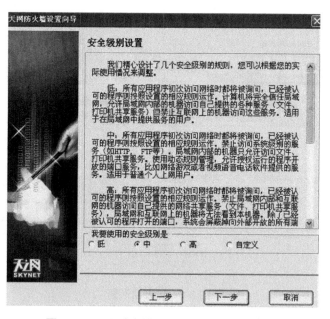

图 6-10　天网防火墙设置向导(设置安全级别)

(4) 分别按照图 6-11～图 6-13 所示的操作界面填写内容，完成防火墙设置。

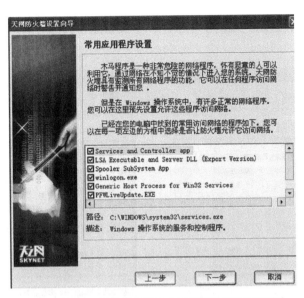

图 6-11　天网防火墙设置向导(设置常用应用程序)

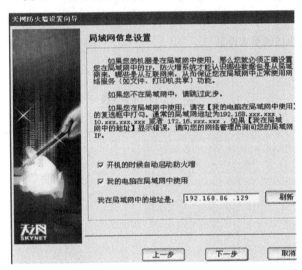

图 6-12　天网防火墙设置向导(设置局域网信息)

图 6-13　完成安装

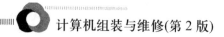

(5) 重新开机，设定防火墙的安全级别，中级如图 6-14 所示，自定义可以参考图 6-15 所示进行设置。

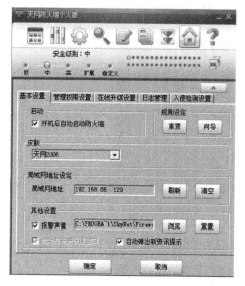

图 6-14 防火墙的基本设置

图 6-15 防火墙的自定义设置

学习工作单

1. 木马有哪些特点？

2. 防火墙的作用是什么？

3. 列举常见的杀毒软件。

4. 描述你所见过的一个计算机病毒，有什么特点？造成了什么危害？

项目七

计算机软件故障的分析与处理

1. 项目导入

在计算机的使用过程中，可能会出现各种症状，小到硬件驱动程序的安装，运行时系统卡机、死机，大到系统不能正常启动，操作系统的安装异常等。本项目中将分析软件故障的产生原因，力图学会解决这些常见的问题。

2. 项目分析

由于计算机是多种硬件产品和多种软件产品协调配合工作的复杂系统，作为维修专业人员，遇到机器无法正常工作时，要先判断是硬件故障还是软件故障。把软件故障分为启动类故障、安装时故障、运行时故障。实际中往往涉及软硬件综合的多种症状，必须逐个分析、排除，在相同症状中也存在多种故障可能性，必须根据具体情况综合考虑。

3. 能力目标

通过本项目的实践教学，可以让读者掌握处理操作系统安装过程中出现的常见问题、操作系统使用过程中出现的系统故障和硬件驱动程序故障等问题的方法和思路。

4. 知识目标

(1) 能够处理系统安装过程中出现的常见问题。
(2) 能够处理操作系统使用过程中出现的系统故障问题。
(3) 能够处理硬件驱动程序故障等问题。

任务　分析和处理常见的软件故障

知识储备

1.1　软件发生故障的主要原因

软件故障的基本特征是系统打不开、死机和某些软件打不开。主要原因有系统丢失文件、文件版本不匹配、软件冲突、内存耗尽、参数设置不当、流氓插件、使用时间长了产生垃圾文件等。

1.2　软件故障的通用解决方案

软件故障的通用解决方案可以从如下几个方面来考虑。
(1) 解决 CMOS 设置问题。
(2) 解决硬件冲突问题。
(3) 升级软件版本。
(4) 利用杀毒软件解决文件破坏问题。
(5) 寻找丢失的文件。
(6) 重新安装应用程序。

任务实践

常见系统启动故障的处理

1．内存不足

(1)　故障现象：从硬盘引导安装 Windows 进行到检测磁盘空间时，提示内存不足。

(2)　分析处理：此类故障一般是由于用户在 config.sys 文件中加入了 emm386.exe 文件，只要将其屏蔽掉，即可解决问题。

2．BIOS 设置故障

(1)　故障现象：计算机在载入操作系统前、启动或退出 Windows 的过程中，以及操作使用过程中，都可能会有一些提示信息，根据其中的错误提示，可迅速查出并排除错误。

(2)　分析处理：主板 BIOS 的屏幕提示信息主要有以下几种。

- BIOS ROM checksum error-System halted：这是 BIOS 信息在进行综合检查时发现了错误，它是由于 BIOS 损坏或刷新失败所造成的，出现这种现象时，将无法开机，需要更换 BIOS 芯片或者重新刷新 BIOS。
- CMOS battery failed：这是指 CMOS 电池失效。当 CMOS 电池的电力不足时，应更换电池。
- Hard disk install failure：该信息表明硬盘安装失败。用户可检查硬盘的电源线和数据线是否安装正确，或者硬盘跳线是否设置正确。
- Hard disk diagnosis fail：该信息表明执行硬盘诊断时发生错误。此信息通常代表硬盘本身出现故障，可以先把这个硬盘接到别的计算机上试试看，如果故障还是一样，就只能换一块新硬盘了。
- Memory test fail：该信息表明内存测试失败，通常是因为内存不兼容或内存故障所导致，可以先以每次开机增加一条内存的方式分批测试，找出有故障的内存条，把它拿掉或送修即可。
- Press Tab to show POST screen：这不是故障，而是表明按 Tab 键可以切换屏幕显示。有一些 OEM 厂商会以自己设计的显示页面来取代。BIOS 预设了 POST 显示画面，按 Tab 键可以在厂商自定义的画面和 BIOS 预设的 POST 页面间切换。

3．资源冲突故障

(1)　故障现象：资源冲突故障是一种比较常见的故障，要学会用 Windows 系统硬件配置文件来解决资源冲突的问题。硬件资源冲突主要分为以下两类。

- I/O 地址冲突：计算机的每一个硬件都有唯一与之对应的 I/O 地址，CPU 正是通过这种一一对应的 I/O 地址，才能正确地辨认出每个外设的。但是，如果有两个或两个以上的外设被设置成相同的 I/O 地址，一方面有些外设并不能处理和响应这个信息，另一方面，由于一个 I/O 地址对应了多个外设，从而导致 CPU 无法判断哪个外设是当前应该使用的，哪个是当前不能使用的。
- IRQ 冲突：与 I/O 地址一样，IRQ 也必须是一一对应的。如果有两个或两个以上的外设同时使用了同一个 IRQ 设置，它们就会产生冲突，都将不可用。Windows 能自动配置外设的 IRQ 值。因此，Windows 用户只需让系统自动侦测，一般都可以正确进行分配。一旦出现冲突，只需按调整 I/O 地址的方法对 IRQ 进行调整，Windows 就会自动列出外设可使用的所有中断号以供选择。

(2) 分析处理：当系统硬件产生资源冲突时，可尝试用下面的办法来解决。

① 检查硬件冲突。

检查硬件冲突可以通过控制面板进行，具体方法是：在"设备管理器"选项的"资源"列表中，分类列出了相应类别的所有设备。当某设备无法使用时，"资源"列表就会出现以下情况：设备条目前面有一个红色的叉号，说明该设备无效，当前无法正常使用；设备条目前面有一个黄色的问号，说明该设备目前存在问题，无法正常工作，产生的原因可能是设备驱动程序安装不当，也可能存在硬件冲突；设备条目前面有一个带圆圈的蓝色惊叹号，说明该设备存在，基本能正常工作，但系统认为设备有问题，例如能正常工作的非即插即用设备。在"资源"列表中，打开一个设备的"属性"对话框，在"资源"选项的"冲突的设备列表"中，会给出当前设备冲突的对象及冲突的资源内容。

② 基本处理方法。

检查到硬件资源冲突后，可按以下方法处理：如果某一设备在"资源"列表中出现两次，而实际上只有一个设备，需将两个同一设备都删除，重新安装该设备驱动程序；带有黄色问号的设备如果没有"资源"选项，大多是该设备的驱动程序安装不当或不兼容，需将其删除并重新安装。

如果"冲突的设备列表"中列出的冲突是"系统保留"类型的硬件冲突，这种特定设备所使用的资源冲突很可能不会出现问题，如果不影响使用，可以忽略它。但如果冲突影响使用，应在"资源"列表中双击"计算机"，打开"计算机属性"对话框，在"保留资源"选项中，选择发生冲突的资源类型，选择"设置"列表中的特定资源，并删除。

③ 改变操作系统版本。

这里说的"改变"，并不一定是"升级"。因为，有些配件在低版本操作系统下会发生冲突，而升级至高版本后，问题就可以解决；而有些配件则正相反。所以，当硬件发生冲突时，可以试着改变一下操作系统的版本。

④ 删除设备驱动程序。

删除设备驱动程序，将外设重新插拔后，让系统重新检测。当然，要注意设备的安装顺序。

⑤ 尽量采用默认设置。

绝大部分情况下，采用默认设置安装一般不会发生冲突，所以无须调整默认资源，但在设备较多的情况下，容易发生冲突，只要与默认配置无关，仍然无须调整。确实需要调整时，要仔细阅读该设备的随机说明书，调整方法一般有修改跳线和软件调整两种。

⑥ 必要时可先拔掉有关板卡。

先拔掉有冲突的板卡，将其他设备安装完毕后，再插上冲突板卡，安装该卡的驱动程序，绝大多数情况下不会再发生冲突，虽然方法比较麻烦，但非常有效。

⑦ 升级相关 BIOS 及驱动程序。

有效解决硬件冲突的方法是升级最新的主板 BIOS、显卡 BIOS 以及最新的硬件驱动程序等。此外，如果有必要的话，还应该安装相关的诸如主板芯片组的最新补丁程序。

Windows 安装故障处理

(1) 故障现象：在装有 Windows 系统家庭版的计算机上安装软件时，出现 "You do not have access to make the required system configurations. Please return this installation from an administration account." 的提示信息。

(2) 分析处理：庞大的 Windows 操作系统，决定了其安装过程的复杂性，复杂的安装过程难免会引发各种各样的故障。

这是因为 Windows 为了保护系统的安全和稳定，使用了用户账户和密码保护的方式来控制用户的操作，即只有指定的人才能做指定的事情。安装软件等修改系统的操作需要用户拥有该计算机管理员的权力才能执行。

系统在安装时，默认 administrator 账号是管理员身份，可以采用下面的方法使自己成为管理员。

- 注销当前用户，并以管理员身份登录，登录时，输入安装时设置的密码，如果在安装时没有设置密码，直接按 Enter 键即可进入计算机。
- 打开"控制面板"中的"用户账户"，就会看到自己的用户账户是"受限的账户"。打开自己的账户，单击"更改账户类型"按钮，在出现的窗口中，选中"计算机管理员"，单击"更改账户类型"按钮，确认并退出。

为了保证计算机安全，建议用户设置用户密码，以避免发生安全问题而造成不必要的损失。

当然，导致 Windows 安装失败的主要原因有以下几点。

① 人为因素。

由于用户操作不当引起的 Windows 安装故障，主要表现在 BIOS 设置不正确、安装顺序不正确、光驱中有非引导盘几个方面。

② 配置太低。

Windows XP 在综合了 Windows 的易用性和稳定性的基础上，还增加或增强了不少功能，同时对硬件也提出了更高的要求。在不能满足最低要求的计算机上安装 Windows 系统是不会成功的。

③ 更改硬件配置会出现死机。

在 Windows XP/7 中，只要更改硬件配置，系统就启动不了。这是因为 Windows XP/7 中使用了激活产品程序，激活产品程序是微软公司在 Windows XP/7 中加入的防盗版功能。由于激活产品程序会根据用户的计算机硬件配置生成一个硬件号，因此，如果改变了硬件配置，激活产品程序就会发现硬件配置与之不符，这时，系统就会停止运行，并要求重新激活产品，才可以重新运行。

处理和分析 Windows 的运行时故障

1. Svchost 进程占用大量 CPU 资源

(1) 故障现象：用户计算机开机后，运行非常缓慢，打开"任务管理器"，发现有五六个 svchost.exe 进程，其中有一个 svchost.exe 占用了 90%的 CPU 资源，如图 7-1 所示。

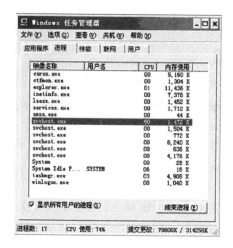

图 7-1　svchost.ext 进程占用大量的 CPU 资源

(2)　分析处理：首先来说下什么是 svchost.ext 进程。svchost.exe 是 Windows XP 系统的一个核心进程，在使用 NT 内核的 Windows 系统中都会有 svchost.exe 的存在。一般在 Windows 2000 中，svchost.exe 进程的数目为 2 个，而在 Windows XP 中，svchost.exe 进程的数目上升到了 4 个及 4 个以上。

如何才能辨别哪些是正常的 svchost.exe 进程，哪些是病毒进程呢？

svchost.exe 的键值是在 HKEY_LOCAL_MACHINE\Software\Microsoft\Windows NT \CurrentVersion\Svchost，每个键值表示一个独立的 svchost.exe 组。

微软还为我们提供了一种察看系统正在运行在 svchost.exe 列表中的服务的方法。以 Windows XP 为例：在"运行"对话框中输入"cmd"，然后在命令行模式中输入"tasklist /svc"，系统列出服务列表。

如果怀疑计算机有可能被病毒感染，导致 svchost.exe 的服务出现异常的话，通过搜索 svchost.exe 文件就可以发现异常情况。一般只会找到一个在"C:\Windows\System32"目录下的 svchost.exe 程序。如果在其他目录下发现 svchost.exe 的话，那很可能就是中毒了。

还有一种确认 svchost.exe 是否中毒的方法，是在任务管理器中查看进程的执行路径。如果是中毒了，装杀毒软件全盘杀毒，重启后问题即可解决。

2. Windows 系统越来越大

(1)　故障现象：使用 Windows 系统一段时间后，用户会发现系统越来越大，调入应用程序的时间变长。

(2)　分析处理：这种情况很正常，当然，需要时也可以删除一些无用的文件，通常可以从以下几个方面入手。

①　使用"系统工具"中的"磁盘清理"功能对系统分区进行清理。

②　把"我的文档"、IE 的临时文件夹转到其他硬盘或分区。

③　把虚拟内存转到其他硬盘或分区。

④　用户也可以使用第三方软件对系统分区进行清理。

3. 无法安装应用软件的故障

(1) 故障现象：随着应用软件的日益庞大，安装程序处理的任务也越来越复杂，任何一个环节发生错误，都将导致软件无法安装。无法安装是应用程序安装过程中最常见的一种现象，表现为在安装过程中出现错误信息提示，无论选择什么选项都会停止安装。

(2) 分析处理：出现此类故障的可能原因及处理方法如下。

① 如果计算机原来安装过某一软件，后来自动丢失，在重新安装过程中，提示不能安装，这是因为软件安装过一遍后，若破坏或丢失，系统会存在残留信息，所以必须将原来的注册信息全部删除后重新安装。注册文件信息在 C:\Windows\System 目录下。

② 如果计算机原来安装了某一软件的旧版本，后来在安装此软件的新版本过程中，提示不能安装，这时应先卸载旧版本，再安装新版本。

③ 有些软件安装不成功是由于用户的 Windows 系统文件安装不全造成的，此时，按照提示将所需文件从安装盘里添加进去即可，也可以从微软的网站中下载。

④ 如果没有足够的磁盘空间，也会导致应用软件安装失败。

一般性软件故障的处理

1. 硬件驱动程序故障处理

(1) 故障现象：如果驱动程序一时找不到了，或是老版本的驱动程序要替换成新的版本，就会导致设备不工作，有时是系统出现故障或死机。

(2) 分析处理：可以尝试用以下办法寻找驱动程序。

① 如果硬件是非常有名的品牌，可登录到该公司的网站，选择下载其驱动程序，不过，下载前，要确定到底是为哪一种操作系统设计的，不可弄错。

② 如果在系统崩溃前使用了 Ghost 等克隆软件为自己的系统做了镜像，可使用相应的软件把系统还原出来。当系统被还原后，它们仍然能正常工作。

③ 有一些硬件，如扫描仪、刻录机等，即使驱动程序丢失了也没有关系，因为只要把原来系统中的应用程序复制过来即可。

④ 更新驱动程序，解决新版本问题。操作系统不断更新换代，也促使硬件驱动程序必须及时更新，以适应新的操作系统。此外，计算机硬件技术发展也很快，老的硬件设备与新生的硬件设备的驱动程序之间难免发生冲突，影响到计算机硬件的正常使用。通过更新驱动程序，可以有效地提高电脑硬件的性能，有助于改善硬件的兼容性，提高硬件的稳定性。

2. 恢复误删的文件

(1) 故障现象：虽然 Windows 系统提供了回收站功能，但用户按了 Shift+Delete 组合键删除了自认为没用的文件，而造成误删有用的文件。

(2) 分析处理：误删之后，首先保持系统当前的状态，不要在文件所在的磁盘继续写入信息。

① 打开系统保护。

首先得打开 Windows 7 的"系统保护"功能，如图 7-2 所示。

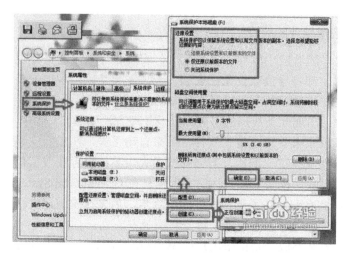

图 7-2　Windows 7 系统保护

　　将鼠标指针移动到桌面"计算机"图标上，单击鼠标右键，从弹出的快捷菜单中选择"属性"命令，在弹出的窗口中，单击左侧导航栏上的"系统保护"，弹出"系统属性"对话框，选中一个需要保护的磁盘分区，单击"配置"按钮。在弹出的新对话框中选择"仅还原以前版本的文件"，并设置好磁盘空间使用量，单击"确定"按钮返回"系统属性"对话框。然后单击"创建"按钮，弹出"创建还原点"对话框，输入还原点描述，单击"创建"按钮，Windows 7 将打开"系统保护"功能，并创建还原点。

　　② 找回误删的文件。

　　打开 Windows 7 的"系统保护"功能，创建了还原点后，如果在使用电脑过程中误删除了文件，可以很方便地找回。将鼠标指针移动到误删除文件的文件夹上，单击鼠标右键，从弹出的快捷菜单中选择"属性"命令，弹出"属性"窗口，切换到"以前的版本"选项卡，就可以看到误删除文件之前的文件夹。选中文件夹，单击"打开"按钮，可以打开文件夹，找到误删除的文件。单击"复制"按钮，可以将文件夹复制到本地磁盘的任意位置；单击"还原"按钮，则可以还原文件夹，找回误删除的文件。如图 7-3 所示。

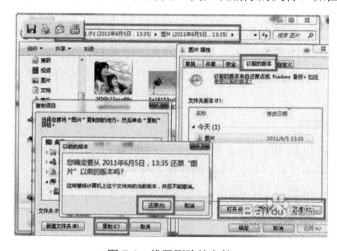

图 7-3　找回删除的文件

项目实训　运行类故障的诊断

1. 实训背景

计算机在运行过程中会出现故障，按严重程度，大致有：弹出错误对话框、软件自动关闭、计算机死机或自动重启。对于前两种故障，一般可通过操作系统重启，或软件更新、重装就能解决。这里只解决意外死机或重启的故障。

在校内的实验室里，学生所使用的计算机有时速度极慢；在使用或启动的过程中，偶尔还会突然弹出如图7-4所示的蓝底白字画面，试找出原因并解决。

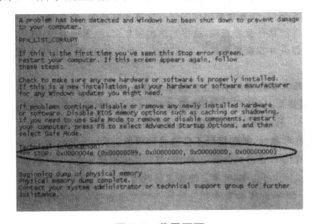

图 7-4　蓝屏页面

2. 实训内容和步骤

(1) 计算机假死的诊断。某些错误操作会导致 CPU 占用率 100%，考虑以下情况。

● 读取出了问题的硬盘。

● 访问损坏的内存或中断的网络链接。

● 木马或病毒发作，连续访问硬盘或内存。

处理方法：

① 打开任务管理器(按 Ctrl+Alt+Delete 组合键)，找到并结束占用 CPU 最多的那个进程。

由于异常进程导致假死时，会造成计算机运行速度极慢，但还有反应，此时，千万不要反复按下不必要的按键，或无目的地点击鼠标，那样会占用更多的时间。

② 如果是病毒或木马引起的假死，可拔掉网线，断开网络，这样，CPU 的占用率通常会立即下降。然后使用杀毒软件、木马专杀工具对系统进行查杀。

(2) 计算机完全死机的诊断。造成真正的死机有以下几种可能。

① CPU 过热。

处理方法：CPU 过热，通常是散热风扇故障引起的，重启后，用软件或进入 BIOS 检查 CPU 温度，就容易得出结论。正常情况下，CPU 温度过高时，扬声器会发出连续的报警声。但如果用户关闭了 BIOS 的 CPU 温度监测报警功能，或监测参数设置不当，就可能在报警之前已死机。处理方法当然是更换或者清洁风扇。

② 内存故障。

处理方法：会造成死机情况的应该是比较严重的内存损坏，重启后，检测内存，就应该能确定问题是否是由内存引起的，然后再考虑更换内存。

③ 主板南北桥过热。

处理方法：大多数主板的南北桥没有风扇，只有一个散热片，而且没有任何温度传感器。当环境温度过高时，应该考虑是南北桥的工作温度超标造成的死机。用户可以通过用手触摸散热片来确诊，然后再考虑如何给南北桥降温。除了增加散热设备，还可以改善散热条件，比如清理灰尘、重新安排机箱的位置等。

④ 供电电路大幅波动或强脉冲干扰。

处理方法：采用性能比较稳定的开关电源。

(3) 计算机蓝屏的诊断。这种情况大多是由于软件冲突、硬件驱动错误或硬件意外故障引起的。

蓝色屏幕通常转瞬即逝，英文大致的意思是"计算机发生了一个严重的错误，如果是第一次发生，请重启机器；如果再次发生，请依次检查新安装的硬件、软件是否正常，做必要的升级；如果还不能解决，需要卸载或禁用新安装的软件，禁用 BIOS 中的 Shadowing 或 Caching 功能，必要时进入安全模式进行上述操作"。

处理方法：总体上遵循以下基本原则。

① 总结故障出现的规律。

② 确认系统的最新变化。

③ 判断是否有病毒或木马入侵。

④ 考虑硬件故障问题。

学习工作单

1. 查看当前计算机中运行的进程，哪些是在用户登录之前就开始运行了？哪些是在用户登录系统之后才开始启动的？

2. 多个操作系统的启动是在计算机启动过程的哪一步实现的？通过什么途径实现？

3. 计算机在蓝屏时，除了错误代码之外，屏幕还给出其他有用的信息，分别是什么含义？

4. 删除的文件用软件可以找回来，那么，用什么办法可以彻底删除一个文件？

项目八

计算机硬件故障的检修

1. 项目导入

笔记本电脑在使用过程中出现显示器黑屏，CPU 的电风扇不转动，开机有滴滴声，无法启动。这些没有进入引导系统状态之前的故障一般为主机故障。还有的用户想对机器进行 DIY，比如更换 BIOS 电池、更换硬盘、加装显卡等扩充卡、清洗机箱内部灰尘等。本项目帮助用户分析处理硬件故障，指导用户按步骤和流程自主拆卸和安装。

2. 项目分析

面对故障的出现，分析故障产生的原因，辅以了解维修过程常用的工具软件，如硬盘维护软件、数据恢复软件、BIOS 软件、诊断软件，并配合硬件工具的使用，学会自己动手处理故障。

3. 能力目标

(1) 掌握笔记本电脑日常维护、硬件维修的初步能力。
(2) 掌握处理操作系统常见软件故障的能力。
(3) 掌握笔记本电脑检修流程。
(4) 学会硬盘常见故障的判断。
(5) 学会和领悟硬盘坏道修复方法。

4. 知识目标

(1) 掌握引发主板"假死"、笔记本电脑不能启动、温度过高导致重启问题的原因。
(2) 掌握笔记本电脑自检不能通过、笔记本电脑光驱不能读盘问题的解决方法。
(3) 了解硬盘的常见故障、坏道修复方法，掌握笔记本电脑常见故障维护的能力。
(4) 初步掌握笔记本电脑故障检修的流程，学会基本焊接和 BGA 加焊等硬件维修技能。

任务 1 分析和处理主机故障

知识储备

分析计算机的日常故障

1. 开机无法显示

分析原因如下。
(1) 主板扩展槽或扩展卡有问题，槽内有灰尘或扩展槽本身损坏。
(2) 免跳线主板在 CMOS 里设置的 CPU 频率设置不正确。
(3) 主板无法识别内存、内存损坏或内存不匹配。

2. 笔记本电脑关机失败

分析原因如下。
(1) 系统文件中的自动关机程序存在缺陷。
(2) 应用程序存在缺陷。

(3) 关闭 Windows 时设置使用的声音文件被破坏。

(4) 外设和驱动程序兼容性不好，不能响应快速关机。

(5) 计算机病毒破坏了系统文件。

3. 笔记本电脑重启

分析原因如下。

1) 软件方面

(1) 计算机病毒导致电脑重启。

(2) 系统文件损坏或被破坏，导致系统在启动时因无法完成初始化而重启。

(3) 定时软件或计划任务软件设定重启。

2) 硬件方面

(1) 机箱电源功率不足。

(2) 内存热稳定性不良、芯片损坏或设置错误。

(3) CPU 温度过高，散热不好。

(4) 接入有故障或不兼容的外设。

(5) 机箱前面板 RESET 开关问题。

强电磁干扰。

4. 笔记本电脑出现黑屏

分析原因如下。

(1) 外部电源功率不足；电压不稳；电源开关电路损坏或内部短路；电路出现故障导致显示器断电；显示器数据线接触不良。

(2) 主机电源损坏或质量不好导致主板没有供电。

(3) 显卡、内存条接触不良或损坏。

(4) CPU 接触不良，CPU 被误超频使用。

5. 笔记本电脑突然死机

分析原因如下。

(1) 笔记本电脑工作时间过长，导致 CPU、电源、显示器散热不畅。

(2) 内存条松动、虚焊或内存芯片本身质量有问题，或内存容量不够。

(3) 硬盘老化或有坏扇区。

(4) 笔记本电脑移动时受到震动，或机器内部元器件松动。

(5) 主板主频与 CPU 主频不匹配。

任务实践

分析和处理主板的常见故障

1. 主板启动电容损坏

(1) 故障现象：开机后，笔记本电脑没有任何反应，显示器黑屏，CPU 电风扇也不转动。

(2) 分析处理：可能是主板的启动电容出了问题，笔记本电脑启动时，需要一个启动装置，此装置大部分都在主板上，其中有一个启动电容，如果这个电容被损坏，就会出现上述故障现象。拿起主板，仔细观察，会发现一个铁质的电解电容，它通常被一个金属丝环绕住，特征明显，很容易找到，换一个好的电容，故障就会排除。

2. 系统时钟经常变慢

(1) 故障现象：一台使用时间较长的笔记本电脑，出现系统时间变慢现象，虽然多次校准，但过后仍然会逐渐慢很多。

(2) 分析处理：出现时钟变慢的情况，大多数是主板电池电量不足造成的。如果更换电池后问题仍没有解决，就要检查主板的时钟电路了。控制笔记本电脑系统时钟的电路一般在电池附近，很像电子表中的石英电路。用无水酒精谨慎清洁电路，若故障仍然存在，就需要联系经销商或者生产厂家进行修理了。

3. 安装第三条内存后无法启动系统

(1) 故障现象：Intel 845D 芯片组主板提供了 3 个 DIMM 内存插槽，原来安装有两条内存，一切正常，但是安装第 3 条内存后，系统就不能正常启动了。

(2) 分析处理：Intel 845D 芯片组只提供 4 组 Banks，可以支持两条双面内存，或者一条双面、两条单面内存。如果 3 个内存插槽都使用了双面内存，则不能正常工作。建议查阅主板说明书，确定各个插槽是否支持双面内存，然后选用合适的内存条。

分析和处理 CPU 的常见故障

1. CPU 温度探针与散热片接触不良

(1) 故障现象：笔记本电脑平均每 20 分钟就会死机一次，重新开机后再次死机。

(2) 分析处理：最初估计是 CPU 温度过高造成死机，但 BIOS 显示 CPU 的温度只有33℃。后来发现，这台笔记本电脑开机时 BIOS 检查的温度只有 31℃，使用 1 小时后，温度仅仅上升 2℃，而当时室温在 35℃左右，看来 BIOS 测得的 CPU 温度不准确。打开机箱，发现电风扇上面积累的灰尘太多，已经转不动了，更换了 CPU 电风扇，再开机，笔记本电脑运行后没有发生死机现象。最后发现这块主板的温度探针是靠黏胶粘在散热片上来测量 CPU 温度的，这个探头并没有与散热片紧密地接触，测得的温度自然误差很大。因此更换 CPU 电风扇时，把探针和散热片贴在一起固定，这样 BIOS 测得的温度就准确了。

2. 超频引起的故障

(1) 故障现象：CPU 超频后，开机时出现黑屏现象。

(2) 分析处理：这是典型的超频引起的故障。由于 CPU 频率设置太高，造成 CPU 无法正常工作，并造成显示器点不亮，且无法进入 BIOS 中进行设置。这种情况需要将CMOS 电池放电，并重新设置。

还有就是开机自检正常，但无法进入操作系统，一进入操作系统就死机，这种情况只需进入 BIOS，将 CPU 改回原来的频率即可。

3. CPU 的频率自动降低

(1) 故障现象：一个 3.04GHz 的 CPU，开机自检程序显示为 2.4GHz，并显示提示信息 "Defaults CMOS Setup Loaded"。在 BIOS 设置程序中重新设置 CPU 的参数后，显示正常，但不久后，故障重新出现。

(2) 分析处理：首先检查 CPU 电风扇散热是否有问题，如果电风扇散热有问题，导致 CPU 的温度过高，则有的 CPU 为了保护自己，就会自动降低频率来减少发热量。如果仍然无法解决问题，则需要检查主板电池电量是否不足，电池电量不足则更换新的电池即可。

分析和处理内存的常见故障

1. 内存损坏，局部短路或接触不良

(1) 故障现象：随机性死机或由于内存条原因造成开机无显示的故障，主机扬声器一般都会长时间蜂鸣(针对 Award BIOS 而言)。

(2) 分析处理：出现此类故障，一般是因为内存条与主板内存插槽接触不良造成的，只要用橡皮擦(不要用酒精等清洗)来回擦拭其金手指部位，即可解决问题。还有就是，内存损坏或主板内存槽有问题，也会造成此类故障。

2. 内存条质量不佳

(1) 故障现象：Windows 注册表经常无故损坏，提示要求用户恢复；或 Windows 经常自动进入安全模式。

(2) 分析处理：此类故障一般都是因为内存条质量不佳引起的，很难予以修复，唯有更换内存条。

3. 采用了几种不同芯片的内存条

(1) 故障现象：随机性死机。

(2) 分析处理：此类故障一般是由于采用了几种不同芯片的内存条，由于各内存条速度不同，产生了一个时间差，从而导致死机。对此，可以在 CMOS 设置内降低内存速度予以解决，否则，唯有使用同型号内存。还有一种可能，就是内存条与主板不兼容，此类现象一般少见。另外，也有可能是内存条与主板接触不良，引起电脑随机性死机。

4. 主板与内存不兼容

(1) 故障现象：内存加大后，系统资源反而降低。

(2) 分析处理：此类现象一般是由于高频率的内存条用在某些不支持此频率内存条的主板上，当出现这样的故障后，可以试着在 COMS 中将内存的速度设置得低一点。

分析和处理硬盘的常见故障

1. Hard disk controller failure(硬盘控制器失效)

(1) 故障现象：系统无法启动，提示此信息。

(2) 分析处理：当出现这种情况的时候，应仔细检查数据线的连接插头是否存在松

动、连线是否正确，或者硬盘参数设置是否正确。

2. Data error(数据错误)

(1) 故障现象：系统从硬盘上读取的数据存在有不可修复性错误或者磁盘上存在有坏扇区，系统无法启动，出现此提示信息。

(2) 分析处理：此时，可以尝试启动磁盘扫描程序，扫描并纠正扇区的逻辑性错误，假如坏扇区出现的是物理坏道，则需要使用专门的工具尝试修复。

3. No boot sector on hard disk drive(硬盘上无引导扇区)

(1) 故障现象：硬盘上的引导扇区被破坏，系统无法启动，出现此提示信息。

(2) 分析处理：一般是因为硬盘系统引导区已感染了病毒。遇到这种情况，必须先用最新版本的杀毒软件彻底查杀系统中存在的病毒，然后，用诸如 KV3000 等带有引导扇区恢复功能的软件，尝试恢复引导记录。如果使用 Windows XP 系统，可启动"故障恢复控制台"并调用 FIXMBR 命令来恢复主引导扇区。

4. Reset Failed(硬盘复位失败)、Fatal Error Bad Hard Disk(硬盘致命性错误)、DD Not Detected(没有检测到硬盘)和 HDD Control Error(硬盘控制错误)

(1) 故障现象：系统无法启动，出现此提示信息。

(2) 分析处理：当出现以上任意一个提示时，一般都是硬盘控制电路板、主板上的硬盘接口电路或者是盘体内部的机械部位出现了故障，对于这种情况，只能请专业人员检修相应的控制电路，或直接更换硬盘。

分析和处理显卡和显示器的常见故障

(1) 故障现象：显卡导致的故障，不同于一般的故障那么好处理，因为此时电脑很可能是黑屏或是花屏状态，看不见屏幕的提示。

注意诊断显卡与内存故障的区别。

① 注意计算机有无小喇叭的报警声，如果是有报警声的，显卡的问题可能会大一点，而且我们可以从报警声的长短和次数来判断具体的故障(这方面的资料很多，主板也可能会附带说明书，读者可自己找来参考)。

② 如果黑屏且无报警声，多半是内存根本没插好或坏了。

③ 注意面板的显示灯状态，如果无报警声，又检查过内存了，可能会是显卡接触不良的问题，往往伴随硬盘灯长亮；还可以看显示器的状态灯，如果黑屏伴随显示器上各状态调节的指示灯在同时不停地闪烁，可能会是连接显卡到显示器的电缆插头松了，或是显卡没在插槽内插紧。

(2) 分析处理。

① 如果是显卡接触不良导致的故障，可以拧开螺丝，拔出显卡再重新装好，为了避免 CMOS 中其他设置的影响，顺便短接一下 CMOS 跳线，放一下电。重新开机后，一次成功。只是因为放过电，还需要重新设置 CMOS 参数，保存后退出、关机，过数小时后再开机验证，系统启动成功，故障排除。

② 如果是显卡散热器故障，则需更换显卡，或加装显卡电风扇。

分析和处理电源和机箱的常见故障

(1) 故障现象：常见的有电源风扇噪声、电源使用一段时间后断电、电源电压偏差严重、电源无法启动。

(2) 分析处理：后两种故障通常是电路问题所致，属于专业维修范畴。前两种故障通常由于电源风扇使用时间较长，转动失灵和散热效果下降所致，可以通过简单维修解决，即清洗电源风扇上的灰尘和附着物。具体是拧开电源外壳上的螺丝，容易看到裸露的风扇，使用电吹风冷风或湿抹布擦拭风扇叶片，或考虑换个风扇，更换前，要量好风扇对角线上的螺孔距离，作为购买风扇的尺寸依据。

任务2 笔记本电脑故障检修

知识储备

硬盘故障的机理

机械硬盘因其构造原理，可能会出现某些磁道无法正常读写的问题，这就是所谓的"坏道"。坏道又可分为逻辑坏道和物理坏道。

1. 逻辑坏道

出现逻辑坏道是在电脑的日常使用中容易出现的一种硬盘故障，逻辑坏道实际上就是磁盘磁道上面的校验信息(ECC)与磁道的数据和伺服信息不匹配。出现这种故障的主要原因，通常都是因为一些程序的错误操作导致的，或者是该处扇区的磁性介质开始出现不稳定现象的先兆。逻辑坏道在一般电脑使用中的表现，就是文件存取时出错，或做硬盘克隆时，当到达出错部位后，因弹出出错信息窗口，而不能继续下去。

消除这种逻辑坏道的方法比较简单，很多专用软件都能做到，但最常用的还是Windows自带的"磁盘扫描"功能。对于FAT16或FAT32分区来说，可以在DOS实时模式下用Scandisk扫描磁盘，此时，系统可将逻辑出错的扇区标注出来，以后进行存取操作时，就会避开这些扇区。由于这些软件的使用方法较为简单，且网上也多有介绍，这里就不过多地讲解了。

但是，假如采用的是NTFS分区，且安装Windows XP或Windows 7系统，由于没有Scandisk这个工具，故只能使用Chkdsk这个工具了。Chkdsk工具会基于所用的文件系统，创建和显示磁盘的状态报告。另外，Chkdsk还能够列出并纠正磁盘上的错误。不过，如果不带任何参数的话，Chkdsk将只显示当前驱动器中磁盘的状态，而不会修正任何错误，要修正错误，则必须包括/f参数。

2. 物理坏道

硬盘物理坏道是比较常见的硬盘故障。实际上，它是因为读写突然断电、振荡、划伤等"硬"原因导致一些扇区的磁介质失去了磁记忆能力而造成的。通常情况下，这样的损坏修复起来都比较麻烦。因为，在硬盘内部的磁道列表中，这个扇区是被标记为正常的，而坏道也是物理性存在的。所以，它无法通过扫描、格式化、低格或者激活扇区的方法来加以消除，必须将这个扇区加入到设置在硬盘内部的系统保留区中，告诉磁盘这些磁道已经不能使用了，才能在硬盘控制系统的可见范围内消除这个坏道。当然，这样做需要使用一些专用软件，对普通用户来讲，维修起来有些困难。

不过，有些硬盘厂商会提供原厂的工具软件，如 IBM/日立的 DFT 和西部数据的 Data LifeGuard Diagnostics。这些原厂的工具软件不但扫描速度快，而且辨别准确率也很高，能够对付较为普遍的硬盘物理坏道故障。因此，对硬盘内部进行操作还是原厂的软件较为可靠，除非原厂工具不能解决问题，否则不推荐使用第三方的工具软件。

相对于上面这种比较高级的隐藏方式，对于那些要求不高的用户来说，则可以通过"坏盘分区器"FBDISK 和 Disk Genius 这一对软件的组合，完成将坏道所在位置做成分区隐藏起来的任务。其具体的操作简要介绍如下。

(1) 将下载来的软件复制到一台正常使用的笔记本电脑的 C 盘根目录下，再把出现物理坏道的硬盘作为第二硬盘，挂接在该电脑上。接着，启动到 DOS 的实模式下，并运行 Disk Genius 的可执行程序 Diskgen，然后按 Ctrl+Alt 组合键，选择"硬盘"菜单下的"第二硬盘"。这时，就可以看到第二硬盘的具体分区情况了。假如要重新规划这块硬盘，就可以把所有分区都删除掉，随后存盘退出。

(2) 运行 FB Disk，选择要检测的硬盘后，按 Y 键开始扫描。如果硬盘存在坏道，则 FB Disk 会自动显示出它在哪个扇区和磁道。扫描完成后，可以把所有的坏道都罗列出来，并询问是否要写入硬盘。如果按 Y 键，将会自动将坏道隐藏起来，最后按 Esc 键退出。

(3) 再次运行 Diskgen，这时，就可以看出经过 FB Disk 处理后的磁盘情况，此时，坏道处会呈现一种灰白色。通过 Diskgen 再稍微将隐藏物理坏道的分区扩大一些。最后，将这些坏道全部隐藏在一个分区里，修复工作即告结束。

为什么要把两款软件配合使用呢？这是因为，经过 FB Disk 处理后的硬盘可能会有很多分区，而受软件自身最多 4 个主分区的限制，会导致出现硬盘利用率不高的后果。而通过 Diskgen 的配合，就可以很好地解决这个问题。

任务实践

常见笔记本电脑的故障分析与维护

1. 不开机类故障

(1) 故障现象：不开机是指笔记本电脑不能加电，即按下开机键后，笔记本电脑没有任何开机现象，如电源指示灯和硬盘指示灯不亮，CPU 电风扇也不转，就如同没有按下开机键一样。

(2) 分析处理：不开机故障是由于供电电路出现了故障，或者负载有严重短路，也可能是与开机有关的其他电路出现了问题。

(3) 解决方法：在维修的时候，首先要排除短路的情况。测量时，接上可调电源，观察空载电流是否过大，判断是否存在短路。如果电路中存在短路，可以用万用表二极管档，一个表笔接地，另一个表笔接在相应的测试点上，若发现有短路的电路，用断路法找出相应的电子元件。例如，如果同一电路中有 4 个电容和一个稳压二极管并联，我们只能一个一个地取掉，以防止它们相互干扰，取到哪个不短路了，说明就是它损坏引起的短路。这种短路的维修是比较烦琐的，特别是，对于使用贴片元器件焊装的主板，维修起来十分困难，同时注意，在断开电路时不要损坏电路板。如果电流不大，说明电路没有短路，可以测量关键测试点的电压，判断故障的部位，这种故障相对简单些。

易损元器件：与开机相关的元器件(虚焊或接触不好造成不开机故障)和滤波电容(击穿导致对地短路)。

开机触发相关的电路：是指供电电路、隔离电路、待机电路和开机电路等。在不触发故障中，电压调节器的故障占有相当大的比例。电源输出控制器电流较大、发热量大。控制芯片等部件因质量不佳或散热不良，很容易出现故障，如果它周围的电源滤波电容长期工作在高温环境下，也会因为电解液干涸，造成失效，或者在高温下胀裂漏液，从而引起电源输出的纹波增大，导致主板工作不稳定。

2. 开机不亮类故障

(1) 故障现象：开机不亮故障就是能开机、但不能点亮显示屏。按下开机键的时候，电源指示灯和硬盘指示灯亮，CPU 电风扇也转动，也能正常开关机，但外接显示器不显示。

(2) 分析处理：发生开机不亮故障时，主供电和系统供电电路基本正常，主要是信号系统出现故障。这里需要指出，信号系统不是纯粹的软件系统，信号系统包括 BIOS、总线、控制信号、时钟信号等，信号不正常是由于硬件错误引起的。

(3) 解决方法：这种故障涉及的面很广，CPU、南桥芯片、北桥芯片、时钟电路、BIOS 和显示电路均会造成此类故障，可以采取以下办法来维修。

① 利用可调电源，根据电流值初步判断故障的范围。

② 利用主板诊断卡，根据故障代码和指示灯确定故障部位。

③ 用万用表测量关键信号，包括 BIOS、总线、控制信号、时钟信号等，判断故障范围。易损元件主要是时钟电路，会造成时钟信号不正常。复位电路问题会导致复位信号不正常。CPU 工作电路中条件不具备，就会导致开机不亮的故障。

3. 笔记本电脑温度过高导致重启的问题

(1) 故障现象：笔记本电脑经常会出现启动一段时间后会自动重启的问题。用手触摸笔记本电脑外壳，会发现温度特别高。

(2) 分析处理：打开笔记本电脑外壳，发现原来 CPU 的电风扇已经不转动了，往风扇轴承里加一滴机油，问题就解决了。在特定的环境下，对于机器重新启动或者死机现象，我们要注意是否是笔记本电脑的 CPU 出现问题了，如果风扇停转了，就要及时地处理掉这个问题，否则很有可能会导致 CPU 烧掉。

4. 笔记本电脑自检不能通过

(1) 故障现象：笔记本电脑自检不能通过。

(2) 分析处理：电脑自检的程序，是安装在主板 ROM 芯片中的一个大约 2KB 的 POST 自检程序，此程序的功能主要是完成启动时对硬件设备是否能正常运转的一次性能测试，如针对 CPU 处理器内部寄存器 ROM-BIOS 芯片字节、DMA 控制器或者内部存储器

RAM 的测试。在测试过程中，若有一项未能通过，则自检程序就不能通过，机器就会进入死循环状态。而对于一些非内核的硬件设备，比如中断控制器、时钟、键盘、光驱(可设置不检查)的测试，如果不能通过，则属于一般性的硬件故障，在电脑屏幕上会显示出相应的错误提示。所以，当笔记本电脑出现不自检，或者自检不通过的情况时，我们第一步要考虑的，是哪里的硬件出了问题。

用户可以根据情况做出判断，若是硬件接口接触不良，可拆开机壳，重新插入内存和硬盘，使问题得到解决。

5. 显示电路的故障

故障现象：当背光系统、图像系统和显示屏出现故障时，会出现无光栅、光栅暗淡、缺色、偏色和图像模糊等问题。

此类故障的维修不在本书讨论的范围内。

6. 其他故障

1) 插座及插槽故障

插座和插槽等接触性部位的金属因锈蚀、脱落、氧化、弹性减弱和发生形变、折断短接、引脚虚焊、脱焊、灰尘过多、掉入异物等，可能会造成开路、短路和接触不良，进而产生故障。

2) 接口故障

键盘、鼠标、串并行接口由于长期插拔，特别是由于用户操作不当，也容易产生接口断路、元器件烧毁等故障。接口电路的损坏是常见的故障问题。

3) 短路、断路故障

IC 芯片、电阻、电容、三极管、二极管、电感等元器件引脚断路、短路；连线受到划伤、腐蚀，造成连线断路、短路；元器件的焊盘脱落，造成虚焊；掉入螺钉或电路板移位造成短路等。这些都是常见的短路和断路故障。

4) DMA 控制器和辅助电路故障

DMA 控制器功能较强，故障率较高，检修难度比较大，经常需要借助主板诊断卡和示波器来判断故障。

5) 总线及总线控制器故障

这些小信号处理电路，由于连线太多、太细，当主板受力弯折时容易断路，受潮、霉变时容易发生短路和断路。不同的主板，故障分布不一样，这与厂家的设计有关。不同的芯片组的故障也有所不同。

另外，笔记本电脑的故障受用户使用环境的影响特别大，潮湿、空气污染和灰尘是笔记本电脑的杀手。同时，笔记本电脑如果长期不用也容易出现故障。

项目实训一　刷新主板 BIOS

1. 实训背景

现有一台机器无法正常启动，已判明是主板 BIOS 故障引起的，分析在 Windows 下主板的常见故障主要分为以下几类。

(1)　BIOS 故障，包括 BIOS 出错、电池耗尽、BIOS 设置出错。

(2)　芯片组散热问题。

(3)　接口芯片损坏。

(4)　供电电路损坏。

其中，已排除涉及主板元件的问题(必须送维修站由专业维修人员处理)，这里需要自己动手解决 BIOS 设置出错的故障问题。

2. 实训内容和要求

(1)　通过在 Windows 下刷新 BIOS，完成 BIOS 设置出错的问题。

(2)　通过用热拔插法，刷新主板 BIOS，解决计算机无法开机以及 BIOS Checksum Error 这类恢复初始状态仍不能解决的 BIOS 故障问题。

3. 实训步骤

本实训遵循以下步骤。

1)　在 Windows 下刷新 BIOS

(1)　准备软件

根据计算机 BIOS 的厂家，选择相应的主板刷写程序，根据主板品牌和型号，下载相应的 BIOS 数据文件。

(2)　启动 BIOS 刷写软件

以系统管理员身份登录，运行下载后的刷写程序，执行其中的可执行文件。以 Phoenix-Award 公司提供的工具为例，运行 WinFlash.exe，启动后的界面如图 8-1 所示。

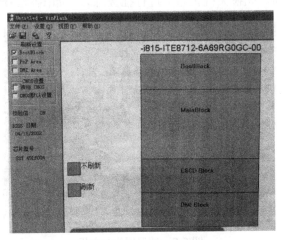

图 8-1　WinFlash 启动界面

在 WinFlash 启动后的界面中，窗口中央是 BIOS 的 ID 和刷新示意图，表明整个 BIOS 内容由 4 部分组成，不同的颜色分别表示将要刷新和不刷新。各部分是否刷新，可在左上角的"刷新设置"中选择。CMOS 设置有两个选项，窗口还列出检测到的一些 BIOS 参数，如日期、芯片型号等。

(3) 备份现有的 BIOS 数据

① 在菜单中选择备份 BIOS 文件，或单击工具栏中的"保存"按钮。

② 在出现的"另存为"对话框中，选择需要保存文件的路径和文件名，并保存。

③ 在出现的"BIOS 备份"对话框中，单击"备份"按钮，保存 BIOS 原文件。

(4) 刷写 BIOS

① 选择"文件"→"打开 BIOS 文件"菜单命令，或单击工具栏中的"打开"按钮。

② 在"打开文件"对话框中，选择事先准备好的 BIOS 文件。

③ 软件读取 BIOS 文件，并检查内容是否正确，如大小是否符合、校验值对否。

④ 选择"刷新"选项，同时清除左边"刷新设置"选项组中的所有选项，只刷新 MainBlock，选中"CMOS 设置"中的"清除 CMOS"复选框，避免旧的设置数据与新的 BIOS 数据不兼容。

⑤ 单击"刷新"按钮，确认后，开始刷写操作。

2) 用热拔插法刷新主板 BIOS

热拔插的方法可以将原来的 BIOS 文件刷回去。说这种方法常用，并不是因为它简单，而是迫不得已。而且此方法带电操作，安全性也不高，操作不当的时候很容易出现损坏 BIOS 芯片的情况，因此需要谨慎使用。

BIOS 芯片中所存储的就是一段程序和信息，它的作用仅仅是在开机的时候完成自检并将 CMOS 中所设置的硬件参数告诉主板。一旦进入操作系统(包括非图形界面的 DOS)，BIOS 的工作就已经完成了，这个时候换下 BIOS 芯片，并不会影响计算机的正常运行，而这个时候向新换上去的 BIOS 芯片写入信息的时候，仅仅是我们将一段程序复制到 BIOS 芯片上，类似于我们向 U 盘写入信息。

(1) 熟悉芯片插拔方法

① 带电操作之前，先在关机状态下进行插拔练习，如图 8-2 所示。

图 8-2　练习插拔的主板

② 观察该 BIOS 芯片，外观为扁立方形，安装在插座内。在插座上有三个角预留了缺口。一般来说，此类 32 引脚的芯片接口都是相同的，只是主板对芯片的容量支持能力不同。因此，年代差不多的主板，BIOS 都可以互换。

③ 使用螺钉旋具，从三个缺口轮流向上撬动芯片，把芯片拆下来。参见图 8-2，在空的插座内，沿着对角线方向绕两根一定强度的线(缝衣服的线)，摆放好后，插入 BIOS 芯片，线头分别从 BIOS 芯片的 4 个角引出。

④ 拽紧 4 根线，用力均衡，快速向上拉动这些线，把 BIOS 芯片从插座内平稳拔出。

⑤ 在关机状态下反复练习，直到熟练为止。

⑥ 练习完毕后，在 BIOS 芯片中为插座安放好线，装好芯片。

(2) 准备 BIOS 文件

到网络上下载该问题主板型号最新的 BIOS 程序。

(3) 带电更换芯片

① 启动正常工作的笔记本电脑，进入操作系统，打开刷写 BIOS 的工具 WinFlash，备份好当前的 BIOS。

② 在开机状态下，借助先前放好的连线，拔下正常的主板 BIOS 芯片，换上问题 BIOS 芯片，更换过程要利索、要稳，切忌动作不稳造成芯片引脚反复抖动接触。

(4) 刷写换上的芯片

再次打开 WinFlash 软件，同样先备份好当前 BIOS，然后打开步骤(2)中下载的 BIOS 文件，将内容写入 BIOS 中。

(5) 芯片各自归位

关机后，将 BIOS 芯片拆下，并安装回各自原有的主板插座内，然后开机检查两台机器是否正常工作。

项目实训二　笔记本电脑拆机操作方法

1. 实训背景

现有一台旧笔记本电脑，因使用年限已久，想要报废。但是，又想保留硬盘和其中的数据，因此，需要将硬盘等部件拆卸下来，以备日后使用。

2. 实训内容和要求

针对此款笔记本电脑，学生按相关的操作流程及操作步骤进行拆机实训操作，务必让拆卸下来的硬件保持良好。

3. 实训步骤

本实训遵循步骤如下。

(1) 关电源后拆下电池，如图 8-3 所示。

(2) 卸下内存、硬盘，如图 8-4～图 8-6 所示。

(3) 卸下键盘螺钉，然后拆键盘和卸排线，如图 8-7 所示。

(4) 卸下壳底部全部螺钉，然后再拆 C 壳，如图 8-8 所示。

图 8-3　拆下电池

图 8-4　卸载内存

图 8-5　拆卸硬盘螺钉

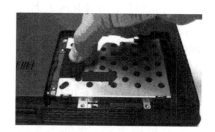

图 8-6　拆卸硬盘

图 8-7　拆卸键盘

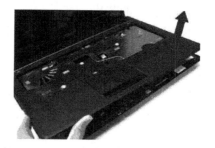

图 8-8　拆下 C 壳

(5) 卸主板螺钉，然后拆屏线，卸主板(有的要先卸屏幕才能卸主板)，如图 8-9、图 8-10 所示。

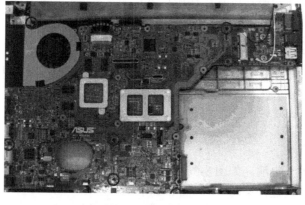

图 8-9　卸掉主板的螺钉

图 8-10　拆下主板

(6) 卸风扇排线和螺钉，再拆电风扇，如图 8-11 所示。

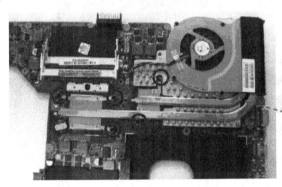

图 8-11　卸电风扇排线和螺钉

(7) 卸散热管螺钉，然后再取散热管。

(8) 最后取出 CPU。

项目实训三　BGA 加焊操作方法

1. 实训背景

在笔记本电脑维修中，比较常见的一个维修步骤是对 BGA 芯片进行加焊，比如说，显卡芯片、南桥和北桥芯片。因此，本实训为读者讲解一下如何将 BGA 芯片从主板上取下、植株和上芯片等操作步骤，以便让读者对维修过程有个大致的了解。

2. 实训内容和要求

实训前，要求学生认真阅读 BGA 焊台的操作步骤，在操作过程中，严格按照指导教师的指令进行相应的操作，以免导致不可恢复的破坏性后果。

3. 实训步骤

本实训遵循步骤如下。

1)　取芯片

取芯片前，取下所有配件(CMOS 电池、内存、无线上网卡等)，然后按以下步骤操作。

(1) 在要取的芯片四周上一遍助焊膏，用热风枪吹熔化，再上第二遍助焊膏。在芯片和四周元器件上贴上锡箔纸。

(2) 把电路板的芯片对准下热风口，上固定夹，如图 8-12 所示(注意在要焊接的芯片四周固定，主要是为了防止电路板变形损坏，不需要夹得过紧)。

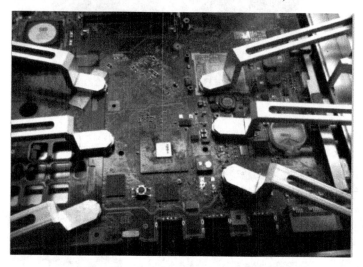

图 8-12 上固定夹固定主板

(3) 更换出风口控制口，依芯片的大小而定，开总开关。

(4) 调节上热风口，对准要焊接的芯片，上热风口离芯片大约 4～6cm 即可。

(5) 按加热开关，注意上下出风口温度，加到 200℃左右用镊子轻轻拨动芯片，随着温度的升高，芯片可以移动时，快速关掉热风，移开上热风口，用镊子把芯片夹起，开风冷却(如温度到 250℃仍然不能移动，关掉热风，待电路板冷却后，再重新往四周加助焊膏后，方可继续上 BGA 焊台)。

2) 植株

植株的具体步骤如下。

(1) 把芯片和电路板上的锡用拆焊线和焊台刮去，如图 8-13 所示，用洗板水洗净。

图 8-13 BGA 芯片去锡

(2) 往芯片上涂抹一层薄薄的助焊膏，找到合适的钢网，对准芯片上的焊点。

(3) 用植株夹夹住芯片，如图 8-14 所示，往芯片上倒入适量的锡珠，用干净的布把锡珠扫入钢网孔。

图 8-14　BGA 芯片夹扣

(4)　把植株夹放到 BGA 焊台下热风口，调整上热风口对准芯片，芯片离上热风口大约 4～6cm，开热风。

(5)　加热芯片到锡珠发光，使锡珠沉入钢网，如图 8-15 所示(到 250℃左右，如果芯片大一些，可加到 260℃左右)。关掉热风，开风冷却，等待芯片冷却。

图 8-15　BGA 焊台加热 BGA 芯片

(6)　用热风枪给芯片预热，慢慢撕下钢网，用洗板水洗干净，如图 8-16 所示。

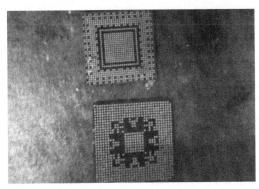

图 8-16　BGA 芯片植株后

3) 重新焊上芯片

重新焊上芯片的具体步骤如下。

(1) 在要上芯片处涂抹一层薄薄的助焊膏，把电路板对准下热风口，如图 8-17 所示。

图 8-17　重新加焊 BGA 芯片

(2) 把芯片对准电路板(注意芯片方向)加热，普通大小芯片加热到 230℃左右，比较大的芯片可加热到 250℃左右，然后开风冷却。

注意：各种不同芯片的加热温度是不同的，以下列出了常见的几种类型，供读者参考：①显卡芯片的加热温度在 210～230℃之间。②南桥芯片的加热温度在 230～250℃之间。③北桥芯片的加热温度在 230～250℃之间。

学习工作单

1. 假设硬盘以外的部件均没有问题，如果出现计算机无法启动的故障，试分析产生这一故障可能的原因有哪些？

2. 如果出现开机无显示的故障，试分析产生这一故障可能的原因有哪些？

3. 加电类故障可能涉及的部件有哪些？

4. 把键盘所有的键拆下来进行清洁，然后再安装回去。

项目九

数据的安全存储和数据恢复

1. 项目导入

安全向来都是相对的，没有绝对的安全。存储安全也一样，任何一种存储安全产品都不可能保障 100%的存储安全，当发生存储安全事故时，在第一时间将负面影响降至最低，最大限度地减少各种损失，是存储安全最后的王牌，这时，我们常用到数据恢复。

存储安全保障的最终目标是保障数据信息的完整、不受损坏、不被窃取。而没有数据恢复，存储安全不过是一张无法兑现的空头支票。从欧美信息化发展程度较高国家近几年的研发方向来看，未来存储安全的核心是以数据恢复为主，兼顾数据备份、数据擦除。

2. 项目分析

信息安全或数据安全有互相联系的两方面含义：一是数据本身的安全，主要指采用现代加密算法对数据进行主动保护，如数据保密、数据完整性、双向认证等；二是数据防护的安全，主要采用现代信息存储手段对数据进行主动防护，如通过磁盘阵列、数据备份、异地容灾等手段来保护数据安全。

在数据安全存储的策略基础上，在计算机使用的过程中，难免会出现文件误删除、U盘中毒打不开、分区误删和误 Ghost 等问题，用户可以通过对文件误删除的恢复、对 U 盘分区信息的修复、对硬盘分区信息的修复和对误 Ghost 恢复的方法，来解决此类问题。

3. 能力目标

(1) 学会硬盘常见故障的判断。
(2) 学会文件误删除的恢复。
(3) 学会 U 盘分区信息的修复。
(4) 学会硬盘分区信息的修复。
(5) 学会误 Ghost 的恢复方法。

4. 知识目标

(1) 掌握如何使用 EasyRecovery 恢复被破坏数据。
(2) 掌握硬盘分区中的 MBR 与 EBR 的作用。
(3) 了解 FAT32 文件系统中的文件定位和存储方式。
(4) 了解 NTFS 文件系统中文件的定位操作方法。
(5) 掌握常用数据恢复软件 WinHex 和 R-STUDIO 等的使用方法。

任务1 数据的安全存储

知识储备

1.1 什么是数据存储安全

在过去十年中，存储已演变为多个系统共享的一种资源。非常多的案例都表明，只保护存储设备所在的系统的安全已不能满足需要了。存储设备目前连接到非常多的系统上，因此，必须保护各个系统上的有价值的数据，防止其他系统未经授权访问数据，或破坏数据。相应地，存储设备必须防止未被授权的设置改动，对所有的更改都要做审计跟踪。

存储安全是客户整个安全计划的一部分，也是数据中心安全和组织安全的一部分。如果只小心翼翼地保护存储的安全，而将整个系统向互联网开放，那这样的存储安全是丝毫没有意义的。应该认识到，安全计划可能需要满足各种数据库和应用的不同层次的安全需求。原则上，存储安全是非常简单、直接的。在线存储(磁盘存储)被指定为不同的部分。每个部分属于一个特别的系统或用户。如果这个部分被访问，存储系统会查看访问请求发回的地址，如果这个地址不是所有者的，那么就拒绝请求。

在实践中，建立存储安全需要有专业的知识，应留意细节，不断检查，确保存储解决方案可以继续满足业务不断改动的需要。必须减少诸如伪造回复地址这样的威胁。最重要的是，安全的本质是三方面达到平衡，即采取安全措施的成本、安全缺口带来的影响、入侵者要突破安全措施所需要的资源。

1.2　数据存储安全的目标

数据存储安全的目标有如下几点。

(1)　保护机密的数据。

(2)　确保数据的完整性。

(3)　防止数据被破坏或丢失。

一旦发生数据丢失或被破坏，后果可想而知。敏感的业务数据或客户资料将被泄露，业务记录将被篡改或毁坏，所有最糟糕的情形都有可能发生。

数据的存储已经成为人们日常生活与工作中必须要做的一项任务。随着人们对数据依赖程度的提高，逐渐地，人们开始对数据存储安全重视起来了。当前，很多企业面临的挑战是如何找到安全与支出之间的平衡。当整个企业都在努力降低成本的时候，IT 管理员要如何说服公司投资安全工具呢？人为错误通常是企业存储环境面临的最重要的存储安全错误，随着网络犯罪和身份盗窃的不断增加，企业需要更加警惕、防御、抵制因为人为因素而导致的钓鱼攻击和社会工程攻击。

企业不能因为预算紧张而忽视安全问题，因为数据泄露、数据丢失和停机时间造成的总成本损失会远远超过企业需要花在保护数据和网络上的支出。

1.3　确定存储安全的策略

存储安全的策略有以下几个方面。

1. 确定问题所在

对所有部署的安全措施和设备进行广泛的审计——所有的硬件、软件和其他设备，并审核授予企业内员工的所有特权和文件权限。积极测试存储环境的安全性并检查网络和存储安全控制的日志，如防火墙、IDS 和访问日志等，来了解所有可能的安全事件，事件日志是很重要的安全信息资源，但是常常被忽视。

2. 监测活动

全年全天候对用户的行为进行检测，对于单个管理员来说，检测事件日志并定期进行审计是一项艰巨的任务。但是,检测存储环境比检测整个网络要更加现实。日志被认为是很重要的资源,因为如果安全泄露发生了,日志可以用于随后展开的调查。日志分析能够帮助管理员更好地了解资源使用的方式,并能够更好地管理资源。

3. 访问控制

访问控制是指对数据的访问权限只能授予那些需要访问数据的人。

4. 维护信息

保护所有企业信息。使用不受控制的移动存储设备,如闪存驱动和 DVD 等,会让大量数据处于威胁之中,因为这些设备很容易丢失,并且很容易被盗窃。此外,在很多情况下,位于移动存储设备的数据经常没有使用加密技术来保护。

5. 需要知道和需要使用

制定技术政策,根据明确的政策来使用设备。最近的研究表明,当人们被炒鱿鱼的时候,这些人泄漏数据的比率不断增加。移动设备(如 USB 棒或者 PDA)可以容纳大量的数据,检测网络中这些设备的使用是降低数据泄露风险或者不满员工的恶意行为的关键因素,仅限于真正需要使用移动设备的人使用移动设备。

6. 数据处理政策

实施严格的安全政策,包括数据是如何处理、如何访问和转移等。单靠技术本身是不足以保护公司数据的。强有力的可执行的安全政策,以及员工和管理层对安全问题的认知,将能够提高企业内的存储安全水平。

7. 简单的员工沟通

用简单明确的语言向员工解释每一种政策的含义,以及政策部署的方式。

8. 员工教育

员工需要注意,不应该将自己的密码写在粘贴于显示器的记事贴上,他们应该知道,共享密码就像共享自己家里的钥匙一样不安全。需要告诉员工不能在未经认证的情况下,将任何信息透露给第三方,他们需要对安全和最常见的威胁(如电子邮件钓鱼和社会工程)有基本的了解。另外,他们需要注意他们的行为正在被监视。

9. 备份所有的东西

备份所有通信和数据,定期检查备份以确保公司网络崩溃的时候,能够在短时间内获取所有信息。我们当然不希望备份遭到破坏。

10. 人员管理

存储安全比使用各种安全技术保护数据更加重要,这也是训练人事管理的机会。使用和创建数据的人是最大的安全威胁和最薄弱的安全环节。

使用 EasyRecovery 恢复被破坏的数据

EasyRecovery 是一款非常不错的硬盘数据恢复工具，能够恢复丢失的数据及重建文件系统。EasyRecovery 不会向原始驱动器写入任何内容，主要是在内存中重建分区表，使数据能够安全地传输到其他驱动器中。它所支持的数据恢复方案包括如下几种。

- 高级恢复：使用高级选项自定义数据恢复。
- 删除恢复：查找并恢复已删除的文件。
- 格式化恢复：从格式化过的卷中恢复文件。
- Raw 恢复：忽略任何文件系统信息进行恢复。
- 继续恢复：继续一个保存的数据恢复进度。
- 紧急启动盘：创建自引导紧急启动盘。

如果发现不小心误删除了文件，或误格式化了硬盘，记住千万不要再对要修复的分区或硬盘进行新的读写操作而导致数据被覆盖，否则会增加数据恢复的难度。

请自行完成如下操作。

(1) 下载并安装 EasyRecovery。

(2) 使用 EasyRecovery 的"空间管理器"诊断磁盘。

(3) 使用 EasyRecovery 恢复误删除的文件。

任务 2　数据恢复入门

2.1　数据存储及恢复的基本原理

现实中，很多人不知道删除、格式化等硬盘操作丢失的数据可以恢复，以为删除、格式化以后，数据就不存在了。事实上，上述简单操作后，数据仍然存在于硬盘中，一般只是将该数据块设置成普通程序不可读而已，只要同一位置没有被新数据覆盖，旧数据会一直存在。数据恢复工具可以找到这些被删除的数据，并恢复出来。

我们先了解一些基本概念。

1) 分区

硬盘存放数据的基本单位为扇区，我们可以理解为一本书的一页。当我们装机或买来一个新的移动硬盘后，第一步便是为了方便管理进行分区。无论使用何种分区工具，都会在硬盘的第一个扇区标注上硬盘的分区数量、每个分区的大小、起始位置等信息，术语称为主引导记录(Master Boot Record，简称 MBR)，也有人称为分区信息表。

当主引导记录因为各种原因(如硬盘坏道、病毒、误操作等)被破坏后，一些或全部分区自然就会丢失不见了，但根据数据信息特征，我们可以重新推算并计算出分区大小及位置，手工标注到分区信息表中，这样，"丢失"的分区就可以找回来了。

2) 文件分配表

为了管理文件存储，硬盘分区完毕后，接下来的工作是格式化分区。格式化程序根据分区大小，合理地将分区划分为目录文件分配区和数据区，就像我们看的小说，前几页为章节目录，后面才是真正的内容。文件分配表内记录着每一个文件的属性、大小、在数据区的位置。我们对所有文件的操作，都是根据文件分配表来进行的。文件分配表遭到破坏以后，系统无法定位到文件，虽然每个文件的真实内容还存放在数据区，系统仍然会认为文件已经不存在。这样，我们的数据丢失了，就像一本小说的目录被撕掉一样。要想直接去看想要看的章节，已经不可能了。要想得到想要的内容(恢复数据)，仍然可以凭记忆，例如知道具体内容的大约页数，通过寻找，我们的数据还可以恢复回来。

3) 删除

我们向硬盘里存放文件时，系统首先会在文件分配表内写上文件的名称、大小，并根据数据区的空闲空间，在文件分配表上继续写上文件内容在数据区的起始位置。然后开始向数据区写上文件的真实内容，一个文件存放操作才算完成。

删除操作比较简单，当我们需要删除一个文件时，系统只是从文件分配表内在该文件前面写一个删除标志，表示该文件已被删除，它所占用的空间已被"释放"，其他文件可以使用它占用的空间。所以，当我们删除文件又想找回(数据恢复)时，只需用工具将删除标志去掉，数据就可以被恢复回来了。当然，前提是没有新的文件写入，即该文件所占用的空间没有被新内容覆盖。

4) 格式化

格式化操作与删除相似，都只操作文件分配表，不过，格式化是将所有文件都加上删除标志，或干脆将文件分配表清空，系统将认为硬盘分区上不存在任何内容。格式化操作并没有对数据区做任何操作，目录空了，内容还在，借助数据恢复知识和相应的工具，数据仍然能够被恢复回来。

注意：格式化并不是 100%能恢复。有的情况下磁盘打不开，需要格式化才能打开，这是一种诱惑。但如果数据重要，千万别尝试格式化后再恢复，因为格式化本身就是对磁盘写入的过程，会破坏残留的信息。

5) 覆盖

数据恢复工程师常说："只要数据没有被覆盖，数据就有可能恢复回来。"

因为磁盘的存储特性，当我们不需要硬盘上的数据时，数据并没有被拿走。删除时，系统只是在文件上写一个删除标志，格式化和低级格式化也是在磁盘上重新覆盖写一遍以数字 0 为内容的数据，这就是覆盖。

一个文件被标记上删除标志后，它所占用的空间在有新文件写入时，将有可能被新文件占用(覆盖)，写上新内容。这时，删除的文件名虽然还在，但它指向数据区的空间内容已经被覆盖改变，恢复出来的将是错误和异常的内容。同样，文件分配表内有删除标记的文件信息所占用的空间也有可能被新文件名文件信息占用(覆盖)，文件名也将不存在了。

当将一个分区格式化后，又拷贝上新内容，新数据只是覆盖掉分区前部分空间，去掉新内容占用的空间，该分区剩余空间数据区上的无序内容仍然有可能被重新组织，将数据恢复出来。

同理，克隆、一键恢复、系统还原等造成的数据丢失，只要新数据占用空间小于破坏前的空间容量，数据恢复工程师就有可能恢复用户要的分区和数据。

2.2　硬盘的逻辑结构

如图 9-1 所示描述的是硬盘的逻辑结构：N1 是主磁盘分区到 MBR 的大小，N2～N5 是逻辑分区到 EBR 的大小。N1、N2、N3、N4、N5 一般都是相等的，但不排除有特别的，D1～D5 是每个分区的大小。

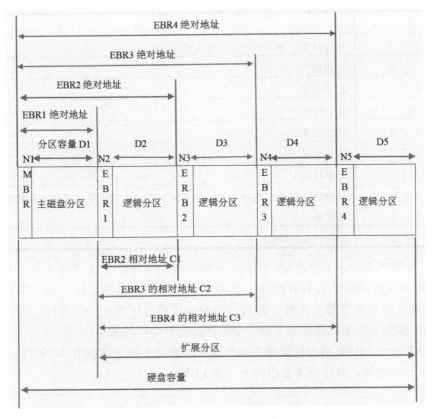

图 9-1　硬盘的逻辑结构

当前计算机中，对于同一个数值，在不同的计算机中会有不同的记录顺序。对于不同的存储方法，就产生了 Big-endian(大字节序)与 Little-endian(小字节序)两种描述。

Little-endian 是将最低字节存放在地址最高位，最高字节存放在地址最低位，这是一种反序排列。

依照我们的习惯：将一个数从左往右书写(高→低)；然而 Little-endian 从左往右是低位→高位的顺序。

一般情况下，我们输入一串数字"78 96 54 21H"(高字节在前面，低字节在后面)，将这个数值以 Little-endian 表示，就变成"21 54 96 78H"。

Big-endian 是将最高位字节放在最高位，最低位字节放在最低位，依次排列。这与我们平常的书写习惯一致。例如，我们平常书写一串十六进制数据"78 92 45 41H"，将该数据转换成 Big-endian 书写的数据，将变成"78 92 45 41H"，即是一致的。

如果没有特别说明，我们所使用的字节序为 Little-endian。

1) MBR 与 EBR(Extended Boot Record，扩展分区引导记录)结构分析

MBR 与 EBR 一样，只占用一个扇区，并以 55AA 结束。

MBR 中，0x1BE～0x1FF 共 64 个字节，记录了关于分区的信息：分区的起始扇区、分区的大小、是否为活动分区、分区类型等。分区表信息如表 9-1 所示。

表 9-1 分区表信息

偏 移	字段长度	内 容
0x00	1 字节	引导标志：指明该分区是否为活动分区
0x01	1 字节	开始磁头
0x02	6 位	起始扇区
0x03	10 位	起始柱面
0x04	1 字节	结束磁头
0x05	6 位	结束扇区
0x06	10 位	结束柱面
0x07	4 字节	本分区之前使用的扇区数，指从该扇区开始到该分区开始之间的偏移量，用扇区来表示
0x08	4 字节	分区的总扇区数

每 16 个字节为一个分区表项，因此，一块硬盘最多可以有 4 个主分区。但是，当硬盘中有逻辑分区时，分区表只有两项，其中一项是指向主磁盘分区，第二个分区表指向 EBR1。当硬盘中出现逻辑分区时，硬盘将所有的逻辑分区当成一个分区，所以第二个分区表的 0x08 偏移处的参数就是除了第一个分区的所有扇区的大小。

如图 9-2 所示，EBR 将分区信息表项分成分区表项 1 和分区表项 2，如 2-3-1：分区表项 1 指向下一个分区，分区表项 2 指向下一个 EBR。

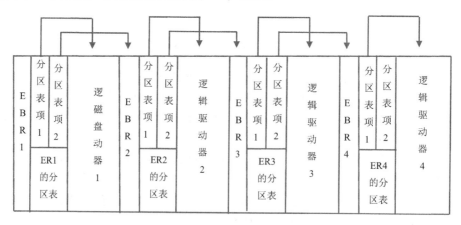

图 9-2 EBR 表的链式结构

2) 文件在 Windows 文件系统中定位的意义

以硬盘或 U 盘操作底层数据时，稍不小心将硬盘中的数据修改了，这也许会使硬盘或

者 U 盘中的数据丢失，或使其打不开。我们将文件在存储介质中定位到文件所在的数据区，就可以将这个文件保存到新的文件，可以只针对这个新文件进行操作。

2.3　常用的数据恢复软件

常用的数据恢复软件有 EasyRecovery、R-STUDIO、顶尖数据恢复软件、安易硬盘数据恢复软件等。

(1) EasyRecovery 是一个非常著名的老牌数据恢复软件。该软件功能可以说是非常强大。无论是误删除/格式化还是重新分区后的数据丢失，都可以轻松解决，甚至可以不依靠分区表来按照簇来进行硬盘扫描。但要注意，不通过分区表来进行数据扫描，很可能不能完全恢复数据，原因是，通常一个大文件被存储在很多不同区域的簇内，即使我们找到了这个文件的一些簇上的数据，很可能恢复之后的文件是损坏的。所以这种方法并不是万能的，但它提供给我们一个新的数据恢复方法，适合分区表严重损坏使用其他恢复软件不能恢复的情况下使用。EasyRecovery 的最新版本加入了一整套检测功能，包括驱动器测试、分区测试、磁盘空间管理以及制作安全启动盘等。这些功能对于日常维护硬盘数据来说，非常实用，我们可以通过驱动器和分区检测来发现文件关联错误以及硬盘上的坏道。

(2) R-STUDIO 是功能超强的数据恢复、反删除工具，采用全新恢复技术，为使用 FAT12 /16/32、NTFS、NTFS5(Windows 2000 系统)和 Ext2FS(Linux 系统)分区的磁盘提供完整数据维护解决方案。同时，提供对本地和网络磁盘的支持。此外，大量参数设置让高级用户可获得最佳恢复效果。具体功能有：采用 Windows 资源管理器操作界面；通过网络恢复远程数据(远程计算机可运行 Windows 95/98/ME/NT/2000/XP、Linux、UNIX 系统)；支持 FAT12 /16/32、NTFS、NTFS5 和 Ext2FS 文件系统；能够重建损毁的 RAID 阵列；能为磁盘、分区、目录生成镜像文件；能恢复删除分区上的文件、加密文件(NTFS5)、数据流(NTFS、NTFS5)；能恢复 FDISK 或其他磁盘工具删除过的数据、病毒破坏的数据、MBR 破坏后的数据；能识别特定文件名；能把数据保存到任何磁盘；能浏览、编辑文件或磁盘内容等。

(3) 顶尖数据恢复软件能够恢复硬盘、移动硬盘、U 盘、TF 卡、数码相机上的数据，软件采用多线程引擎，扫描速度极快，能扫描出磁盘底层的数据，经过高级的分析算法，能把丢失的目录和文件在内存中重建出来。同时，该软件不会向硬盘内写入数据，所有操作均在内存中完成，能有效地避免对数据的二次破坏。

(4) 安易硬盘数据恢复软件是一款文件恢复软件，能够恢复经过回收站删除掉的文件、被 Shift+Delete 键直接删除的文件和目录、快速格式化/完全格式化的分区以及分区表损坏、盘符无法正常打开的 RAW 分区数据、在磁盘管理中删除掉的分区、被重新分区过的硬盘数据、一键 Ghost 对硬盘进行分区被第三方软件做分区转换时丢失的文件等。该恢复软件用只读的模式来扫描文件数据信息，在内存中组建出原来的目录文件名结构，不会破坏源盘内容。支持常见的 NTFS 分区、FAT/FAT32 分区、exFAT 分区的文件恢复，支持普通本地硬盘恢复、USB 移动硬盘恢复、SD 卡恢复、U 盘恢复、数码相机和手机内存卡恢复等。采用向导式的操作界面，很容易就上手，普通用户也能做到专业级的数据恢复效果。

任务实践

文件在 FAT 文件系统中的定位操作

这里我们来实践 123.doc 文件在 FAT32 中的定位方法。本实践任务是指导读者如何在 FAT32 文件系统中定位某个具体文件在硬盘中的位置。

在定位之前，我们先了解一下 FAT32 文件系统的逻辑结构，如图 9-3 所示。

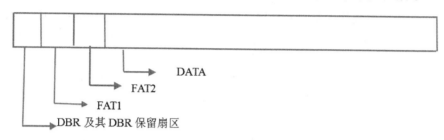

图 9-3　FAT32 文件系统的逻辑结构

具体的定位步骤如下。

(1)　确定分区的起始扇区，如图 9-4 所示。

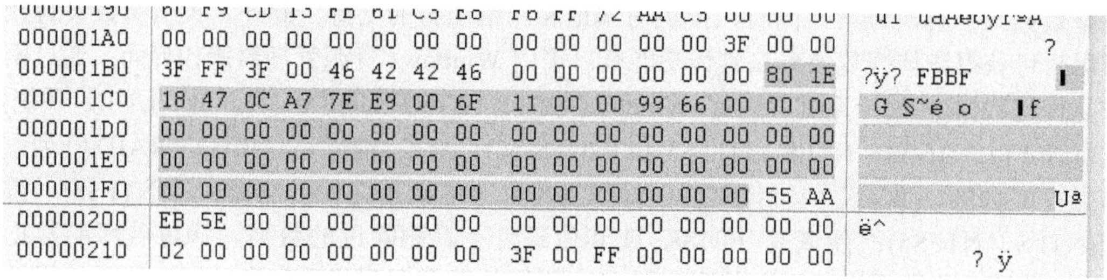

```
00000190  80 F9 CD 13 FB 61 C3 E8  F8 FF 72 AA C3 00 00 00   ...
000001A0  00 00 00 00 00 00 00 00  00 00 00 00 00 3F 00 00        ?
000001B0  3F FF 3F 00 46 42 42 46  00 00 00 00 00 00 80 1E   ?ÿ? FBBF    I
000001C0  18 47 0C A7 7E E9 00 6F  11 00 00 99 66 00 00 00   G §~é o  If
000001D0  00 00 00 00 00 00 00 00  00 00 00 00 00 00 00 00
000001E0  00 00 00 00 00 00 00 00  00 00 00 00 00 00 00 00
000001F0  00 00 00 00 00 00 00 00  00 00 00 00 00 00 55 AA            Uª
00000200  EB 5E 00 00 00 00 00 00  00 00 00 00 00 00 00 00   ë^
00000210  02 00 00 00 00 00 00 00  3F 00 FF 00 00 00 00 00        ? ÿ
```

图 9-4　FAT 文件系统的起始扇区

(2)　跳转到 DBR，查看分区 DBR 的 BPB 参数(DBR 保留扇区、每簇扇区数、FAT 个数、FAT 所占扇区数)。

具体的定位步骤如下。

①　从 MBR 中得到分区的信息，如图 9-5 所示。

图 9-5　跳转到 DBR 的界面

- 分区的起始扇区：0x116F00(1142528 Sector)，偏移 0x1C6，4 个字节。
- 分区的大小(字节)：0x669900(6723840)，偏移 0x1CB，4 个字节。

② 跳转到分区的起始扇区，如图 9-6 所示。

从第一步得到的分区起始扇区(DBR)：1142528 Sector，Ctrl+G(跳至扇区)。

可以从扇区的前三个字节(跳转指令)知道，我们打开的是 FAT32，FAT32 的跳转指令固定为 EB 58 90。

```
Offset     0  1  2  3  4  5  6  7   8  9  A  B  C  D  E  F
22DE0000  EB 58 90 4D 53 57 49 4E  34 2E 31 00 02 08 20 00   ëX MSWIN4.1
22DE0010  02 00 00 00 00 F8 00 00  3F 00 FF 00 00 6F 11 00       ø  ?ÿ  o
22DE0020  00 99 66 00 A0 19 00 00  00 00 00 00 02 00 00 00    f
22DE0030  01 00 06 00 00 00 00 00  00 00 00 00 00 00 00 00
22DE0040  80 00 29 00 00 00 00 4E  4F 20 4E 41 4D 45 20 20    )    NO NAME
22DE0050  20 20 46 41 54 33 32 20  20 20 00 00 00 00 00 00    FAT32
22DE0060  00 00 00 00 00 00 00 00  00 00 00 00 00 00 00 00
```

图 9-6　DBR 开始扇区

找到 DBR 后，我们可以打开模板，查看 DBR 的 BPB 参数，如图 9-7 所示。

Boot Sector FAT32，基本偏移：22DE0000

Offset	标题	数值
22DE0000	JMP instruction	EB 58 90
22DE0003	OEM	MSWIN4.1
BIOS Parameter Block		
22DE000B	Bytes per sector	512
22DE000D	Sectors per cluster	8
22DE000E	Reserved sectors	32
22DE0010	Number of FATs	2
22DE0011	Root entries (unused)	0
22DE0013	Sectors (on small volumes)	0
22DE0015	Media descriptor (hex)	F8
22DE0016	Sectors per FAT (small vol.)	0
22DE0018	Sectors per track	63
22DE001A	Heads	255
22DE001C	Hidden sectors	1142528
22DE0020	Sectors (on large volumes)	6723840
FAT32 Section		
22DE0024	Sectors per FAT	6560
22DE0028	Extended flags	0
22DE0028	FAT mirroring disabled?	0
22DE002A	Version (usually 0)	0
22DE002C	Root dir 1st cluster	2
22DE0030	FSInfo sector	1
22DE0032	Backup boot sector	6
22DE0034	(Reserved)	00 00 00 00 00 00 00 00 00 00 00 00

图 9-7　DBR 的模板参数

BPB 参数所在的数据区如图 9-8 中阴影部分所示。

```
Offset     0  1  2  3  4  5  6  7   8  9  A  B  C  D  E  F
22DE0000  EB 58 90 4D 53 57 49 4E  34 2E 31 00 02 08 20 00   ëX MSWIN4.1
22DE0010  02 00 00 00 00 F8 00 00  3F 00 FF 00 00 6F 11 00       ø  ?ÿ  o
22DE0020  00 99 66 00 A0 19 00 00  00 00 00 00 02 00 00 00    f
22DE0030  01 00 06 00 00 00 00 00  00 00 00 00 00 00 00 00
22DE0040  80 00 29 00 00 00 00 4E  4F 20 4E 41 4D 45 20 20    )    NO NAME
22DE0050  20 20 46 41 54 33 32 20  20 20 00 00 00 00 00 00    FAT32
22DE0060  00 00 00 00 00 00 00 00  00 00 00 00 00 00 00 00
22DE0070  00 00 00 00 00 00 00 00  00 00 00 00 00 00 00 00
22DE0080  00 00 00 00 00 00 00 00  00 00 00 00 00 00 00 00
```

图 9-8　DBR 的 BPB 参数

从 DBR 的 BPB 参数中，我们可以得到以下信息。

- 每簇扇区数：0x08(8)，偏移 0x00D，1 个字节。
- DBR 保留扇区数：0x20(32)，偏移 0x00E，2 个字节。
- FAT 个数：0x02(2)，偏移 0x010，1 个字节。
- FAT 所占扇区数：0x19A0(6560)，偏移 0x024，4 个字节。

③ 跳转到 FAT。

FAT 中，每 4 个字节描述一个簇的使用情况。由于两个 FAT 大小都是一样的，所以可以直接跳过 FAT2，直接跳转到数据区。

- FAT 中 0 号 FAT 项描述介质类型：F8 FF FF 0F；
- 1 号 FAT 项为脏脏标志：FF FF FF 0F；
- 2 号 FAT 项为结束标志：FF FF FF 0F(-2)。
- 我们从 DBR 的 BPB 参数中知道，根目录首簇号为 2，从 FAT 表中可以看出，2 号簇只使用了一个簇。因此，我们可以得出根目录占用一个簇；3 号及之后的 FAT 项就是存储介质存储文件所使用的表项。

FAT1 中的具体各 FAT 项如图 9-9 所示。

图 9-9   FAT1 表中的 FAT 项

④   跳转到数据区。

由于两个 FAT 的大小都是一样的，所以可以直接跳过 FAT2 直接跳转到数据区。数据区主要由三部分组成：根目录、子目录、文件内容。

数据区开始的扇区就是根目录，从根目录中可以得到各文件与文件夹的起始簇号和文件的大小；123.doc 所在的根目录如图 9-10 所示。

```
2344BFF0  00 00 00 00 00 00 00 00  00 00 00 00 00 00 00 00
2344C000  B5 E7 C4 D4 B5 EA 55 C5  CC 20 20 08 00 00 00 00   µçÄÔµêUÅÌ
2344C010  00 00 00 00 00 00 31 78  9E 45 00 00 00 00 00 00          1x E
2344C020  41 11 62 84 76 E5 5D 77  51 00 00 0F 00 CC FF FF   A b vå]wQ    Ìÿÿ
2344C030  FF FF FF FF FF FF FF FF  FF FF 00 00 FF FF FF FF   ÿÿÿÿÿÿÿÿÿÿ    ÿÿÿÿ
2344C040  CE D2 B5 C4 B9 A4 BE DF  20 20 20 15 00 36 31 78   ÎÒµÄ¹¤¾ß      61x
2344C050  9E 45 9E 45 00 00 32 78  9E 45 03 00 00 00 00 00    E E  2x E
2344C060  47 48 4F 20 20 20 20 20  20 20 20 15 00 B7 31 78   GHO          ·1x
2344C070  9E 45 9E 45 00 00 32 78  9E 45 19 00 00 00 00 00    E E  2x E
2344C080  41 44 00 4E 00 44 00 69  00 6E 00 0F 00 69 75 00   A D N D i n     iu
2344C090  64 00 2E 00 65 00 78 00  65 00 00 00 00 00 FF FF   d . e x e
2344C0A0  44 4E 44 49 4E 55 44 20  45 58 45 20 00 33 32 78   DNDINUD EXE  32x
2344C0B0  9E 45 24 46 00 00 33 78  9E 45 22 00 CF 92 0F 00    E$F  3x E" Ï'
2344C0C0  31 32 33 20 20 20 20 20  44 4F 43 20 10 7A E5 79   123     DOC  zåy
2344C0D0  24 46 24 46 00 00 4E 8A  92 45 1C 01 00 0A 01 00   $F$F  N  'E
2344C0E0  00 00 00 00 00 00 00 00  00 00 00 00 00 00 00 00
2344C0F0  00 00 00 00 00 00 00 00  00 00 00 00 00 00 00 00
```

图 9-10   所要定位文件的目录位置

从图 9-10 中，我们得知文件的起始簇号 0x011C(284)；文件的大小为 0x01000A(68096 字节)。跳转到 FAT1，查看 284 号簇的使用情况，如图 9-11 所示。从 284 号 FAT 项中可以知道，123.doc 文件只使用了一个簇。

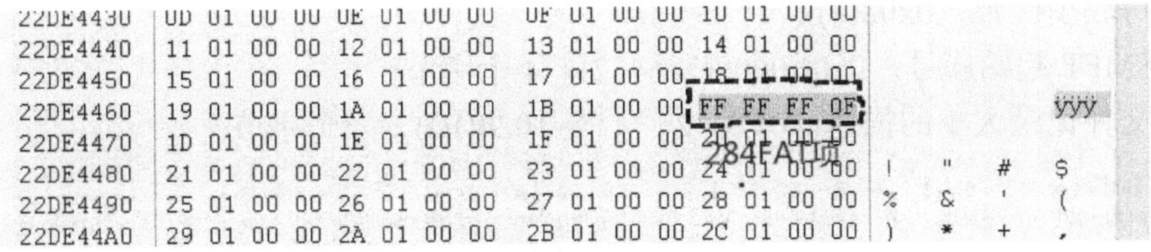

```
22DE4430  0D 01 00 00 0E 01 00 00  0F 01 00 00 10 01 00 00
22DE4440  11 01 00 00 12 01 00 00  13 01 00 00 14 01 00 00
22DE4450  15 01 00 00 16 01 00 00  17 01 00 00 18 01 00 00
22DE4460  19 01 00 00 1A 01 00 00  1B 01 00 00 FF FF FF 0F      ÿÿÿ
22DE4470  1D 01 00 00 1E 01 00 00  1F 01 00 00 20 01 00 00
22DE4480  21 01 00 00 22 01 00 00  23 01 00 00 24 01 00 00  !  "  #  $
22DE4490  25 01 00 00 26 01 00 00  27 01 00 00 28 01 00 00  %  &  '  (
22DE44A0  29 01 00 00 2A 01 00 00  2B 01 00 00 2C 01 00 00  )  *  +  ,
```


图 9-11　FAT1 表中的 284 号簇

⑤　定位到 123.DOC 文件所在的扇区。

通过以下公式计算：

文件所在绝对扇区的地址=所在分区的起始扇区绝对地址+DBR 保留扇区+2×FAT+(N−2)×每簇扇区数=文件所在扇区数=1142528+32+2×6560+(284−2)×8=1157941 Sector

其中，N 就是文件所在的起始簇号。

跳转到 284 号簇，123.DOC 文件的内容在数据区中如图 9-12 所示。

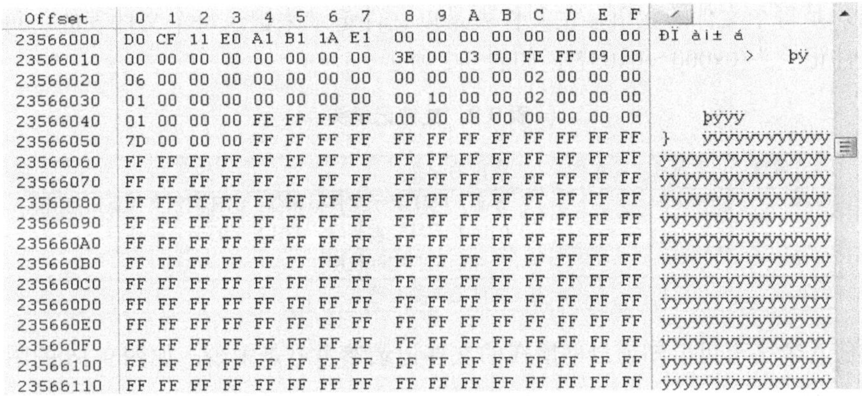

```
Offset     0  1  2  3  4  5  6  7   8  9  A  B  C  D  E  F
23566000  D0 CF 11 E0 A1 B1 1A E1  00 00 00 00 00 00 00 00  ÐÏ à¡± á
23566010  00 00 00 00 00 00 00 00  3E 00 03 00 FE FF 09 00          >   þÿ
23566020  06 00 00 00 00 00 00 00  00 00 00 00 02 00 00 00
23566030  01 00 00 00 00 00 00 00  00 10 00 00 02 00 00 00
23566040  01 00 00 00 FE FF FF FF  00 00 00 00 00 00 00 00      þÿÿÿ
23566050  7D 00 00 00 FF FF FF FF  FF FF FF FF FF FF FF FF  }   ÿÿÿÿÿÿÿÿÿÿÿÿ
23566060  FF FF FF FF FF FF FF FF  FF FF FF FF FF FF FF FF  ÿÿÿÿÿÿÿÿÿÿÿÿÿÿÿÿ
23566070  FF FF FF FF FF FF FF FF  FF FF FF FF FF FF FF FF  ÿÿÿÿÿÿÿÿÿÿÿÿÿÿÿÿ
23566080  FF FF FF FF FF FF FF FF  FF FF FF FF FF FF FF FF  ÿÿÿÿÿÿÿÿÿÿÿÿÿÿÿÿ
23566090  FF FF FF FF FF FF FF FF  FF FF FF FF FF FF FF FF  ÿÿÿÿÿÿÿÿÿÿÿÿÿÿÿÿ
235660A0  FF FF FF FF FF FF FF FF  FF FF FF FF FF FF FF FF  ÿÿÿÿÿÿÿÿÿÿÿÿÿÿÿÿ
235660B0  FF FF FF FF FF FF FF FF  FF FF FF FF FF FF FF FF  ÿÿÿÿÿÿÿÿÿÿÿÿÿÿÿÿ
235660C0  FF FF FF FF FF FF FF FF  FF FF FF FF FF FF FF FF  ÿÿÿÿÿÿÿÿÿÿÿÿÿÿÿÿ
235660D0  FF FF FF FF FF FF FF FF  FF FF FF FF FF FF FF FF  ÿÿÿÿÿÿÿÿÿÿÿÿÿÿÿÿ
235660E0  FF FF FF FF FF FF FF FF  FF FF FF FF FF FF FF FF  ÿÿÿÿÿÿÿÿÿÿÿÿÿÿÿÿ
235660F0  FF FF FF FF FF FF FF FF  FF FF FF FF FF FF FF FF  ÿÿÿÿÿÿÿÿÿÿÿÿÿÿÿÿ
23566100  FF FF FF FF FF FF FF FF  FF FF FF FF FF FF FF FF  ÿÿÿÿÿÿÿÿÿÿÿÿÿÿÿÿ
23566110  FF FF FF FF FF FF FF FF  FF FF FF FF FF FF FF FF  ÿÿÿÿÿÿÿÿÿÿÿÿÿÿÿÿ
```

图 9-12　文件所在的扇区

文件在 NTFS 文件系统中的定位操作

将 16GB 的 U 盘格式化成 NTFS 文件系统，用来模拟文件存储在硬盘中的情况。在此 U 盘中，我们新建一个 456 文件夹，在 456 文件夹中存放了许多 DOC 文件，目标文件也是存储在 456 文件夹中。

NTFS.DOC 文件的具体定位步骤如下。

1)　定位到 DBR

查看 MBR，如图 9-13 所示，从中可知此分区的起始扇区为 0x3F(63)，4 个字节；分区的大小为 0x01E3A536(31696182)，4 个字节。

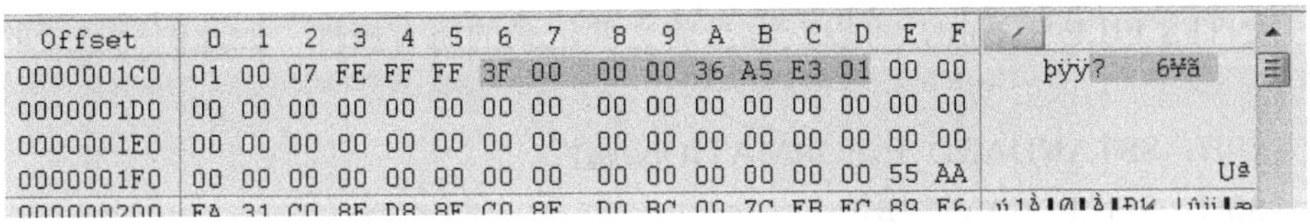

```
Offset     0  1  2  3  4  5  6  7   8  9  A  B  C  D  E  F
000001C0  01 00 07 FE FF FF 3F 00  00 00 36 A5 E3 01 00 00    þÿÿ?   6¥ã
000001D0  00 00 00 00 00 00 00 00  00 00 00 00 00 00 00 00
000001E0  00 00 00 00 00 00 00 00  00 00 00 00 00 00 00 00
000001F0  00 00 00 00 00 00 00 00  00 00 00 00 00 00 55 AA                Uª
```

图 9-13　MBR 中的分区表

然后就可以跳转到 DBR，从 DBR 中的 BPB 参数可得到以下信息，如图 9-14 所示。

- 每簇扇区数：0x08(8)，一个字节。
- $MFT 起始簇号：0x0C0000(786432)，4 个字节。
- 文件记录大小的描述：0xF6($2^{(-1)\times(-10)}$ =1024(B))，一个字节。

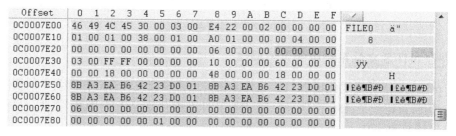

图 9-14　DBR 的 BPB 参数

2) 定位到$MFT

$MFT 所在扇区−分区的大小+$MFT 起始簇号×每簇扇区数=6291519 Sector。$MFT 是主文件表，是每个文件的索引，主文件表是以文件记录来记录每个文件表的。每个文件记录都有文件记录头(0x000～0x037)，如表 9-2 所示。

表 9-2　文件记录头

字节偏移	字段长度（字节）	字段的含义
0x16	2	标志，00H 表示文件被删除，01H 表示文件正在使用，02H 表示目录被删除，03H 表示目录正在使用。
0x1C	4	文件记录的实际长度
0x2C	4	文件记录参考号

从当前 4 个字节可以知道目前所在的文件记录参考号是多少，如图 9-15 的阴影所示。

```
Offset      0  1  2  3  4  5  6  7   8  9  A  B  C  D  E  F
0C0007E00  46 49 4C 45 30 00 03 00  E4 22 00 02 00 00 00 00   FILE0    ä"
0C0007E10  01 00 01 00 38 00 01 00  A0 01 00 00 00 04 00 00        8
0C0007E20  00 00 00 00 00 00 00 00  06 00 00 00 00 00 00 00
0C0007E30  03 00 FF FF 00 00 00 00  10 00 00 00 60 00 00 00        ÿÿ
0C0007E40  00 00 18 00 00 00 00 00  48 00 00 00 18 00 00 00              H
0C0007E50  8B A3 EA B6 42 23 D0 01  8B A3 EA B6 42 23 D0 01   |£ê¶B#Ð |£ê¶B#Ð
0C0007E60  8B A3 EA B6 42 23 D0 01  8B A3 EA B6 42 23 D0 01   |£ê¶B#Ð |£ê¶B#Ð
0C0007E70  06 00 00 00 00 00 00 00  00 00 00 00 00 00 00 00
0C0007E80  00 00 00 00 00 01 00 00  00 00 00 00 00 00 00 00
```

图 9-15　文件记录号

3) 定位到根目录的文件记录

$MFT 所在扇区是 0 号文件记录，而 NTFS 中的根目录在 5 号文件记录。所以根目录所在的扇区地址是 6291529 Sector，如图 9-16 所示。

打开 NTFS FILE Record，可以查看当前文件记录的所有属性，如此例根目录的所有属性如下。

- 10H：$STANDARD_INFORMATION 属性。
- 30H：$FILE_NAME 属性。
- 50H：$SECURITY_DESCRIPTOR 属性。

- 90H：$INDEX_ROOT 属性。
- A0H：$INDEX_ALLOCATION 属性。
- B0H：$BITMAP 属性。
- 100H：$LOGGED_UTILITY_STREAM 属性。

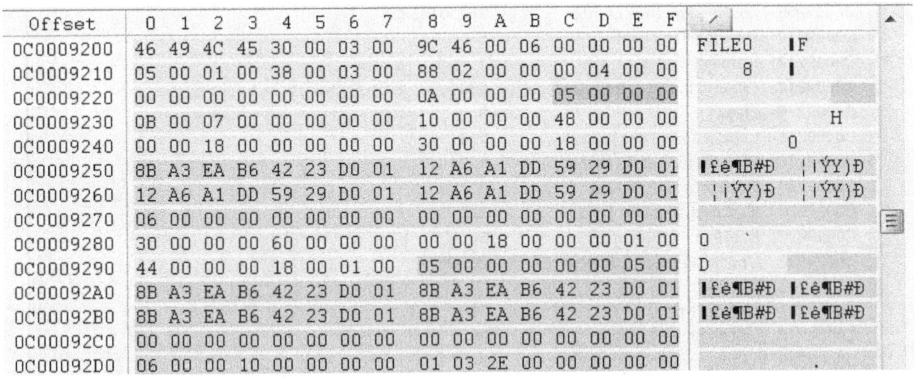

Offset	0	1	2	3	4	5	6	7	8	9	A	B	C	D	E	F	/	
0C0009200	46	49	4C	45	30	00	03	00	9C	46	00	06	00	00	00	00	FILE0	↓F
0C0009210	05	00	01	00	38	00	03	00	88	02	00	00	00	04	00	00	8	↓
0C0009220	00	00	00	00	00	00	00	00	0A	00	00	00	05	00	00	00		
0C0009230	0B	00	07	00	00	00	00	00	10	00	00	00	48	00	00	00		H
0C0009240	00	00	18	00	00	00	00	00	30	00	00	00	18	00	00	00		0
0C0009250	8B	A3	EA	B6	42	23	D0	01	12	A6	A1	DD	59	29	D0	01	‹£ê¶B#Ð	↓¦Ý)Ð
0C0009260	12	A6	A1	DD	59	29	D0	01	12	A6	A1	DD	59	29	D0	01	↓¦Ý)Ð	↓¦Ý)Ð
0C0009270	06	00	00	00	00	00	00	00	00	00	00	00	00	00	00	00		
0C0009280	30	00	00	00	00	00	18	00	00	00	00	00	00	01	00	00	0	
0C0009290	44	00	00	00	18	00	01	00	05	00	00	00	00	00	05	00	D	
0C00092A0	8B	A3	EA	B6	42	23	D0	01	8B	A3	EA	B6	42	23	D0	01	‹£ê¶B#Ð	‹£ê¶B#Ð
0C00092B0	8B	A3	EA	B6	42	23	D0	01	8B	A3	EA	B6	42	23	D0	01	‹£ê¶B#Ð	‹£ê¶B#Ð
0C00092C0	00	00	00	00	00	00	00	00	00	00	00	00	00	00	00	00		
0C00092D0	06	00	00	10	00	00	00	00	01	03	2E	00	00	00	00	00		.

图 9-16 $MFT 记录所在的扇区

4) 分析索引属性

我们知道了 5 号文件记录的所有属性，但其实，我们在查找文件时，并不是所有的属性都需要使用到的，需要关注的属性是 30H、90H、A0H、B0H。

文件记录中的属性分为属性头与属性体。属性头分为常驻有属性名、常驻没有属性名、非常驻有属性名、非常驻没有属性名。

各属性头虽有差异，但主要关注的字节还是一样的，如表 9-3 所示。

表 9-3 属性头的信息

属 性 头	属性体的 开始偏移	Run List 信息的偏移	是否为 常驻属性	属性名的 长度	属性体的 实际大小
常驻有属性名	0x14 (2 字节)		0x08(1 字节)	0x09(1 字节)	
常驻没有属性名	0x14 (2 字节)		0x08(1 字节)	0x09(1 字节)	
非常驻有属性名		0x20(2 字节)	0x08(1 字节)	0x09(1 字节)	0x30(8 字节)
非常驻没有属性名		0x20(2 字节)	0x08(1 字节)	0x09(1 字节)	0x30(8 字节)

其中是否为常驻：00H 表示常驻；01H 表示非常驻。

属性名的长度：0 表示没有属性名。

从 View 主菜单中打开 NTFS FILE Record 界面，可以从以下属性中得到的信息如图 9-17 所示。

- 30H 属性(类型属性)：当前文件的文件名。
- 90H 属性(索引根属性)：如果一个目录较小时，可以全部存储在 90H 属性中。从 90H 属性中可以得到索引缓冲区所在的起始簇号。

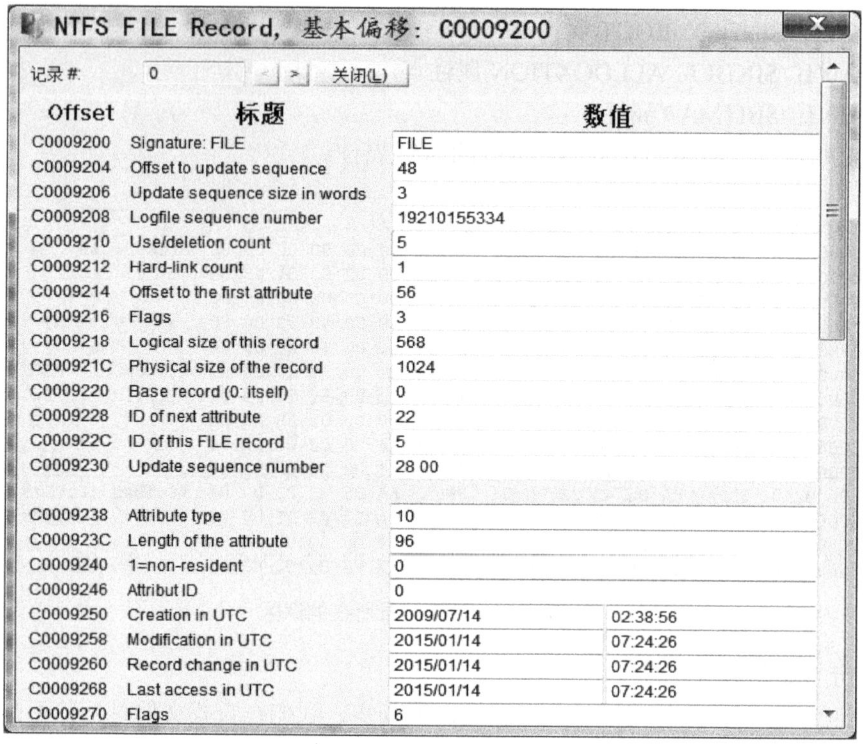

图 9-17　NTFS FILE Record 界面

- A0H 属性(索引分配属性)：如果当前目录太大时，就需要用到 A0H 属性和 B0H 属性。从 A0H 属性中，可以得到索引缓冲区所在的起始簇号。

NTFS 通过 Data List 来记录索引缓冲区的起始簇号及索引缓冲区的大小。从 A0H 属性的标准属性头中可以知道，Data List 开始的偏移是 72 字节。索引缓冲区：0x2C，1 个簇 (11 01 2C)，44 号簇。此例中，只有一个 Data Run：11 01 2C，如图 9-18 所示。

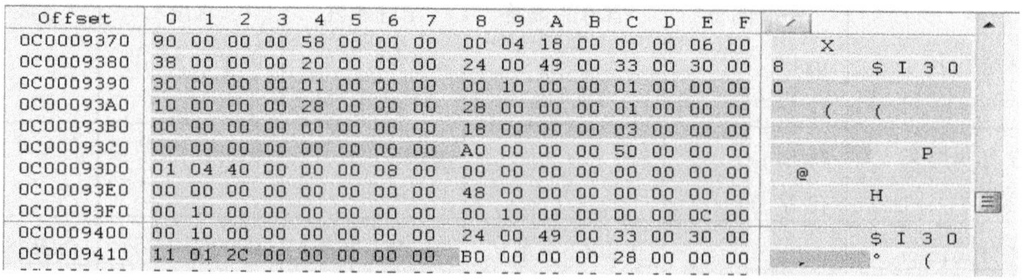

图 9-18　A0H 属性的 Run List

5)　分析位图属性(B0H)

该属性是由一系列的位构成的虚拟簇的使用情况，它的大小没有限制，主要用在索引和$MFT 中。

在索引中，每一位代表索引分配中的一个虚拟簇；在$MFT 中，每一位代表一个文件记录的使用情况。

B0H 属性的属性体的分析如表 9-4 所示。

表 9-4　B0H 属性的属性体的分析

字节偏移	字段长度(字节)	描　述		
		标准属性头		
0x00(属性体)	以一个字节为例(8 位)	虚拟簇号的 使用表(低位 代表前面的 虚拟簇号)	位	对应的虚拟簇号
			00000001	0
			00000010	1
			00000100	2

此例中的 B0H 属性的属性体如图 9-19 所示。

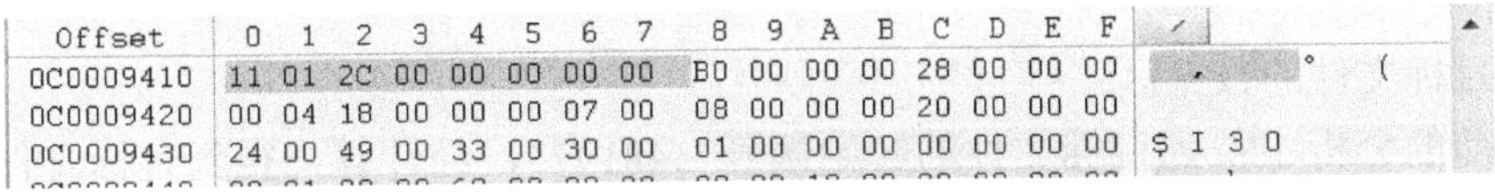

图 9-19　B0H 属性体

通过对图 9-19 的分析可以得知，虚拟簇号 0 有使用。

6)　遍历 B+树

我们跳转到 44 号簇，索引缓冲区起始簇号×每簇扇区数+分区起始扇区=415。索引缓冲区最前面的是标准索引项，如图 9-20 所示。

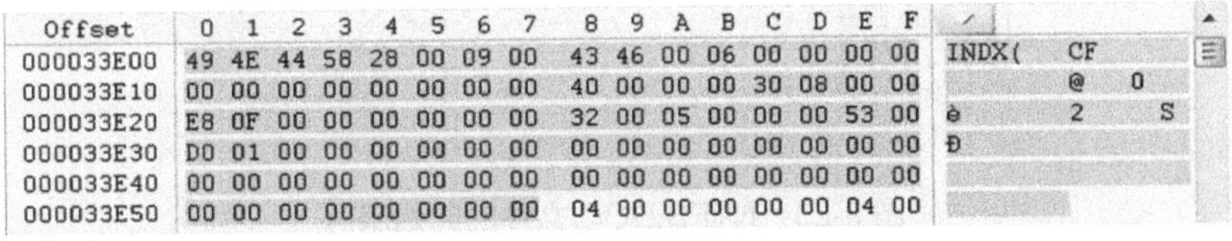

图 9-20　标准索引项

从标准索引缓冲项中，我们主要得到的信息如表 9-5 所示。

表 9-5　从标准索引缓冲项中得到的主要信息

偏　移	字段大小(字节)	描　述
0x10	8	本索引缓冲区在索引分配中的虚拟簇号

在索引缓冲区中找到 NTFS.DOC 文件的索引缓冲项，如图 9-21 所示。

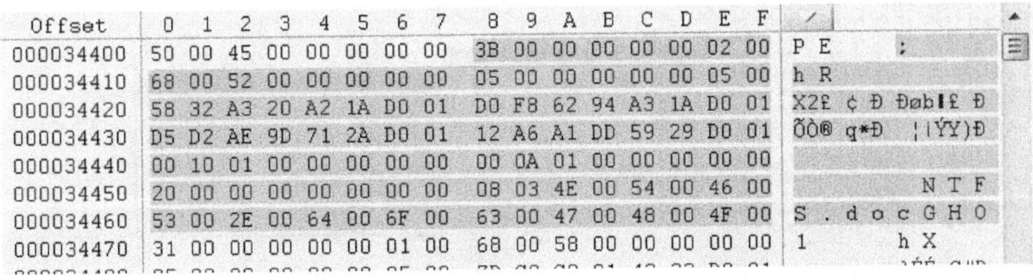

图 9-21　DOC 文件的索引缓冲区

从图 9-21 中可以得知，目标文件所在的文件记录为 0x3B(59 号)。

7) 查找目标文件的文件记录

跳转到 59 号文件记录，即跳转到的扇区=786432×8+63+59×2=6291637。此扇区是文件记录的扇区，查看方式前面已经介绍过。直接找到 80H 属性，我们可以得到目标文件的 Run List: 31 11 75 21 35，也就是得到了目标文件的起始簇号 0x352175(3481973)，目标文件的大小(簇)为 0x11(17)，如图 9-22 所示。

图 9-22 59 号文件记录中的 80H 属性

8) 目标文件的数据区

从先前的分析中得到目标文件的起始簇号 3481973，经计算，得到目标文件的起始扇区：分区的起始扇区+目标文件的起始簇号×每簇扇区数=63+3481973×8=27855847 Sector。NTFS.DOC 文件的起始扇区如图 9-23 所示。

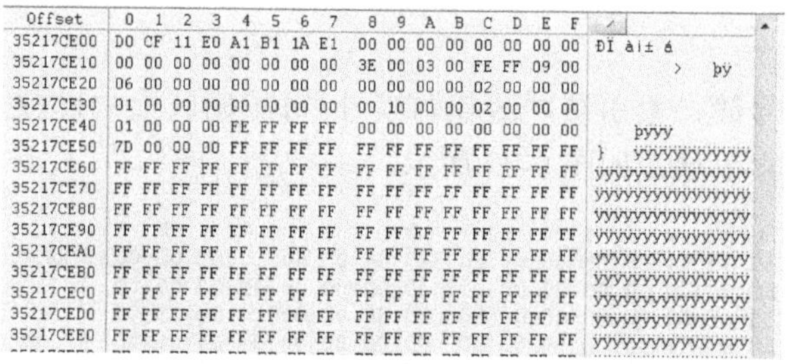

图 9-23 NTFS.DOC 文件的起始扇区

文件的结束扇区=目标文件的起始扇区+文件的扇区大小=27855847+17×8=27855983 Sector。

选择文件的结尾时，如果全是 0，可以多选，但不要选择有字符的区域。将鼠标指针放在选中的区域并单击右键，如图 9-24 所示。

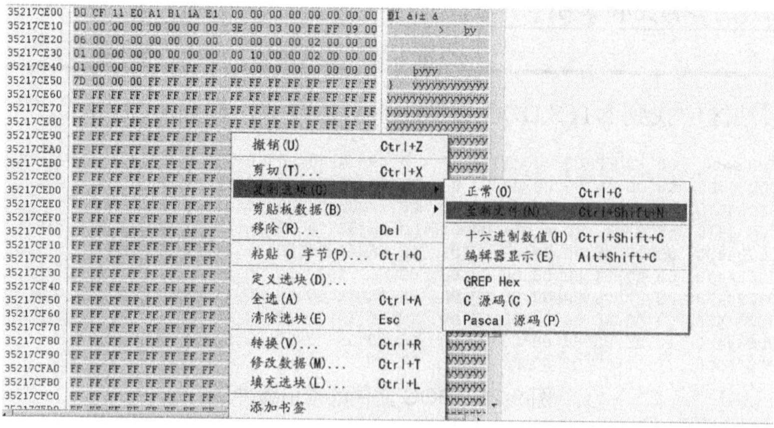

图 9-24 选中 NTFS.doc 文件的内容

现在就可以把目标文件从 U 盘中提取出来了。保存的时候要注意，不要把保存的文件与源文件放在同一个分区中，这样就可以避免新保存的文件与原来的文件冲突。

用 WinHex 软件恢复误 Ghost 操作

在用 Ghost 恢复系统的时候，正确的操作是选择 Partition → From Image 选项，然而有的用户会选择错误，误选择为 DISK → From Image 选项，这样 Ghost 完成之后，用户的硬盘就会变成一个分区，其余的分区会全部丢失。而实际上，原来的第一个分区之后的分区还在的，只是因为分区表的改变使那些分区无法看见。如果可以把分区表恢复为原来的状态，就能够把丢失的分区找回来。

用 WinHex 软件恢复误 Ghost 操作的具体步骤如下。

(1) 用 WinHex 打开磁盘，我们可以通过 55AA 来查找出一个正确的位置，思路是从硬盘尾部往上查找，查找方式如图 9-25 所示。

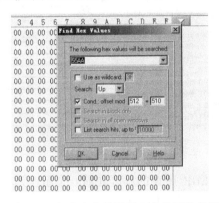

图 9-25　通过 55AA 标志来查找最后一个分区的备份 DBR 方法

(2) 在查找的过程中，可能会出现很多的 55AA，但基本都不是，在经过多次查找后，确定了一个有效的分区。此分区为硬盘最后一个分区的 DBR，查看它的 BPB 参数，如图 9-26 所示。

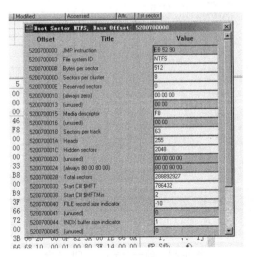

图 9-26　DBR 的 BPB 参数

(3) 从图 9-26 中可以得出此子扩展分区 EBR3 的分区表隐藏扇区为 2048，总扇区数为 288892928，分区类型为 07，跳转到最后一个分区的 EBR 所在的扇区，按图 9-27 所示填写参数。

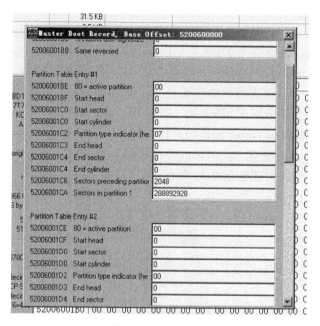

图 9-27　EBR 模板

(4) 从最后一个分区的 EBR 所在的扇区往前一个扇区为前一个子扩展分区的 DBR 备份，查看此分区的 BPB 参数，如图 9-28 所示。

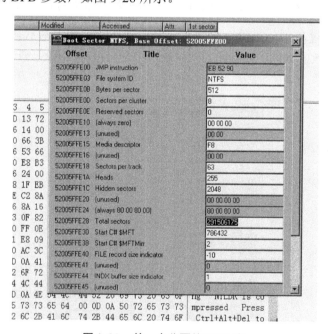

图 9-28　前一个分区的 DBR 表

(5) 当前的扇区数减去图 9-28 中 DBR 的总扇区数再减去隐藏扇区，就可以得到 EBR2 所在的扇区，从 DBR 的 BPB 参数可以得到 EBR2 的第 1 表项的隐藏扇区数、分区类型和总扇区数，分别为 2048、07 和 291506176。表项 2 的隐藏扇区数、分区类型和总扇区数也分别为 291508224、05、291508224。按图 9-29 所示输入该 EBR 模板的参数。

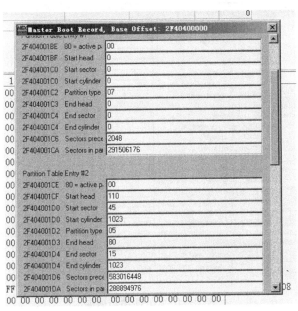

图 9-29　输入 EBR 模板的参数

(6) 继续向前跳一个扇区，查看此分区的前一个分区的备份 DBR 的 BPB 参数，如图 9-30 所示。

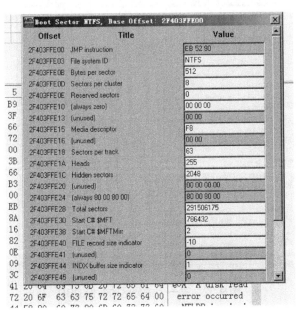

图 9-30　前一个分区的备份 DBR

（7）从图 9-30 可以计算出 EBR1 所在的扇区地址，然后就可以确定以下参数：子扩展分区 EBR1 的分区表项 1 隐藏扇区为 2048，总扇区数为 291506176，分区类型为 07，表项 2 为 291508224、291508224、2048。确认并将参数填入 EBR1 模板，如图 9-31 所示。

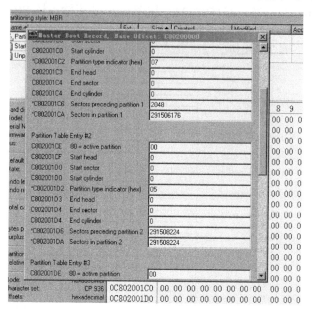

图 9-31　EBR1 填写模板

（8）再往前一个扇区为前一个分区(第一个主分区)的备份 DBR，查看此分区的 BPB 参数，如图 9-32 所示。

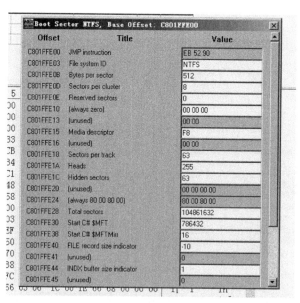

图 9-32　第一个主分区的备份 DBR

（9）接下来就可以回到 MBR 来修复分区表了，直接打开 MBR 模板，如图 9-33 所示。

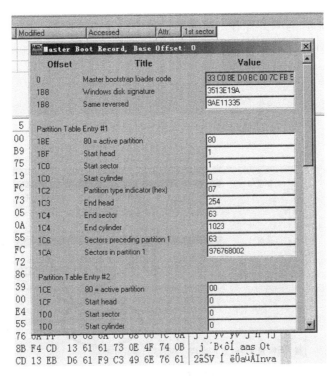

图 9-33　待修复的 MBR

（10）将计算好的数值填入分区表 2 中，分区表 2 中开始扇区为表 1 的结束与开始扇区之和，表 2 的总扇区为其他三个子扩展分区的总扇区的和，为 871909376，因为表 2 是扩展分区，所以分区类型为 0F 或者 05。修复好的 MBR 如图 9-34 所示。

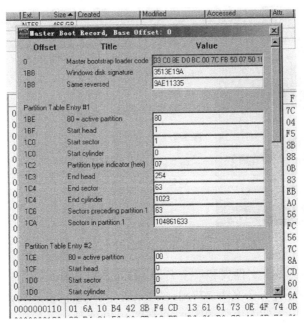

图 9-34　修复好的 MBR

(11) 全部确认后，写入并保存。打开笔记本电脑设备管理器，先卸载此硬盘，然后重新扫描硬盘后，打开磁盘管理器，如图 9-35 所示。

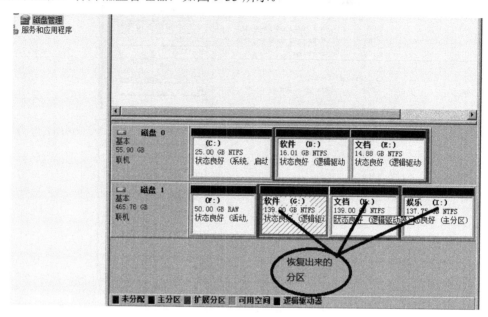

图 9-35　磁盘管理器

采用 R-STUDIO 软件恢复 U 盘误格式化数据

将桌面 898 文件夹复制到 U 盘中，如图 9-36 所示。

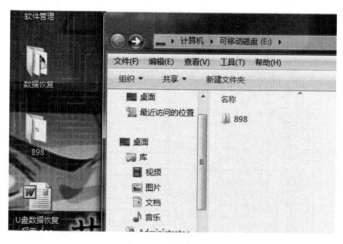

图 9-36　故障前(一)

898 文件夹中还有 345 文件夹和一个名为 123.doc 的 Word 文档，如图 9-37 所示。
而 345 文件夹中还有一个名为 777.xls 的 Excel 工作表，如图 9-38 所示。
123.doc 和 777.xls 文件的内容如图 9-39 和图 9-40 所示。

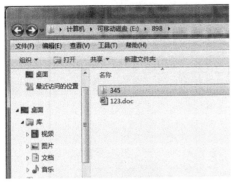

图 9-37　故障前(二)　　　　　　　图 9-38　故障前(三)

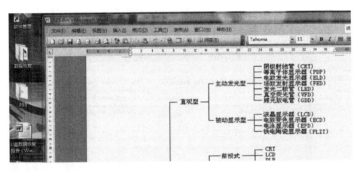

图 9-39　123.doc 文件的内容

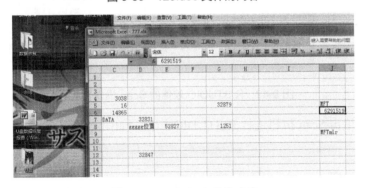

图 9-40　777.xls 文件的内容

　　现将此 U 盘快速格式化(以此模拟一个误操作故障)，然后利用 R-STUDIO 将该 U 盘中的内容恢复出来。

　　接下来，我们先学习一下 R-STUDIO 的具体操作方法。

　　(1)　打开 R-STUDIO 软件，如图 9-41 所示。

　　(2)　选中盘符为 E 的 U 盘，单击鼠标右键，从弹出的快捷菜单中选择 Scan 命令，弹出一个对话框，如图 9-42 所示。

　　(3)　单击图 9-42 中的 Change 按钮(选择文件系统类型)，E 盘的文件系统是 FAT 类型的，所以只要将 FAT 选中即可。

　　(4)　单击 Known File Types 按钮(选择文件格式类型)，一般为默认即可。

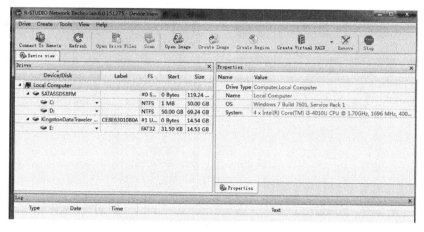

图 9-41　R-STUDIO 软件界面

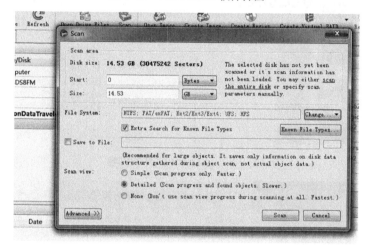

图 9-42　R-STUDIO 软件的 Scan 操作界面

(5)　最后，单击 Scan 按钮进行 R-STUDIO 扫描，如图 9-43 所示。

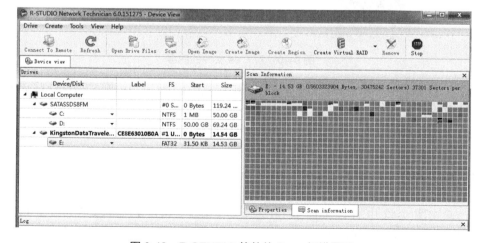

图 9-43　R-STUDIO 软件的 Scan 扫描界面

(6) 扫描完后，双击 E:(Recognized1)，出现如图 9-44 所示的结果。

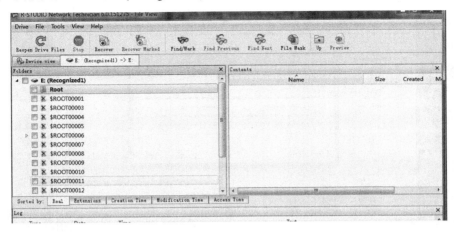

图 9-44　R-STUDIO 软件扫描后的结果

(7) 然后单击下方的 Creation Time 的图标，结果如图 9-45 所示。

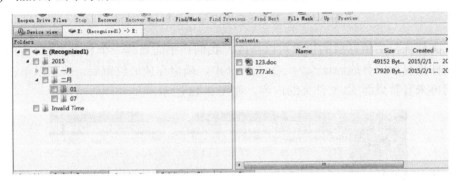

图 9-45　R-STUDIO 软件按 Creation Time 排序的结果

图 9-45 中，右边的两个文件 123.doc 和 777.xls 就是我们需要恢复的文件了。

(8) 选中我们需要恢复的两个文件，然后点击鼠标右键，如图 9-46 所示。

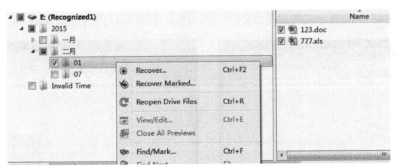

图 9-46　R-STUDIO 软件恢复菜单

(9) 选中图 9-46 中的 Recover 命令(或按快捷键 Ctrl+F2)后，将会弹出 Recover 对话框，如图 9-47 所示。

计算机组装与维修(第2版)

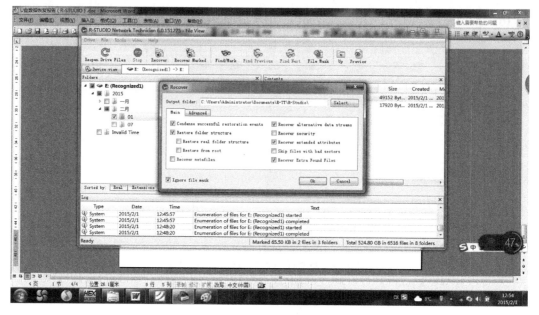

图 9-47　设置 R-STUDIO 软件恢复目标地址

(10) 文件恢复后所存放的位置可以修改，我们在桌面新建一个名为"32"的文件夹，然后将文件恢复后的存放地址改为 32 文件夹中，确定存放的位置后，就可以单击 OK 按钮，我们再来看看桌面 32 文件夹的内容，如图 9-48 所示。

图 9-48　恢复出的文档

(11) 图 9-48 中的两个文件就是我们已经恢复的。打开后，内容如图 9-49 和图 9-50 所示。

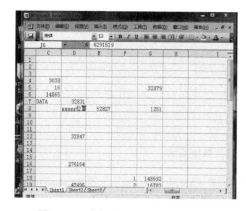

图 9-49　恢复出的 Excel 文档内容

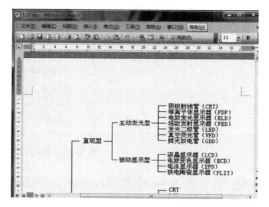

图 9-50　恢复出的 word 文档内容

至此，R-STUDIO 的恢复操作就结束了。

项目实训一 分区合并恢复实践

1. 实训背景

用户在对分区的操作过程中，由于操作疏忽，把原来硬盘中的两个分区或多个合并成一个分区，这种情况下如何恢复？本次实训即针对此问题进行讲解。

2. 实训内容和要求

(1) 将出现问题的分区恢复成原来的样子，要求能够实现分区恢复。

(2) 使恢复后的分区数据没有被破坏，能够完整地读出。

3. 实训步骤

本实训的具体操作步骤如下。

(1) 查看此硬盘的状态，发现除了主分区，其他的分区全部被合并了，而且被标为"问题分区"，如图 9-51 所示。我们要做的，就是把被合并的分区重新恢复为原来的样子。

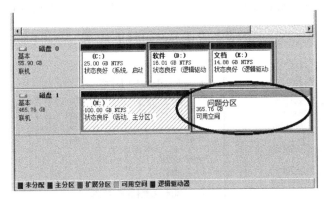

图 9-51 磁盘管理器

(2) 接下来，我们可以打开 WinHex，并且打开此硬盘，查看 MBR 的情况。可以看出，MBR 是正常的，也可从中看出 DBR 的位置为 63，EBR 的位置为 209719296，如图 9-52 所示，记录下来并且跳转(先创建一个文档，把数据填到表上，恢复完，并确认后填入)。

(3) 跳转到 EBR1，查看分组，发现了问题，分区表错乱。我们要做的就是重新写入正确的分区表，第一项分组主要需要修改硬盘的类型和隐藏扇区，以及此分区的总扇区数，我们可以从接下来的 DBR 中得到隐藏扇区和此分区的总扇区数。填写时要加 1，数值分别为 2048、255854591，第 2 分区表指向子扩展分区 2，所以，我们要跳转到下一个 EBR2 查看。我们可以从上一个 EBR 得出 255854591 加 2048 加 209719296，得出 465575936，跳转并且查看 MBR 表。再往后跳转 2048，查看 DBR 的 BPB 参数，可以判断出 EBR 的表项 1 没有问题，然后，我们可以算出此扩展分区的大小，即 BPB 参数的总大小加上 1，加 2048，得出 EBR1 的表 2 的结束扇区为 255338495，开始扇区等于所在扇区减去相对扇区

209719296，为 255856640。现在要做的，就是跳转子扩展分区 3，查看分区表，并且以此来得出 EBR2 的表 2，往后跳转 2048 个扇区，查看 DBR 的 BPB 参数，得出 EBR3 的分区表正常，所以，我们可以算出子扩展分区 3 的总扇区为 255340544，开始扇区等于所在扇区 721432576 减去相对扇区 209719296，为 511713280。至此，我们修复好了每个分区间的链接。查看文档的数据，如图 9-53 所示，确认后输入。

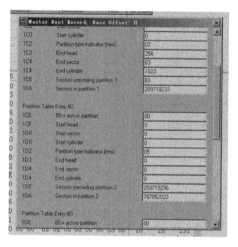

图 9-52　MBR 模板表参数

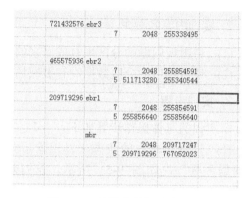

图 9-53　计算出的相关参数

(4)　输入后打开笔记本电脑的设备管理器，如图 9-54 所示，卸载硬盘，并且重新载入硬盘。

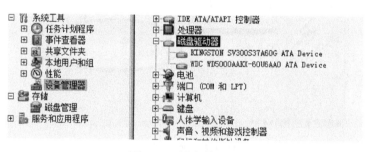

图 9-54　设备管理器

(5)　然后查看"磁盘管理"，并且查看里面的文件，可以发现都恢复正常了。

项目实训二　手动恢复 U 盘的误删数据

1. 实训背景

在 U 盘的使用过程中，难免会出现将有用的数据错误地删除掉的问题，而且是完全删除(即在回收站中恢复不了的情况)，本实训就是针对这个问题，采用手动的方式来恢复数据，以便让读者更加牢固地理解 FAT32 数据存储的方式。

2. 实训内容和要求

存储在 U 盘中的数据和文件被完全删除，要求用户采用 WinHex 软件恢复出指定的文件。

3. 实训步骤

本实训的具体操作步骤如下。

(1) 将桌面上的 898 文件夹复制到 U 盘中，898 文件夹中还有 345 文件夹和一个名为 123.doc 的 Word 文档，345 文件夹中还有一个名为 777.xls 的 Excel 工作表文件。现要求用 WinHex 将其恢复。

(2) 打开 WinHex 软件，其工具栏和菜单栏如图 9-55 所示。

图 9-55　WinHex 软件的工具栏和菜单栏

(3) 单击 图标，出现如图 9-56 所示的界面。

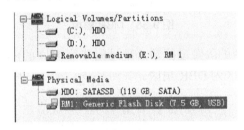

图 9-56　逻辑驱动器和物理驱动器

(4) 我们打开物理驱动器中 8GB 的 U 盘，打开后，如图 9-57 所示。

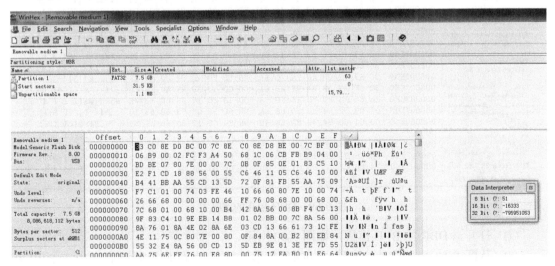

图 9-57　U 盘 0 扇区 MBR

(5) 打开 MBR 模板(快捷键为 Alt+F12)，如图 9-58 所示。

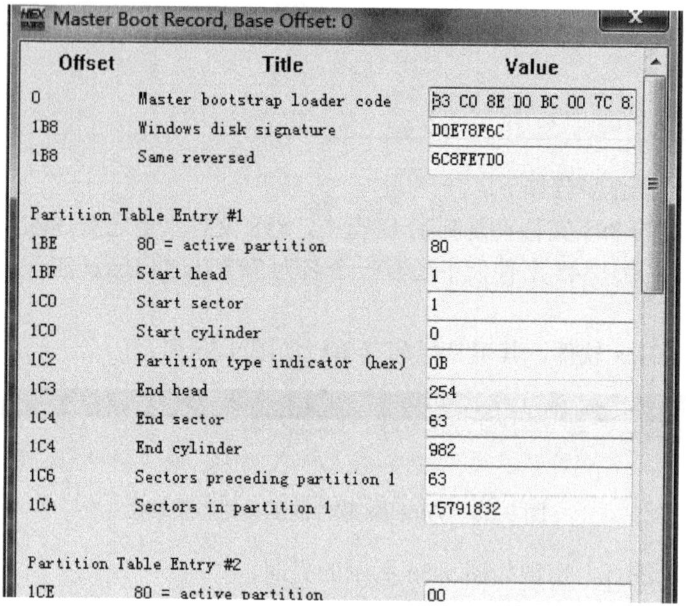

图 9-58　MBR 模板

(6) 读取 MBR 模板中的隐藏扇区数，地址偏移量 1C6 的内容为 63，跳过该隐藏扇区数，如图 9-59 所示，此扇区为 DBR 扇区。

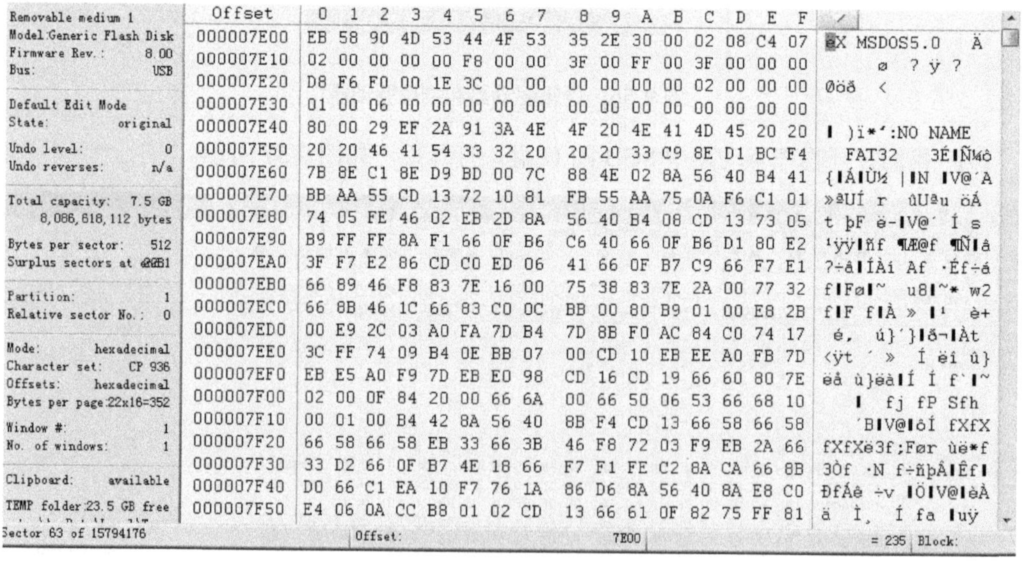

图 9-59　DBR 所在的扇区

(7) 打开该 DBR 的 BPB 模板，如图 9-60 所示。

(8) 从图 9-60 中读取地址偏移 7E0D(每簇扇区数)的值为 8，地址偏移 7E0E(DBR 保留扇区数)的值为 1988，地址偏移 7E24(每 FAT 数)的值为 15390。

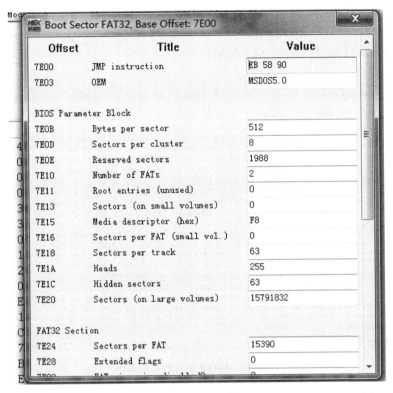

图 9-60　DBR 的 BPB 模板

(9) 跳至 FAT 表项 1 的方法：FAT1 的绝对扇区地址=DBR 保留扇区数+隐藏扇区数 =1988+63=2051。

(10) 跳至 2051 扇区(FAT1 的扇区数)，如图 9-61 所示。

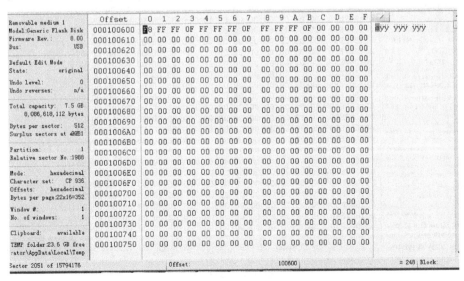

图 9-61　FAT1 所在的起始扇区

(11) 跳至 FAT2 的方法：FAT2=DBR 保留扇区数+每 FAT 扇区数+隐藏扇区数=1988+15390+63=17441

(12) 跳至 17441 扇区，如图 9-62 所示。

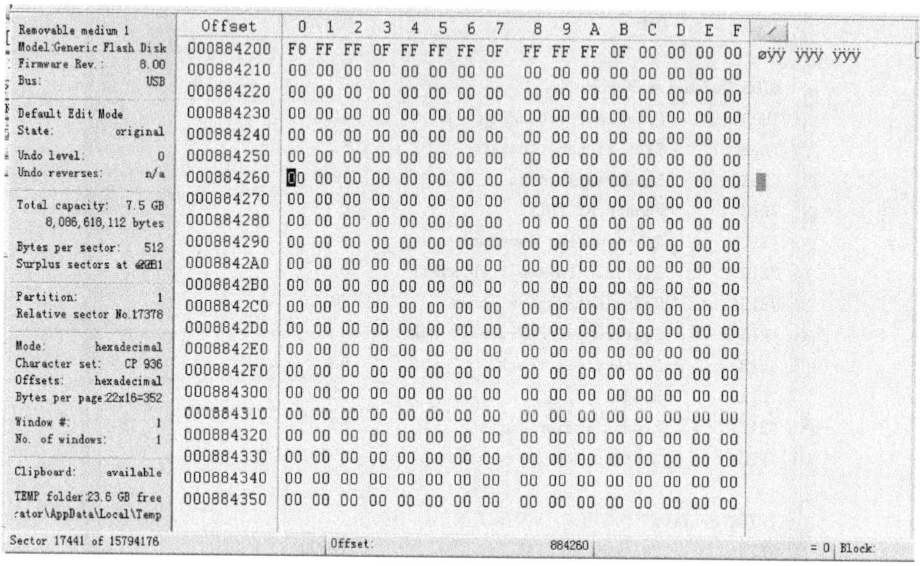

图 9-62　FAT2 所在的起始扇区

(13) 跳至 DATA(数据区)的方法：DATA=DBR 保留扇区数+2×每 FAT 扇区数+隐藏扇区数=1988+2×15390+63=32831。

(14) 跳至 32831(DATA 数据区)，如图 9-63 所示。

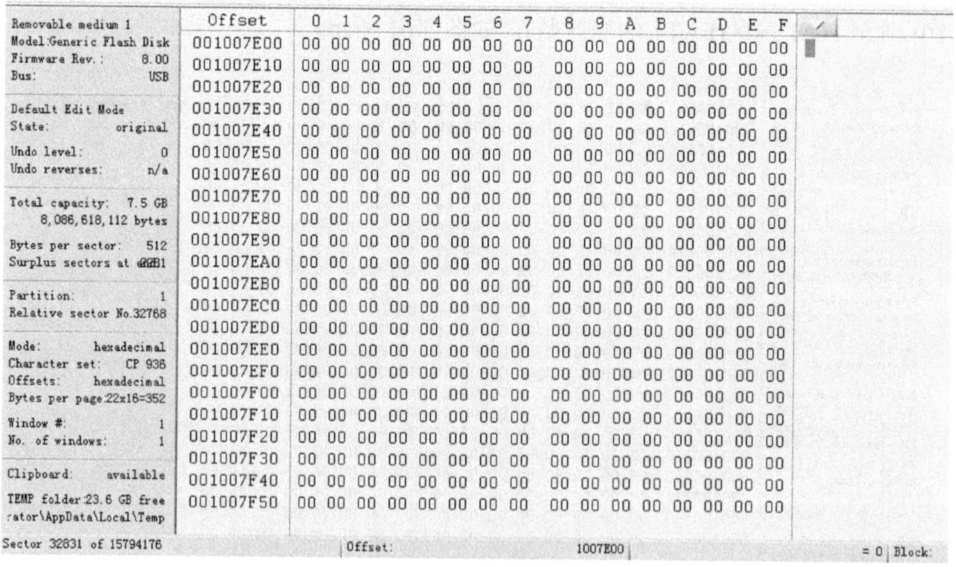

图 9-63　数据区

（15）点击 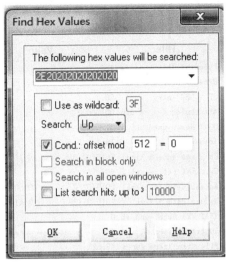(查找十六进制值法)后，如图 9-64 所示。

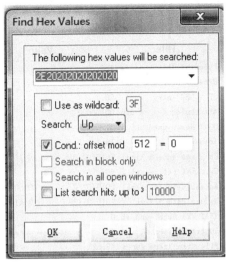

图 9-64　查找特征数据

（16）利用此方法来查找子目录的位置，图 9-64 中，十六进制值 2E20202020202020 代表 "." 目录的位置，单击 OK 按钮后，等待几秒钟，在 32839 扇区中发现一个子目录，如图 9-65 所示。

图 9-65　查找到的子目录所在的扇区

（17）这就是我们所要找的子目录。图 9-65 中，第 5 行就是我们要找的 123.doc Word 文档，点击该目录项的首个字节 31，打开短文件目录项的模板，如图 9-66 所示。

读取图 9-66 中文件的起始簇号：值为 4，文件大小为 49152 字节。

文件的内容复制法：每簇扇区数，前面已说过，为 8。

该文件的起始扇区绝对地址=DATA 起始扇区绝对地址+(文件起始簇号-2)×每簇扇区数
=32831+(4-2)×8=32847。

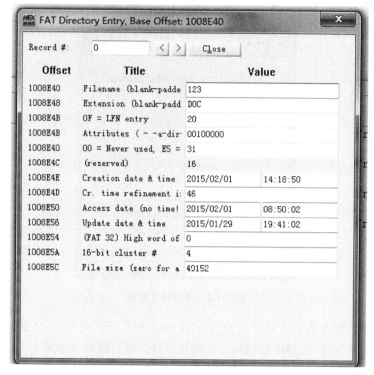

图 9-66　短文件目录项模板

(18) 跳至 32847 扇区后，如图 9-67 所示。

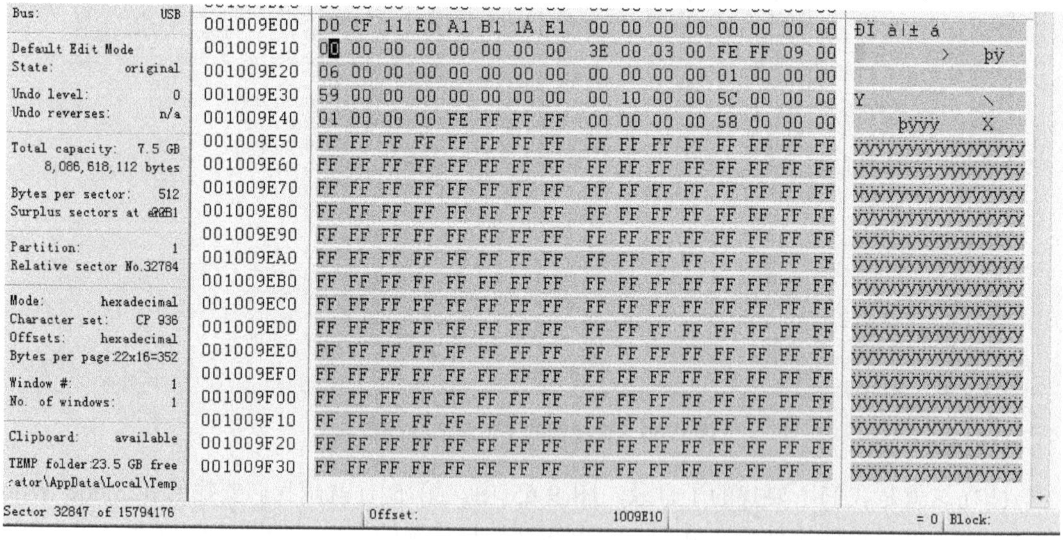

图 9-67　恢复文件的起始扇区

该文件的结束扇区地址=该文件的起始扇区绝对地址+(文件的大小/512)
=32847+(49152/512)=32847+96=32943。

(19) 跳至 32943 扇区后，如图 9-68 所示。

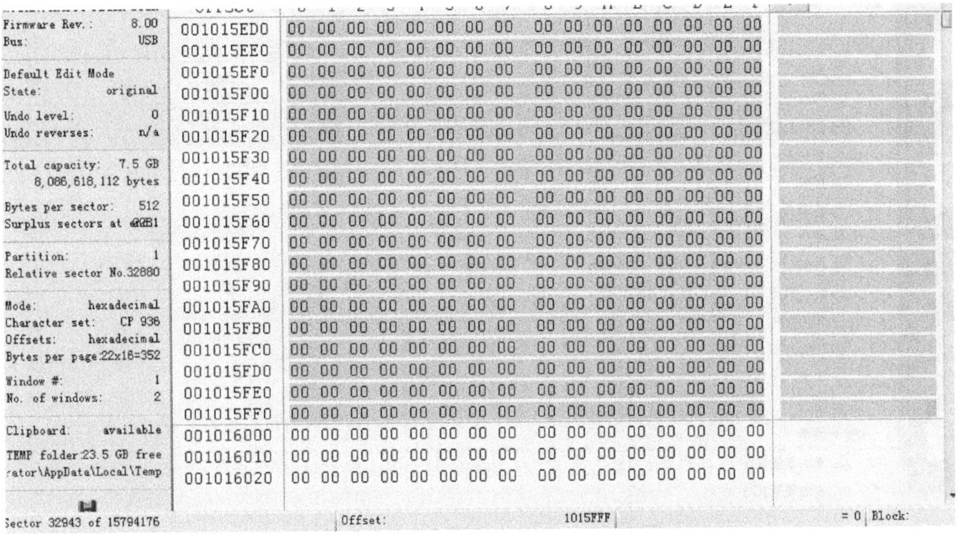

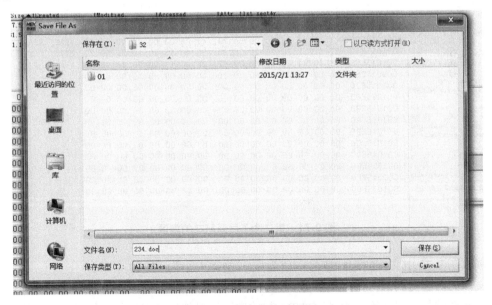

图 9-68　该文件所在的结束扇区

(20) 从 32847 扇区的第一个字节开始，到 32943 扇区的最后一个字节之间的数据区的内容就是 123.doc 文件的内容。将该数据区的内容全部选中，具体操作为：在开始处按快捷键 Alt+1，在结束处按快捷键 Alt+2，然后单击鼠标右键，从弹出的快捷菜单中选中 EDIT 命令，后再单击 Copy Block，最后单击 Into New File，弹出一个对话框，如图 9-69 所示。

图 9-69　保存文件对话框

(21) 另存到桌面上一个名为 32 的新文件夹中，并将文件名改为 "234.doc"，单击 "保存" 按钮，然后到桌面的 32 文件夹中查找其文件，如图 9-70 所示。

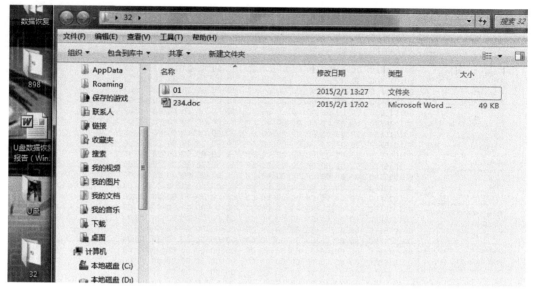

图 9-70　恢复的桌面 32 文件夹内容

(22) 打开 234.doc 文件，该文件就是我们所要恢复的 123.doc 的文件内容。

(23) 然后我们再回到子目录扇区，用十六进制的查找方法往下继续搜索"."目录(2E20202020202020)的位置，在 32943 扇区中，发现一个"."目录，如图 9-71 所示。

(24) 该扇区右边的文本区有 777 字符，这就是要恢复的文件，点击该目录项的首个字节 37，打开短文件目录项的模板，如图 9-72 所示。

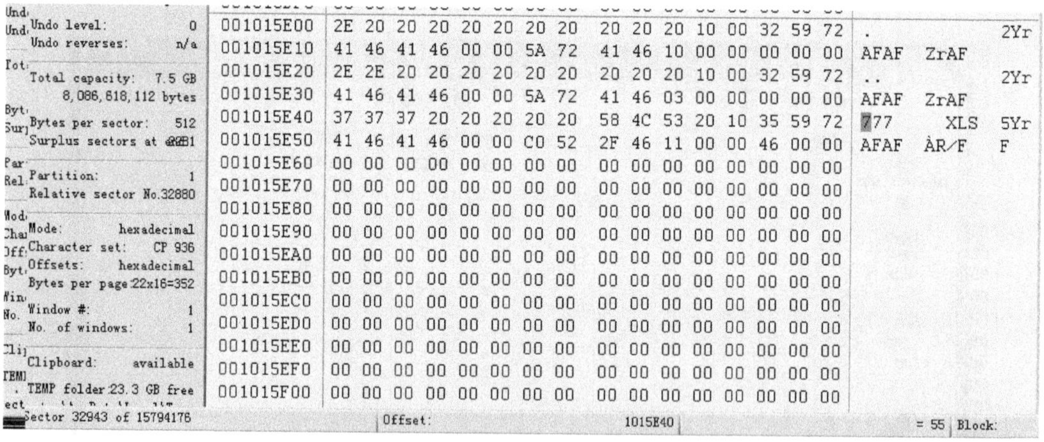

图 9-71　第二个子目录所在的扇区

读取图 9-72 中文件的起始簇号：值为 17，文件大小为 17920 字节。

文件的内容复制法：每簇扇区数，前面已说过，为 8。

该文件的起始扇区绝对地址=DATA 起始扇区绝对地址+(文件起始簇号-2)×每簇扇区数=32831+(17-2)×8=32951。

(25) 跳至 32951 扇区后，如图 9-73 所示。

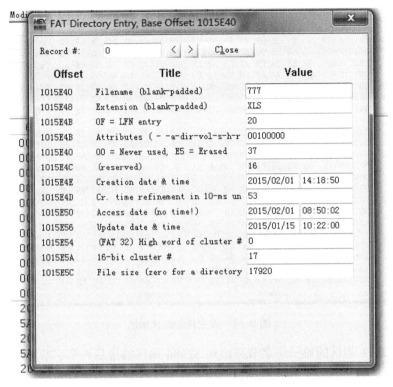

图 9-72 短文件目录项的模板

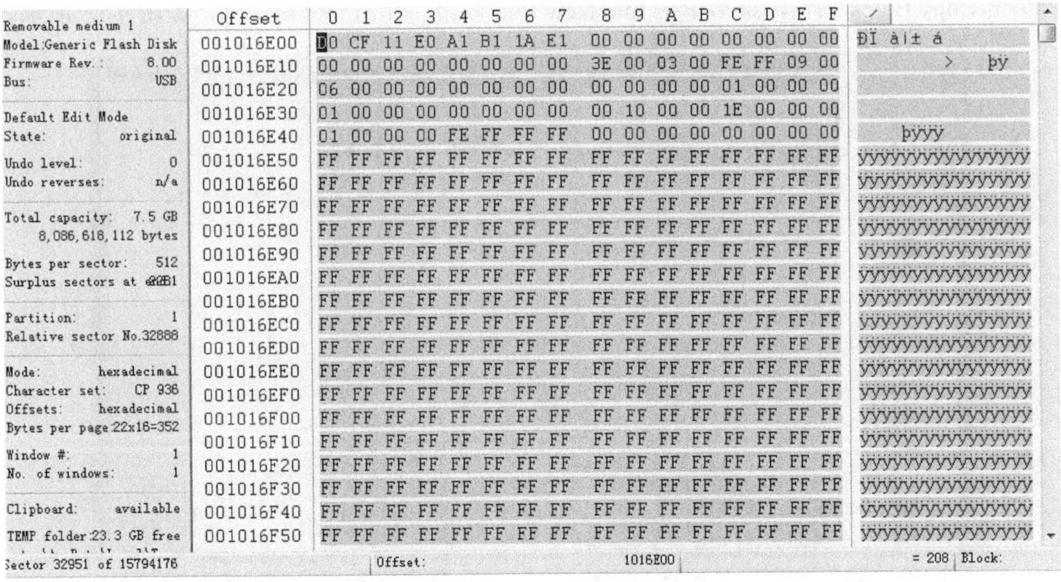

图 9-73 该文件的起始扇区

该文件的结束扇区地址=该文件的起始扇区绝对地址+(文件的大小/512)=32951+(17920/512)=32951+35=32986。

(26) 跳至 32986 扇区后，如图 9-74 所示。

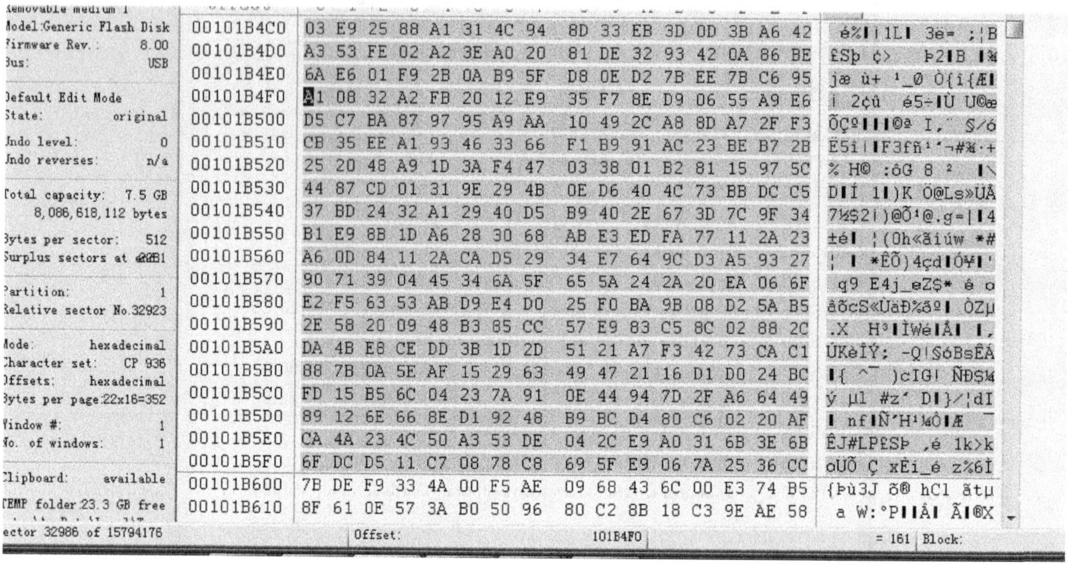

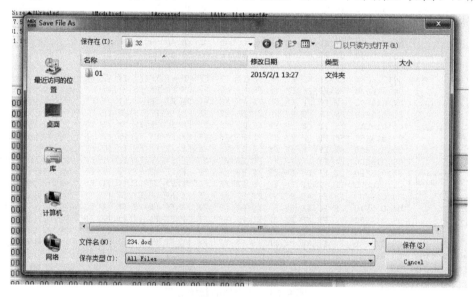

图 9-74　该文件的结束扇区

(27) 从 32951 扇区的第一个字节开始到 32986 扇区的最后一个字节之间的数据区的内容就是 777.xls 文件的内容。将该数据区的内容全部选中，具体操作为：在开始处按快捷键 Alt+1，在结束处按快捷键 Alt+2，然后点击鼠标右键，从弹出的快捷菜单中选择 Edit 命令，再单击 Copy Block 按钮，最后单击 Into New File 按钮，弹出一个对话框，如图 9-75 所示。

图 9-75　保存文件对话框

(28) 将其另存到桌面上一个名为 32 的新文件夹中，并将文件名改为 345.xls，最后单击"保存"按钮，如图 9-76 所示。

图 9-76 恢复的桌面 32 文件夹内容

(29) 然后到桌面的 32 文件夹中查找其文件，如图 9-77 所示。

图 9-77 恢复出的文件

(30) 打开 345.xls 文件，如图 9-78 所示。

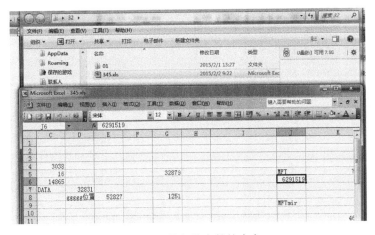

图 9-78 恢复的文件的内容

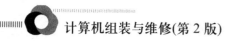

该文件就是我们所恢复的文件 777.xls 的内容了。这样就完成了文件的恢复。

学习工作单

1. 画出含一个主分区和两个逻辑分区的硬盘中的 MBR 与 EBR 链表的关系图。

2. 简述 DBR 和 MBR 的异同比较。

3. FAT32 文件系统中，根目录与子目录的区别是什么？

4. 简述 MBR 在机器开机启动过程中的步骤。

参 考 文 献

[1] 陈承欢，等. 计算机组装与维护[M]. 北京：高等教育出版社，2013.

[2] 神龙工作室. 新手学电脑组装与维护[M]. 北京：人民邮电出版社，2011.

[3] 丛书编委会. 计算机组装与维护[M]. 北京：清华大学出版社，2014.

[4] 中关村在线，网址：http://www.zol.com.cn/.

[5] 太平洋电脑网，网址：http://www.pconline.com.cn/.

[6] 天极网，网址：http://www.yesky.com/.